21 世纪全国高等院校物业管理专业系列规划教材

园林绿化与管理

主　编　田　园
副主编　李玉梅　高珂强

清华大学出版社
北　京

内 容 简 介

本书从园林绿化的规划、设计、施工、养护、管理等方面介绍园林绿化工程的基本理论和技术，主要介绍园林植物的分类、生长发育规律、生态习性、植物的应用与养护管理知识，环境绿化规划与植物配置的技术，园林植物的土、水、肥管理与病虫害防治，园林绿化管理的实务知识等。全书共八章，分别是园林绿化概述、植物学基础知识、居住区常见的园林植物、园林绿地规划设计、园林绿化施工、园林树木的养护管理、草坪的施工与养护管理和园林植物病虫害防治。

本书针对物业管理专业的特点，注重物业管理学生实践素质的培养，充分满足培养目标的需要，做到理论联系实际，适宜于物业管理、园林及相关专业的教学与参考使用，也可作为园林爱好者的阅读材料。

图书在版编目（CIP）数据

园林绿化与管理/田园主编．—北京：清华大学出版社，2013（2024.2 重印）
21 世纪全国高等院校物业管理专业系列规划教材

ISBN 978-7-302-33039-4

I．①园… II．①田… III．①园林-绿化-高等学校-教材 IV．①S73

中国版本图书馆 CIP 数据核字（2013）第 149338 号

责任编辑：王文珠
封面设计：康飞龙
版式设计：文森时代
责任校对：王　云
责任印制：沈　露

出版发行：清华大学出版社
网　　址：https://www.tup.com.cn，https://www.wqxuetang.com
地　　址：北京清华大学学研大厦 A 座　　邮　　编：100084
社 总 机：010-83470000　　邮　　购：010-62786544
投稿与读者服务：010-62776969，c-service@tup.tsinghua.edu.cn
质量反馈：010-62772015，zhiliang@tup.tsinghua.edu.cn
课件下载：https://www.tup.com.cn，010-62788951-223
印 装 者：北京建宏印刷有限公司
经　　销：全国新华书店
开　　本：185mm×230mm　　印　　张：18.25　　字　　数：397 千字
版　　次：2013 年 9 月第 1 版　　印　　次：2024 年 2 月第 7 次印刷
定　　价：55.00 元

产品编号：045876-02

前　言

随着经济的发展和人民生活水平的进一步提高，人们对城市环境，特别是对居住区绿化美化的要求越来越高。园林绿地在美化城市环境、提高居住区绿化水平方面具有不可替代的作用。当今的园林绿地，不但数量多、类型全，而且分布广、质量高，达到了前所未有的水平。然而，园林绿地是以有生命的植物为主体构成的，要使绿地能够更好地发挥其应有的生态和景观作用，除了科学规划设计、建设园林绿地外，还需要不间断地抚育管理才能保证园林植物茁壮成长。

做好园林绿地的养护管理工作，是保证园林树木成活率、维护生态平衡、改进城市环境质量的重要措施。目前，大多数风景园林的书籍均以园林景观设计和园林植物的专业论著为主，但作为物业管理、土木建筑、美术、环境艺术、旅游地理的从业人员，大多数无须过于系统地了解园林景观设计的专业知识，而以园林绿化的基本知识作为补充即可，在这种情况下却找不到几本相关书籍。为此，笔者编写此书，为物业管理、土木建筑等相关专业的从业人员提供理论参考。

考虑到知识和实用的重要性，本书本着深入浅出的原则，注重应用上的操作性，从园林绿化的规划、设计、施工等方面介绍园林绿化工程的基本理论和技术，主要介绍园林植物的分类、生长发育规律、生态习性、植物的应用与养护管理知识，环境绿化规划与植物配置的技术，园林植物的土、水、肥管理与病虫害防治，园林绿化管理的实务知识等。

本书在编写时结合物业管理专业的特点，充分满足培养目标的需要，做到理论联系实际和实践能力的培养，适宜于物业管理、园林及相关专业的教学与参考使用，也可作为园林爱好者的阅读材料。

本书是作者在长期教学经验和与相关专业人员交流、探讨的基础上，在广泛汲取本学科精华的情况下编写而成的。在该书出版之际，谨向给予作者帮助的专家、专业人员表示衷心的感谢。本书第一章由李玉梅撰稿，第二章由高珂强撰稿，第三、四、五、六、七、八章由田园撰稿，全书由田园负责统一定稿并完成文前、文后的内容。在本书编写过程中，参阅了国内同行的有关论著（见书后参考文献），在此致以诚挚的谢意。

由于作者水平有限、时间仓促，书中难免存在错漏和不妥之处，敬请同行、专家和广大读者批评指正，以便再版时予以更正。

编　者

目　录

第一章 园林绿化概述

【本章内容提要】

本章从园林绿化的基本功能入手，展开对园林绿化的概述。主要介绍国内外城市园林绿地的规划发展和国内城市园林绿地的发展趋势，并对园林绿地的分类、园林绿地的主要类型及各种类型园林绿地的特点进行描述。

【本章学习目标】

了解城市绿地的发展趋势；掌握园林绿地的分类及不同类型园林绿地的特点；了解国内外城市园林绿地的发展概况及国内城市绿地的发展趋势；了解国内城市园林绿地的发展规划。

第一节 城市园林绿化的基本功能

人们居住环境的优劣，对于日常工作和生活有多方面的影响。在多园林植物的环境里，一般空气清新、鸟语花香、景色非常秀丽；噪声、工业废气、废水和废渣相对较少，流行病也很少发生，而且被称为“空气维生素”的负氧离子非常丰富。科学研究表明，负氧离子能调节人类大脑皮层的功能，消除疲劳；能降低血压，改善睡眠；能改善人的呼吸功能，能使人的脑、肝、肾的氧化过程加强，提高基础代谢率，增强机体的自身修复能力，还能提高人的免疫系统功能。据测定，在 $1m^3$ 空气中，大城市的房屋建筑内只有 40～50 个负氧离子，在公园里有 400～600 个，郊外旷地里达 700～1 000 个，而森林里则多达 2 万个以上。

然而，居住在城市，特别是工业集中、人口密集的大城市里，由于工业生产中以“三废”为主的污染物大量地、无节制地排放到自然界，造成了对自然环境的破坏，使城市环境日益恶化，现代人类面临着环境的严峻挑战，如城市环境急剧恶化、森林面积急剧减少、气候条件恶化、自然灾害频繁、水土流失面积持续扩大等。例如，自 20 世纪初至 70 年代，在伦敦、纽约等地，共发生了 12 起烟雾事件；洛杉矶、纽约、东京、大阪等地，共发生过 11 起光化学烟雾事件；大阪、川崎、横滨、纽约等地，共发生过 13 起石油化工废气和金属粉尘污染大气事件。据调查，美国 85 个城市中，由于大气污染每年给城市建筑物、住宅带来的因被侵蚀而造成的损失就高达6亿美元。这些直接危害人们身体健康的因素，正是人类自己破坏了赖以生存的生态环境带来的恶果。面对越来越恶化的环境，迫使人们对污染引起重视。1972年召开的第一次“联合国人类环境会议”，通过了《人类环境宣言》和《人类环境行动计划》。同年，第27届联合国大会决定成立联合国环境规划署，各国纷纷设立环境保护机构，承担环境使命，并相继制定了行之有效的法令。1977年国际建筑师协会在秘鲁利马集会，并在马丘比丘山的古文化遗址签署了《马丘比丘宪章》，指出无计划的、爆炸性的城市化对自然资源的过度开发，使环境污染达到了空前的具有灾难性的程度；提出城市规划建设的重要目标是争取获得生活的基本质量以及同自然环境的协调，防止环境继续恶化，恢复环境正常状态。

我国在城市化发展进程中，环境问题相当突出。目前，我国城市排水设施普及率低，污水处理设施太少，城市地下水受污染严重，且城市绿化面积少。据有关专家研究，我国城市环境主要问题为：大气二氧化硫和酸雨呈发展态势；水体有机污染加剧，饮用水源质量下降；固体废物量逐年增加，有害、有毒废物造成主要环境隐患之一；噪声严重。因此，我国政府极为重视环境保护，宪法中规定了“国家保护环境和自然资源，防治公害和其他公害病”。

园林绿化是城市环境建设的重要组成部分，随着城市化进程的加快和环境问题的日趋严重，人们越来越认识到环境是人类生存的必要条件，社会的发展、城市的建设必须与生存环境相协调，走可持续发展的道路。园林绿化不仅能美化环境、陶冶情操，而且在维护城市生态平衡、改善城市环境质量等方面具有无可替代的功能。

在近一个世纪以来，人们对森林和绿色植物在改善生态、保护环境方面的作用，进行了大量的科学研究，提供了不少科学依据。

一、调节大气成分，改善空气质量

（一）吸收二氧化碳，释放氧气

自然状态的空气是一种无色、无味的气体，其含量是恒定的，主要成分是氮78%、氧21%、二氧化碳0.033%，此外还有惰性气体和水蒸气等。由于人类的活动，特别是工业的发展，使大气中二氧化碳的含量有明显的增加。二氧化碳虽是无毒气体，但当空气中二氧化碳的浓度达到0.05%时，人的呼吸会感到不适，增高到0.1%以上，就对人体有害了。在一定条件下，特别是大气环流受到阻碍时，会造成二氧化碳含量过高、氧气严重不足的情况。显而易见，发生这种情况会严重危及城市居民的健康。历史上，日本的东京、美国的洛杉矶都曾有过上述情况的报道。这一情况已引起世界性的关注。

在大城市中某些地区二氧化碳含量有时可达0.05%～0.07%，局部地区可达0.2%。为了保持平衡，需要不断地消耗二氧化碳、释放氧气，生态系统的这个平衡主要靠植物来补偿。城市中的园林植物所进行的光合作用，主要发生在近地面层，在氧气严重不足时，为城市居民提供新鲜的空气是至关重要的。植物的光合作用能大量吸收二氧化碳并放出氧气，其呼吸作用虽也放出二氧化碳，但是植物在白天的光合作用所制造的氧气比呼吸所消耗的氧气多20倍，所以绿色植物是地球上天然的造氧工厂。有资料表明，每公顷园林绿地每天能吸收900kg的二氧化碳，产生600kg的氧。一个成人每小时呼出二氧化碳约38g，只要$10m^2$的树林就能把一个人呼出的二氧化碳全部吸收。因此，森林和公园绿地被人们称为“绿肺”、“氧吧”。

（二）滞尘作用

城市中含有大量粉尘，其中80%左右来自城市内部。粉尘分为两类：直径大于10μm的称为降尘，可以较快地落到地面；直径小于10μm的称为飘尘，可长时间在空中飘浮。粉尘不仅污染环境，而且对人体健康造成危害，特别是粒径较小的可吸入颗粒物，能避开鼻腔的保护组织，直接进入肺部，从而诱发多种疾病。

园林植物对粉尘具有显著的阻滞、吸附作用。我国对一般工业区的初步测定，空气中飘尘浓度绿化地区对照无绿化地区少10%～50%。

许多树叶有较强的吸尘能力，如榆树每平方米面积吸尘量为3.03g，夹竹桃的吸尘力更强，可达5g之多；每公顷松林可吸尘36t，栎类林或栎、槭混交林的吸尘能力可高达68t。

据北京市园林科学研究所测定，北京正义路是一条花园林荫路，为三板四带式，中心绿带宽9m，主要树种为槐树、元宝枫、桧柏、黄刺玫、丁香等乔灌木，在4.5m处减尘率为44.5%，经9m宽绿带后减尘率为83%，滞尘减尘的作用随绿带宽度增加而显著提高。

园林植物的滞尘作用，一方面是由于树木可以降低风速，随着风速的减慢，空气中携带的灰尘会随之下降；另一方面，由于植物叶片表面凹凸不平，其表皮毛或分泌的粘性汁液有吸附作用。蒙尘的植物经雨水冲洗，又能恢复其吸尘能力。

植物的滞尘作用与树冠大小、疏密程度及叶片的形态结构、着生角度等因素有关。刺楸、榆树、杉树、重阳木、刺槐、臭椿、悬铃木、女贞、泡桐等树种滞尘作用较好。草坪的减尘作用也是很明显的。草覆盖地面，不使尘土随风飞扬，草皮茎叶也能吸附空气中的粉尘。据测定，草地足球场比裸土足球场上空的含尘量少2/3～5/6。以北京为例，受沙尘暴的影响甚大，其沙尘来源于本地的占85%，所以做到黄土不露天，运用草坪、地被植物覆盖地面，将极大地改善城市受沙尘的危害。

由此可见，在城市工业区与生活区之间营造卫生防护林，扩大绿地面积，种植树木，铺设草坪，是减轻粉尘污染的有效措施。

（三）吸收有害气体

由于工业污染和交通污染，城市中有害气体的种类很多，危害较大的有二氧化硫、臭氧、氮氧化物、一氧化碳等。这些有毒气体对植物的生长发育是不利的，但在一定浓度条件下，许多植物种类对大气中的有害气体具有吸收能力，从而达到净化空气的效果。根据北京园林科研所提供的资料：1 公顷绿地，每年可以吸收 171kg 的二氧化硫、34kg 的氯气。龙柏、蜀桧、杜仲、大叶黄杨、铺地柏、女贞、泡桐、臭椿、腊梅等植物都有较强的吸收二氧化硫或氯气的能力。根据上海市园林局测定：臭椿吸收二氧化硫的能力特别强，是一般树种的 20 多倍。构树、合欢、紫荆、木槿等植物具有较强的抗氯和吸氯能力。女贞、泡桐、刺槐、大叶黄杨等树种具有很强的吸氟能力，女贞的吸氟能力比一般树种高出 100 倍。喜树、梓树、接骨木等树种具有吸收苯的能力，樟树、悬铃木、连翘等树种具有较强的吸收臭氧的能力。

在人们对植物吸收有害气体的研究中，工作进行最多的是对二氧化硫的研究。硫是植物必需的元素之一，发育正常的植物体内都含有一定的硫。当大气中含有二氧化硫时，植物通过叶片上的气孔进行吸入，最高可以使叶片含硫量达到正常值的 5～10 倍。当植物体内的含硫量较低时，二氧化硫进入植物体内会被同化分解，转化为无毒物质。如果植物体内含硫量已经较高，叶片中的二氧化硫积累到一定程度，就会随叶片凋落。而新叶片长出后，植物又恢复吸收二氧化硫的能力。

因此，在有害气体的污染源附近，根据不同树种对有害气体的吸收能力及抗性的大小，选择适当树种绿化，对于防止污染、净化空气是十分重要的。

（四）减少空气中的含菌量

空气中存在着各种微生物。据有关资料报道，城市空气中存在的各种细菌近百种，其中有多种是对人体有害的病菌。很多种植物具有杀灭这些病原微生物的作用，园林绿地具有明显减少空气中细菌数量的功能。据北京园林研究所测定：城市绿地中空气里的细菌要比无绿地的地方少很多。

植物杀灭空气中细菌的作用，一方面是由于植物能吸滞粉尘，减少了细菌的载体；另一方面是因为很多的植物能分泌芳香的挥发物质，如松脂、丁香酚等，这些物质能杀死多种病原微生物。据估计，全世界的森林，每年可以释放 1.7 亿吨这样的挥发性物质，有效地维持了人类生存空间的洁净。

二、改善城市小气候

小气候主要是指地层表面属性的差异性所造成的局部地区气候。其影响因素除太阳辐射和气温外，直接随作用层的狭隘地方属性而转移，如小地形、植被、水面等，特别是植被对地面温度和小区气候的温度影响甚大。人类大部分活动是在离地面 2m 的范围内进行的，也正是这一层，最容易给人以积极的影响。人类对气候的改造，实质上目前还限于对小气候条件进行，在这个范围内最容易按照人们需要的方向进行改造。改变地表热状况，是改变小气候的重要方法。

（一）改善城市热环境

夏季，园林绿地具有明显的降温效果，绿地面积越大，降温效果越显著。如果城市绿化覆盖率已经达到较高水平，就会产生宏观的效果。就局部小气候观测看，树荫下的气温比无绿地气温低 3～5℃。

园林绿地的降温效果，首先由于植物的蒸腾作用。蒸腾作用是植物把体内的水分以水蒸气的状态向外界释放的生理过程。在这一过程中，要吸收环境中大量的热能。据北京园林科研所提供的资料：夏季，每公顷园林绿地通过蒸腾作用，每天要吸收 81.8MJ 的热量，相当于 189 台空调的制冷量。

其次，园林绿地的降温效果来自树木的遮荫作用。茂密的树冠能挡住 50%～90%的太阳辐射热。人在树荫下和在直射阳光下的感觉差别是很大的。造成这样的差别不仅仅是 3～5℃的气温差，更主要的是因为太阳辐射温度的不同。夏季树荫下与阳光直射出的辐射温度可相差 30～40℃之多。

此外，大面积的园林绿地还可以形成局部微风。白天，建筑群气温高，热空气上升，而绿地的气温较低，冷空气下降，这样就在建筑群与绿地之间形成气压差，产生空气流动，从而形成局部微风，使人感觉凉爽、舒适。

（二）调节湿度

一般认为，人感到最舒适的相对湿度为 30%～60%，过高或过低都有不适的感觉。植物在蒸腾作用中，一方面吸收大量的热量，降低了周围环境的温度；另一方面把根部吸收水分的 99.8%以蒸腾的形式释放到植物体外，从而增加了空气中的水分含量，提高了空气湿度。北京园林局曾对几处典型地域进行观测，证明了绿地有显著的增湿效果。在比较干燥的季节和北方比较干燥的地区，园林绿地增加空气湿度的效应，对于改善城市小气候，提高居住的舒适度是十分有益的。

（三）降低噪声

凡是干扰人们休息、学习和工作的声音（即不需要的声音）统称为噪声。噪声是声波的一种，具有声波的一切特征。声波是一种疏密波，当空气变密时，压强就增高；当空气变稀时，压强就降低。正是由于这种声波引起的空气质点振动，使大气产生迅速起伏。这种起伏称为声压。声压越大，声音听起来越响。

正常入耳则能听到的声压称为听阀声压，当声压使人耳产生疼痛感觉时，称痛阀声压，从听阀声压到痛阀声压的变化分为 120 个声压级，以分贝（dB）为单位，即听阀声压为 0dB，痛阀声压为 120dB。

噪声也是一种环境污染，会对人产生不良影响。城市噪声来源主要有以下几类。

（1）交通运输噪声。主要是机动车辆、铁路、船舶、航空噪声等。街道上机动车辆的噪声，除本身的声源外还与街道宽度、建筑物的高度有关。

（2）工业噪声。主要来自工业和建筑工地生产、施工的过程，对工人和附近居民影响较大。

（3）其他噪声。主要指生活和社会活动场所的噪声，这类噪声虽然强度较小，但波及面广，影响范围大。

噪声影响人们的正常生活、休息，降低工作效率，甚至引起神经官能症、失眠、心律不齐、高血压、冠心病等疾病。长期在 90dB 以上的环境中工作，就可能引起噪声性耳聋，听力下降。

为防止噪声对环境污染，采取的技术措施有多种多样。例如，采用消声、隔声、吸音技术，以控制噪声扩散；在城市中合理布置绿地，栽种树木，消减噪声的不良影响，也是减噪技术措施之一。

研究表明，植树绿化对噪声有吸收和消声的作用，可以有效地减弱噪声强度，被称为绿色“消声器”。

植物，特别是枝叶繁茂、重叠排列的园林树木具有显著的衰减噪声的效果。据测定，12m 宽的悬铃木树冠可以衰减交通噪声 3～5dB，40m 宽的林带可以降低噪声 10～15dB。在公路两旁设有乔、灌木搭配的 15m 宽的林带，可降低一半的噪声。

绿色“消声器”减弱噪声的机理，一般认为枝繁叶茂的树木，如同多孔的吸音材料，有一定的吸音作用，一部分吸收，另一部分向各不同方向不规则地反射而使声音减弱。因此树木的减噪效果，与绿化结构，树叶的大小、形状、疏密、厚薄、软硬度、光滑度以及林缘、树冠的凸凹程度有关。一般认为，阔叶树的吸音能力比针叶树要好，树木枝叶茂密、层叠错落的树冠减噪效果好；乔木、灌木、草木和地被植物构成的复杂结构减噪效果明显；树木分枝低的比分枝高的减噪效果好。

三、水土保持

有关研究表明，林地的蓄水能力是非林地的 20 倍左右，水土流失量比例是 1:44。树木和草地对保持水土有着非常显著的功能。树木的枝叶繁密地覆盖着地面，当雨水下落时首先冲击树冠，不会直接冲击土壤表面，可以减少表土的流失。树冠本身还积蓄一定数量的雨水，不直接降落地面。同时，树木和草本植物的根系在土壤中蔓延，能够紧紧地“拉着”土壤而不让其被冲走。加上树林下往往有大量落叶、枯枝、苔藓等覆盖物能吸收数倍于本身的水分，这也有防止水土流失的作用，这样便能减少地表径流，降低流速，增加渗入地中的水量。森林中的溪水澄清透澈，就是保持了水土的证明。

如果破坏了树林和草地，就会造成水土流失、山洪暴发，使河道淤浅、水库阻塞、洪水猛涨。有些石灰岩山地，当暴雨时冲带大量泥沙石块而下，便形成“泥石流”，破坏公路、农田、村庄，对人民生活和生产造成严重危害。

四、生物多样性的保护作用

生物多样性是指某一地区所有生物（植物、动物、微生物）遗传与物种的多样性及生态系统的多样性。

由于生产力的提高和人类直接或间接的影响，自然生态环境正以前所未有的速度和规模遭到破坏，不断造成野生物种的大量灭绝。生物多样性的衰竭将带来全球性的恶果，因此，生物多样性的保护已经引起全世界各国政府的极大关注。生物多样性的保护措施是多方面的，而各类风景区和自然保护区的自然生态以及接近于自然生态的园林绿地可为植物、动物、微生物物种的丰富创造有利的条件。据北京植物园对所属的樱桃沟自然保护区的调查研究表明：现已得到保护的有植物种类117科306属477种，鸟类106种，哺乳类18种，两栖类5种，爬行类9种，昆虫类达到28目136科585种。

五、美化环境，提供游憩场地

园林绿化把自然美和艺术美融于城市环境之中，创造了赏心悦目的绿色空间，给人们提供了游憩、娱乐和陶冶情操的场地。

园林经常以借鉴自然的手法，合理地利用地形、地貌，通过亭台楼阁和花草树木的配置，通过叠山理水，形成湖光山影、林海松涛、鸟语花香的景观，给人以清新、洁净、舒适和回归大自然的感受。在这里，人们可以散步、浏览、品茶、小憩，也可以与人交流、交往，开展各种娱乐活动。

园林艺术是综合性艺术，它融汇了建筑、雕刻、绘画、书法、工艺、文学等各种艺术成就。因此，园林绿地建设具有丰富的文化内涵。随着文化馆、宣传廊、陈列室、纪念馆、展览室的设立，园林绿地在陶冶人们情操，提高人们的文化、艺术修养等精神文明建设中会发挥更大的作用。

第二节 城市园林绿地的发展概况

近年来，随着我国环境问题的加剧，城市绿地系统规划的编制工作已提升到前所未有的高度。国务院于2001年将城市绿地系统规划从城市总体规划的专项规划，提升为城市规划体系中一个重要的组成部分和相对独立、必须完成的强制性内容。为了加强城市绿地系统规划的制度化和规范化，建设部在2002年制定了《城市绿地系统规划编制纲要（试行）》，第一次以规章制度的形式规定了城市绿地系统规划的基本定位、主要任务和成果要求。

我国自20世纪70年代末提出城市绿化“连片成团，点线面相结合”的方针后，城市绿化进入快速发展阶段。2002年，我国颁布《城市绿地分类标准》（CJJ/T 85—2002），按照不同功能将城市绿地系统分成了公园绿地、生产绿地、防护绿地、附属绿地和其他绿地五个大类和若干中类、小类，各类城市绿地得到了很好的发展。全国许多城市已经建成了居民出行500m就可到达的公园绿地，至2005年末，全国城市建成区绿化覆盖面积10 600 km^2，拥有城市公共绿地面积2 840km^2，城市人均拥有公共绿地7.91m^2。我国在城市园林绿地的规划和建设方面已经取得了长足的发展，城市绿地的布局和结构也日趋合理。

世界发达国家在城市绿地系统方面的研究起步较早，已经在将绿地和自然融入城市、建立完整的城市绿色网络等方面取得了较大的成绩。2000年，欧美及亚洲20个主要城市人均公共绿地面积为37.2m^2。其中，巴西利亚为100m^2/人，华沙90m^2/人，堪培拉70.1m^2/人，维也纳70m^2/人，斯德哥尔摩68.3m^2/人。据统计，世界主要城市人均公共绿地10m^2/人以上的占70%；就人均公园面积而言，华盛顿为50m^2/人，柏林26.1m^2/人，伦敦25.4m^2/人，维也纳70.4m^2/人，洛杉矶18.06m^2/人，罗马11.4m^2/人，莫斯科21.0m^2/人，纽约14.4m^2/人，巴黎8.4m^2/人，华沙22.7m^2/人。有“世界生态之都”称号的巴西库里蒂巴市，城市绿地为58m^2/人，是世界上绿化最好的城市之一，它与温哥华、巴黎、罗马、悉尼被联合国首批命名为“世界最适宜人居的城市”。

一、国外城市园林绿地规划发展

随着工业化和城市化发展的日益加快，人口、产业不断向城市集中，城市规模急剧扩大，生态环境日益恶化。西方国家较早地意识到绿地对城市环境的重要作用，开始有意识地从区域和城市角度进行绿地系统规划的研究。从19世纪开始，西方先后产生了三种不同导向的绿地系统模式：第一，以城市结构优化为导向的理想绿地模式；第二，以环境与生物保护为导向的生态绿地模式；第三，以人类利用和功能区分为导向的功能绿地模式。

（一）理想绿地模式

理想绿地模式是在西方工业化浪潮中作为解决城乡结构的规划手段提出来的，其发源地为19世纪的英国。20世纪初，霍华德的“田园城市理论”明确提出在城市中心配置公园，在城市外围配置永久性的环城绿地，希望通过环城绿地控制城市规模，防止城市蔓延成片。田园城市是以绿地为空间手段来解决工业革命后的城市社会“病态”的方案，实际上反映了希望通过建立新的城乡结构缓和社会矛盾和环境矛盾的思想，其核心理念在于把人与自然、城市和乡村结合起来考虑，走和谐发展之路。为了实践这一理论，霍华德1903年在英国建起了世界上第一座田园城市——莱奇沃斯（Letchworth），后来又建设了第二座田园城市——韦尔温

（Welwyn）。田园城市模式具有相当的理想主义色彩，但对其后的一个世纪的城市发展和绿地规划有着深刻的启迪作用。

（二）生态绿地模式

人类活动的集中化及自然区域的丧失正引起生态系统和生态过程的严重失衡。自然空间的丧失意味着野生动植物栖息地及生态多样性的减少，这给那些适应人工环境能力较差的乡土物种的生存环境带来极大的威胁。人类的开发在减小现存自然区域的面积和数量的同时，也引起了野生动植物栖息地的割裂，这使得其形态和布局结构很难有效地维持生态功能。现存的野生栖息地由于城市、道路、郊区、农业等不适宜的土地使用而变得相互孤立且破碎不堪，小而孤立的栖息地只能容纳更少的乡土物种。

栖息地的割裂抑制了物种之间的相互交流和疏散，不利于它们之间的基因交换，从而增加了其灭绝的危险性。从美国威斯康星州卡迪兹镇区（Cadiz Township）的森林面积丧失和割裂过程（见图 1-1 和表 1-1）可以看出，在这百余年的时间内自然空间的丧失与割裂可谓触目惊心。从表 1-1 可以看出，随着森林总面积和平均斑块面积的减少，自然物种栖息地随之减少。因此，保护任何类型的自然区域都有助于减少栖息地的丧失。但其中最严峻的问题是各个斑块之间的互相孤立与分散。所以当前最紧迫的工作就是将各分裂的自然空间进行连接，使之重新成为一个系统。

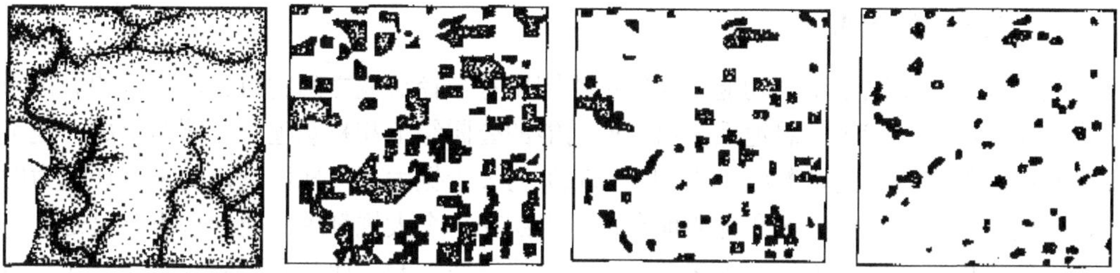

图 1-1　迪兹镇区 1831—1950 年森林面积的丧失与割裂过程

表 1-1　迪兹镇区森林丧失与割裂的数据分析（CURTIS 1956）

	1831 年	1882 年	1902 年	1950 年
森林总面积/hm^2	8 727	2 584	841	318
斑块数量/块	1	70	61	55
平均斑块面积大小/hm^2	8 727	37	14	6
斑块边缘总长度/km	-	159	98.5	64
平均边缘长度/森林面积/m/hm^2	-	61.5	117.1	201.2

第二次世界大战以后，随着地球生态环境的不断恶化，环境保护逐渐成为国际社会的共

识。在可持续发展思想的影响下，城市园林绿地规划趋向于根据生态学和生物保护理论进行绿地配置的生态绿地模式，更加注重与生态系统的协调。

麦克哈格较早地提出系统地运用生态手法进行规划，1969 年，他在其著作《设计结合自然》中提出运用叠加法分析评价环境状况。拉尔鲁（Lyle）和特纳（Tuener）继承麦克哈格的生态方法，将绿地规划和自然生态系统保护相结合，分别提出了以生态保护为目的的绿地空间系统的四种配置类型和六种绿地配置形态。其中关于群落、廊道概念的应用反映了景观生态学的原理。1986 年 Forman 和 Godron 在《景观生态学》一书中提出“斑块—廊道—基底”景观结构的基本模式，为城市绿地的规划提供了重要的理论支持。

以生态保护为目的的绿地规划至少包括现存生物空间、恢复受到破坏的生物空间、创造和完善生物空间系统等三方面内容。近年来，生物多样性保护和生物网络方面的实证研究内容不断增多。相关研究发现，绿地系统构造不断发生变化，对生物种群的栖息、繁殖、迁徙和多样性产生影响。Natuhara 与 Morimoto Y 运用绿地系统生态学理论进行了基于生物生存空间保护目的的绿地空间规划研究，包括农林绿地的管理与配置、生物空间网络分析与地图化等。生物空间系统（Biotopverbundsys-tem）是欧洲生态学领域内新的研究动向。为了进行生物空间系统的保护，欧洲国家除了调查本国生物空间的状况，还开始进行跨国的生态空间系统网络建设。例如，荷兰正在实施其国家生态回廊战略，通过生态回廊将自然保护区、多功能森林、自然恢复区等连接成绿色网络。

（三）功能绿地模式

功能绿地模式着眼于不同功能、规模和不同服务半径绿地之间的组合。美国的城市绿地系统是该模式的早期代表。绿地系统由不同功能的公园绿地和林荫道、公园路组成，是美国城市公园运动的产物。艾里奥特（Charles Eliot）为波士顿大都市地区制定的发展计划力图将公园、开放空间、历史保护区和游憩地有机地组织在一个大规划中。他的构思不仅是现在美国经常见到的用带状空间或绿道等将分散的土地联结在一起，而且是围绕一个满足人类多种需求的形体，组织一个大的计划方案，并创造一个有凝聚力的单元，使之作为整体发生作用。1876 年第一个绿地系统总体规划——波士顿绿地系统总体规划出台，1895 年基本建成现在的绿地格局，形成了一个以自然水体保护为核心，将河边湿地、综合公园、植物园、公共绿地、公园路等多种功能的绿地连接起来的网络系统，如图 1-2 所示。

然而早期的城市公园系统较多地考虑土地特性和环境美化，直到 20 世纪上半期“服务图学说”开始应用于绿地配置研究。20 世纪 20 年代制定的《东京公园计划书》综合了以上研究成果，将公园绿地按照功能进行分类，并针对不同功能的绿地制定了面积规模标准、服务半径标准和配置标准，提出了比较完整、系统的功能绿地模式。此后，功能绿地模式经过不断地修正和检验，成为城市绿地规划中最普遍采用的规划方法，并且成为绿地法规的重要内容。

图 1-2 波士顿的“翡翠项链”

二、国内城市园林绿地规划发展

（一）新中国成立后到 20 世纪 70 年代

我国的园林学科于 20 世纪 50 年代开始关注城市绿化层面的问题，由于政治、经济的原因，这一阶段的发展曲折而坎坷。受到苏联绿化建设思想的影响，我国园林绿地建设重视植树造林而轻视系统布局。1953 年开始的第一个五年计划，苏联援建了 156 项工程，按照当时苏联的做法，每项工程都要做配套基础设施的规划，也就是工程所在地的城市规划。在城市的总体规划中也包含了该项工程的卫生防护绿地和为城市人口游憩服务的公共绿地，这就是最初的城市绿地系统规划。“大跃进”时提出“三年不搞城市规划”，到“文化大革命”时园林被打成“封、资、修”，城市园林绿地规划陷于停顿。

（二）20 世纪 80 年代

改革开放以后，国家把城市作为带动经济发展的中心，城市园林绿地规划的实践和理论都有较大发展。这一时期各地园林科研院所及大专院校将城市园林绿地规划作为研究的重要课题，大多重视景观、园林和园艺，强调人均公共绿地面积和绿化覆盖率等定额指标，着眼于城市公园、居住区、单位附属绿地、道路及防护绿地的分类设计。1985 年，合肥市的环城绿带建设结合环城公园的规划建设，提出人与自然环境有机联系的最佳途径是开敞式城市园林化。通过林带、水系将建筑、山水、植物组成一个整体，形成“城在园中、园在城中、城园交融、园城一体”的园林城市艺术景观，满足了市民对公园多功能、多层次的要求，开创了我国“以环串绿”的绿地系统先河。马世骏教授提出“社会—经济—自然复合生态系统”的理论后，生态学理论开始逐步融入城市建设规划，尤其是城市绿地系统规划中。

另一方面，由于处于政治体制和经济体制的转型期，我国的经济社会结构发生了深刻的变化。城市建设过程中出现了极端利益性、局部性和短期性的现象，加之资金缺口较大，使不少城市的绿色空间建设面临很大的挑战，绿地建设在一次次的冲突、磨合、调整中不断发展。

（三）20 世纪 90 年代初

1990 年，我国城市规划领域第一部国家法律——《中华人民共和国城市规划法》的颁布实施，从法律上保证了城市绿色空间规划在城市规划中占有一席之地。同年，著名科学家钱学森先生首次提出“山水城市”的概念，强调用中国园林手法和山水诗画的意境来处理城市山水，将生态环境、历史背景和文化脉络综合起来，具有深刻的生态学哲理。1990 年，同济大学与上海市园林管理局合作的“上海市浦东新区环境绿化系统规划”把城市生态绿化置于“社会—人口—经济—环境—资源”这一城市发展的大系统中加以考虑，以改善和维护良好城市生态环境为目标，运用城市生态理论和风景建筑学理论，通过绿化提高城市生态品位，初步摸索出城市生态绿化系统规划总体框架，并制定了规划指标。1992 年，国务院又颁布了《城市绿化条例》，对城市绿化的规划建设、保护管理以及罚则作出了明文规定。同年，中共中央、国务院《关于加快发展第三产业的决定》中将城市绿化列为“对国民经济和社会发展具有全局性、先导性影响的基础产业”。

这样，在国家政策法规的引导下，在规划理论和实践的探索中，我国城市绿地建设开始逐渐步入一个新的时期。

（四）20 世纪 90 年代中后期至今

20 世纪 90 年代以来，我国市场经济发展趋于成熟，城市生态环境整治、城市形象塑造成为新时期城市建设的重点，引发了中国城市绿地系统规划和建设的高潮。

1．绿地系统规划的学科和理论框架探索

汪菊渊认为，随着城市的迅速发展，不仅要研究城市的景物规划，而且要研究区域、国土的大地景物规划——大地园林化规划，从而将园林的尺度延伸到大地景观。而吴良镛、李敏从创建良好人类聚居环境空间形态的角度出发，将大地园林化纳入了人居环境科学的理论框架。吴人韦（2000）则从生物多样性、塑造城市风貌以及支持城市生态建设三方面对城市绿地系统规划作了专题研究，并对国内城市绿地分类进行了总结。北京大学的俞孔坚率先将景观生态设计与城市设计相结合，以生态学原则、地理学的调查手段和城市规划的设计理念来综合规划城市绿地系统。

2．基于生态环境保护的绿地规划成果

黄晓莺（1998）等开展了城市生存环境绿色量值群研究，从城市生存环境的绿色量入手，将国内外园林绿地功能量化，评价我国城市绿化环境并对环境需求进行调查，应用三维绿化用于上海、合肥城市绿化，提出绿色量值群指标。王绍增、李敏（2001）、余琪（1998）将城市绿地延伸到城市开放（开敞）空间，研究其生态机理，刘立立和刘滨谊（1996）也提出以“绿脉”为先导的城市空间布局。

诸多学者开展了对绿地的功能效益的研究，并对其进行评价。陈自新、苏雪痕（1998）等完成了“北京城市园林绿化生态效益”的项目，对北京市居住区、专用绿地、绿化隔离带进行绿化生态效益及绿量的定量化研究，分析城市绿化生态效益对人居环境的影响。张浩和王祥荣（2001）探讨城市绿地的三维生态特征及其生态功能。

王秉洛指出，绿地系统的规划和建设是我国生态多样性保护工作的重要组成部分。包满珠等（1998）认为城市化对生物原有群落影响大，降低了生物多样性。引入外来的绿化植物品种能够丰富生物多样性，同时也会引起本地物种退缩。绿地规划应注意选用本地物种，在配置中把握生态位，模拟自然群落结构。

绿地指标体系是生态效益模型建立的基础，有利于绿地规划目标的制定。严晓等确立了评价绿地生态效益的多极指标体系，包括绿地结构指标和功能指标。

3．方兴未艾的实践活动

自 1992 年开展的“国家园林城市”创建极大地激发了各城市绿化建设的积极性，加快了城市园林绿化事业的发展。到 2006 年底，建设部已经批准了八批“国家级园林城市”，极大地推进了我国城市园林绿化建设。

三、城市园林绿地的发展趋势

21 世纪城市绿地系统要健康、安全、可持续发展，有力地支持城市物流、能流、信息流、价值流、人流的通畅，并与城市生态要素功能结合得更为密切，使城市生态系统运行更加高效和谐，其主要趋势如下。

（一）组成城市绿地系统的要素趋于多元化

主要表现在城市绿地系统规划建设与管理的对象扩大到包括水文、大气、动物、细菌、真菌、能源、城市废弃物等。

（二）城市绿地系统结构趋向网络化

城市绿地由集中到分散、由分散到集中再至融合，将呈现出以水、路、林为主的绿廊建设，使城市绿地系统形成网络式的连接。

（三）城市绿地系统规划的区域化

随着城市化进程的不断深入，一些大城市跨越原有的地域，形成了城市化发展的热点地区。传统的城市绿地系统因局限在城市空间范围内，难以适应区域性的可持续发展，这就要求打破行政界限，从景观生态学和城市规划学的角度，编制区域性的绿地系统规划。在欧洲，平衡的大都市区空间结构建设已被视为实现大都市区可持续发展的关键。法国于 1995 年制定了巴黎大都市区的区域绿色规划，力图通过区域自然公园来整合城市绿色空间和郊区外围主要农用地和林地，以形成一个区域绿色开放空间系统。西班牙马德里大都市区通过建立一个绿地系统的层级和邻近建成区边界的开放空间网络，以鼓励对具备生态或游憩功能的开放空间进行维护。中国区域经济一体化发展日益凸显，但是跨行政区的区域性绿地规划研究几乎一片空白，区域绿地规划理论研究势必成为未来研究热点之一。

（四）绿地系统结构和功能的有机统一

不同类型的城市应有生态绿地总量的合理规模、量化依据、配置形式；绿地系统与城市功能、形态布局应实现有机的结合。

（五）将森林引进城市

许多发达国家提出城市与自然共存的战略目标，如英国、日本、俄国、西欧等国家或地区纷纷在城市建森林公园或城市森林。我国到 1993 年止，建有森林公园 313 处，而且很多森林公园建于市区。广州、深圳、吉林正努力朝着森林城市的方向发展，这是人类走出森林奔向城市而今又逃避城市回到自然的又一次历史性的选择。

（六）高新技术的应用

高新技术在城市绿地系统的应用必将在 21 世纪得到加强和普及。利用现代信息技术可实现城市绿地的监测、研究、模拟、评价、规划等，现代高科技研究的主要领域有：资料收集与数据共享；空间分析与信息提取；景观表达与评价；动态监测与管理；远程设计、施工与管理；虚拟园林。例如，近年来随着航天遥感技术（RS）的进步，精度的卫星照片在精确性、经济性、及时性上有一定优势，国内国际上已有将其与地理信息系统（GIS）相结合分析城市绿地的实例，RS 的方法与效果还在进一步探索之中。

总之，21 世纪的城市绿地系统规划及理论将随着城市发展而不断调整和定位、深化、完善，并将共同趋于一个大目标，即城市绿地系统将更有力地支持城市物流、能流、信息流、价值流和人流并使之畅通，它与城市各组成部分之间的功能耦合关系更为细密、合理，同时以生态规划为指导思想的城市绿地系统将使城市这个包括社会—经济—环境的复合系统运行得更加高效、和谐。

第三节　园林绿地的分类及类型

一、园林绿地的分类

园林绿地有多种不同的分类方法，具体有以下几种。

（1）按绿地在城市的位置分：城区绿地、郊区绿地。

（2）按绿地在城市的服务范围分：全市性绿地、区域性绿地、局部性绿地。

（3）按绿地规模分：大型绿地（面积在 $50hm^2$ 以上）、中型绿地（面积在 $5\sim50hm^2$）、小型绿地（面积在 $5hm^2$ 以下）。

（4）按绿地适用对象分：公用绿地、专用绿地。

（5）现在常用的分类：公共绿地、道路交通绿地、专用绿地、居住区绿地、生产绿地、防护绿地、城郊风景名胜区及森林公园风景区绿地等。

二、园林绿地的类型

园林绿地的类型一般按绿地使用功能划分，包括公共绿地、道路交通绿地、居住区绿地、单位附属绿地、生产防护绿地和风景区绿地等。

（一）公共绿地

城市公共绿地是指公开开放的，供全市居民休息、游览的公园绿地。包括综合性公园、动物园、植物园、体育公园、儿童公园、纪念性公园、名胜古迹公园、街道广场绿地、游戏林荫带等。一般由城市市政部门投资修建，具有一定规模和比较完善的设施，可供居民游览、休息。城市公共绿地的规模大小、设施完善程度以及树木花草培育程度，对于美化城市面貌、改善城市环境质量、丰富城市建筑艺术内容、增进居民健康和精神文明建设都有重要作用。一定规模的公共绿地是现代化城市的标志之一。

街头绿地是指沿道路、河、湖、海岸和城墙等，设有一定游憩设施，起装饰作用，供公共使用的绿化用地。

（二）道路交通绿地

1．道路绿地

道路绿地一般指道路红线以内的绿地。包括主路绿地、支路绿地、小路绿地、交通岛绿地、立体交叉口及桥头绿地等。

2．公路、铁路防护绿地

公路、铁路防护绿地指对外交通用地的一部分，特别是穿越城市区的铁路线两侧沿线设置一定宽度的林带，对于降低噪声和加强安全有很大的作用。

（三）居住区绿地

居住区绿地是指根据居住区不同的规划设置相应的中心公共绿地，包括居住区公园（居住区级）、小游园（小区级）和组团绿地（组团级），以及儿童游戏场和其他的块状、带状公共绿地等。

1．居住区公园、小游园、组团绿地

居住区公园设置的内容包括花木草坪、花坛水面、凉亭雕塑、小卖茶座、老幼设施、停车场和铺装地面等。小游园设置的内容包括花木草坪、花坛水面、雕塑、儿童设施和铺装地面等。组团绿地设置的内容包括花木草坪、桌椅、简易儿童设施。

2．住宅绿地

住宅绿地即分布在居住建筑前后的绿地，是配合住宅的类型、居住建筑的平面关系、层数高低、间距大小、向阳或背阴以及建筑组合的形式等因素进行布置的，是居住区中出现最多的一种绿地。

3．配套公建所属绿地

配套公建所属绿地是居住区内的托儿所、幼儿园、中小学校、商店、医院等地段的绿地。

4．住宅建筑局部绿地

住宅建筑局部绿地包括入口和围墙的绿化、窗台和阳台的绿化、屋顶和屋角的绿化、棚架绿化、墙面绿化等。

（四）单位附属绿地

单位附属绿地包括工业仓库绿地、公共事业绿地、公共建筑庭园，是指专属工厂、机关、学校、医院、部队等某一单位使用的绿地，不对居民开放。

（五）生产防护绿地

生产防护绿地指用于隔离、卫生和安全目的的林带和绿地。包括苗圃、花圃、果园、林场、科研植物园、卫生防护林、风沙防护林、水土保持林、水源涵养林等，一般是郊区用地的一部分。

（六）风景区绿地

风景区绿地包括风景游览区、休养疗养区，其与城市公园的主要区别是景色多为自然原貌；可供市民一日以上的游览，需借助一定的交通工具；需有食、宿、交通服务设施；面积可达数千公顷至数百平方公里以上。

三、立体绿化

改善城市生态环境，搞好城市绿化，不仅要注意地面绿化，还要利用城市空间进行绿化，加强绿化的立体效果。立体绿化是通过屋顶、墙面、阳台“三位一体”，把地面与空间连成一片绿色世界。

（一）屋顶绿化

屋顶绿化又称“空中绿化”，是城市多层次空中绿化的一部分。绿化形式多样，种植方法多种，在屋顶不超负荷的情况下，除了不能栽植较大的树木外，可以同地面绿化一样布置。

（二）墙面绿化

在外墙边栽植攀援藤本植物，它的根附着在墙面，枝能蔓生于墙壁、篱笆、桥栏、灯柱、人行桥等处，使墙面遍绿，美化外墙，通常称为墙面绿化。

（三）阳台绿化

随着高层楼房的日益增多，这些楼房大多数设有阳台，且多数朝南向阳，具有光照充足、通风良好的优点，为高楼居民进行阳台绿化创造了良好条件。阳台绿化可根据个人的爱好，采取多种形式的绿化方法，有的可以盆养，有的可以悬挂，有的也可以搞垂直绿化，其方法可以多种多样。

习题

1．园林绿地的主要类型有哪些？
2．什么是立体绿化？
3．城市园林绿地的发展趋势是怎样的？

第二章　植物学基础知识

【本章内容提要】

植物学基本知识是园林绿化及植物养护管理的基础。本章主要介绍植物的六大器官及植物的形态术语、影响园林植物生长发育的主要因素、植物的生命周期与年周期、树木各器官生长发育的相关性等，并对园林植物生长与温度、水分、光照、土壤、空气等环境因子的关系进行系统介绍。

【本章学习目标】

了解细胞及其结构、组织及其类型及植物的六大器官；掌握树木一生中生长发育规律；了解树木各个生长期的特征及树木各器官生长发育的相关性；掌握环境因子对园林植物的影响。

第一节　植物的六大器官及形态术语

一、细胞及其结构

地球上的生物除病毒外都是由细胞构成的。细胞是生物体结构的基本单位，也是生物体进行生命活动的基本功能单位；细胞的发现被誉为 19 世纪三大自然科学发现之一，在人类自然科学史上占有重要地位。

细胞的显微结构是指在光学显微镜下能观察到的细胞结构。一般植物细胞由细胞壁、细胞质、细胞核和液泡组成。

细胞的超显微结构是指在电子显微镜下能观察到的细胞结构。在电子显微镜下，可以看到成熟细胞的细胞壁分为胞间层、初生壁、次生壁三层。细胞之间有胞间连丝相连。细胞壁内包含着原生质体。原生质体由原生质构成。原生质是生命活动的基本物质，它是一种无色、半透明、具有黏性和弹性的胶体物质，其化学成分极为复杂。一部分原生质分化形成具有一定形态和功能的结构称为细胞器。细胞核是最大的细胞器，它是遗传物质存在和复制的场所，是控制细胞生命活动的中心。其他细胞器还有质体、线粒体、内质网、核糖体、高尔基体、溶酶体、微管等，如图 2-1 所示。

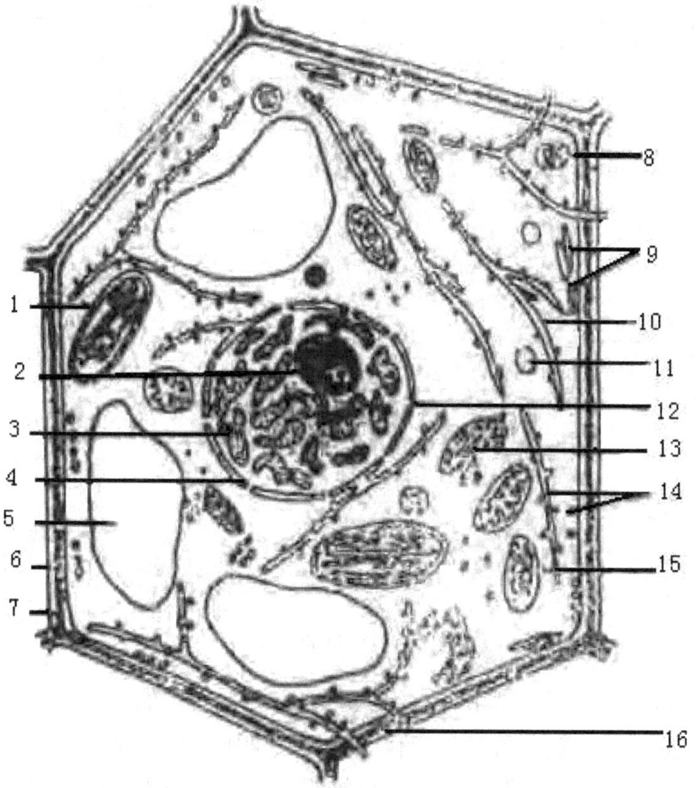

图 2-1　细胞

1——叶绿体；2——核仁；3——染色体；4——核膜；5——液泡；6——初生层；7——胞间层；8——微粒体；9——微管；10——质体；11——圆球体；12——核孔；13——高尔基体；14——核糖体；15——线粒体；16——胞间连丝

二、组织及其类型

细胞生长、繁殖并产生分化，在植物体内形成了很多不同类型的细胞群。我们把来源相同、形态和结构相似、执行同一生理功能的细胞群称为组织（见图 2-2）。组织主要有分生组织和永久组织两大类型。

分生组织是指所有具有分裂能力的细胞组成的细胞群。根据所处的位置不同又分为顶端分生组织、侧生分生组织和居间分生组织三种。

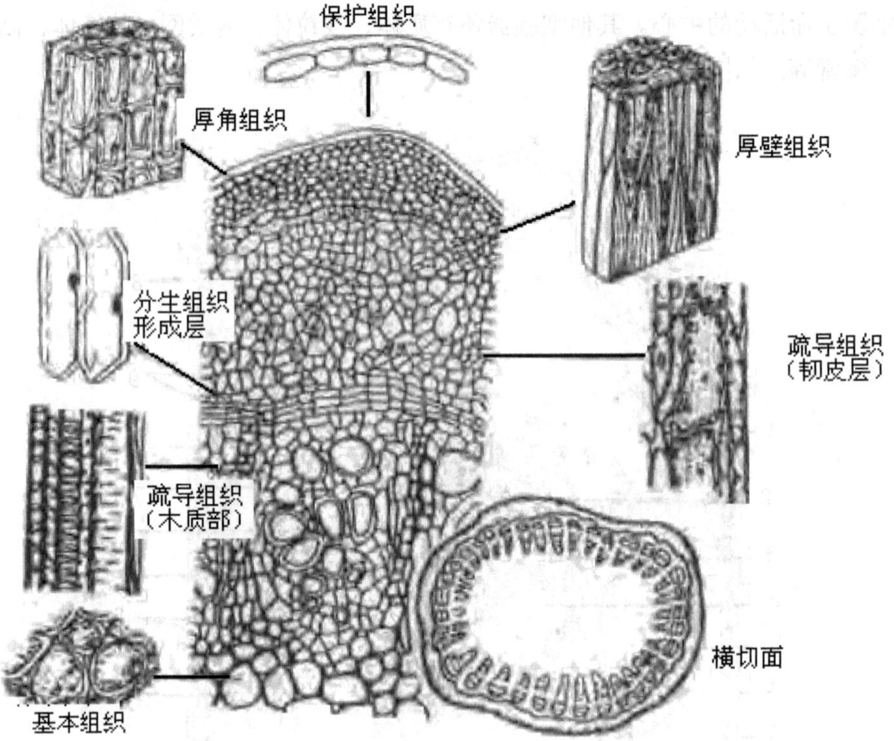

图 2-2　植物的组织

永久组织又称为成熟组织，是由分生组织的细胞分裂产生的细胞，又经过生长分化形成的。这类组织一旦形成，一般不再发生变化。根据其细胞形态、结构和生理功能不同，永久组织分为薄壁组织、保护组织、输导组织、机械组织和分泌组织。薄壁组织是由薄壁细胞组成的，细胞的个体较大，含有一个大液泡，主要功能是制造和储存养分。保护组织包围在器官表面，起保护作用，主要功能是控制蒸腾，防止水分过分散失、机械损伤和其他生物侵害。输导组织专门输送水分和营养物质，如木质部中的导管和管胞输送水和无机盐，韧皮部中的筛管和筛胞输送有机养分。机械组织起支持作用，可以支持植物体枝叶的重量和抵抗风雨等外力侵袭。分泌组织是指能够分泌精油、树脂、乳汁、蜜汁、黏液等分泌物的细胞和细胞群。

三、植物的六大器官

若干个不同的组织共同构成的具有一定形态构造、执行某种生理功能的一部分植物体，称为植物的器官。高等植物一般具有六大器官——根、茎、叶、花、果实、种子。其中，根、茎、叶是植物体进行营养生长的器官，称为植物的营养器官，花、果实、种子是植物体繁衍后代，完成种族延续的器官，称为植物的繁殖器官。

（一）根

1．根的发生

根据根发生的来源和部位不同，有定根和不定根之分。种子萌发时，胚根生长发育形成的根是定根，又分主根和侧根。一些植物的茎、叶等处发出的根称为不定根。

2．根的形态

根据根的不同形态可以分为直根系和须根系两大类（见图 2-3）。植物的主根与侧根区别明显的根系是直根系，大多数双子叶植物和裸子植物的根系属于直根系。主根不发达或早期死亡，在茎的基部产生许多粗细相近的须状不定根，形成须根系，多数单子叶植物的根系是须根系。

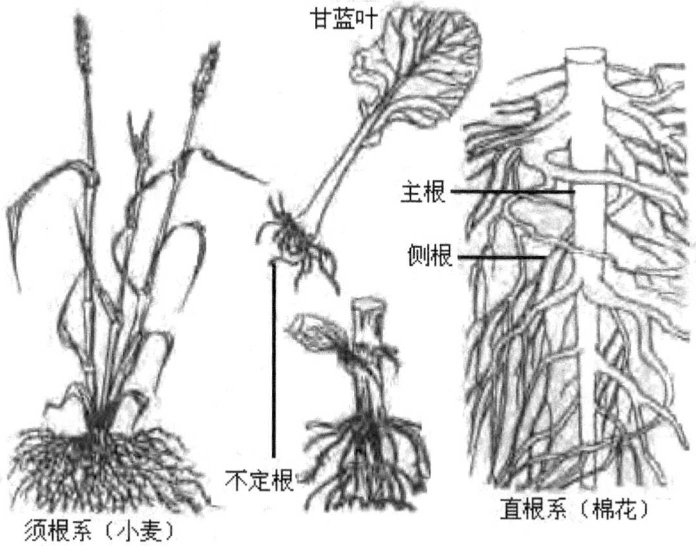

图 2-3　根与根系

3．根的变态

一些植物的根在进化的过程中，为了适应环境，其形态构造和生理功能发生改变，称为根的变态（见图 2-4）。常见的根变态有储藏根、支柱根、板根、气生根、寄生根、攀援根、呼吸根等类型。

4．根的结构

（1）根尖的构造：根的尖端到着生根毛的部分称为根尖。根尖分为根冠、分生区、伸长区、成熟区（因密生根毛，又称根毛区）四部分（见图 2-5）。

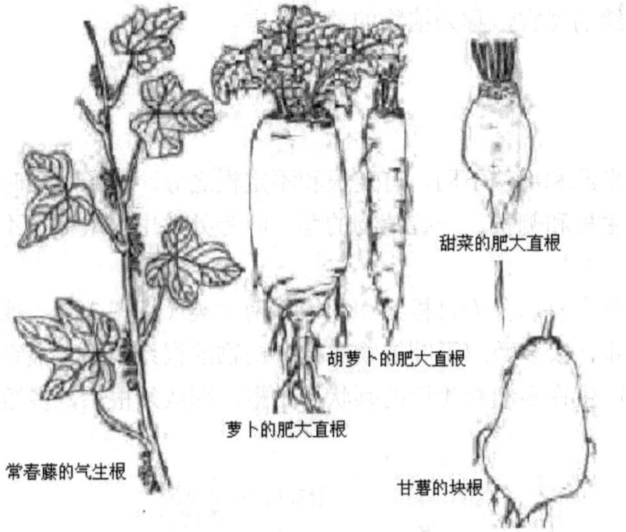

图 2-4　根的变态

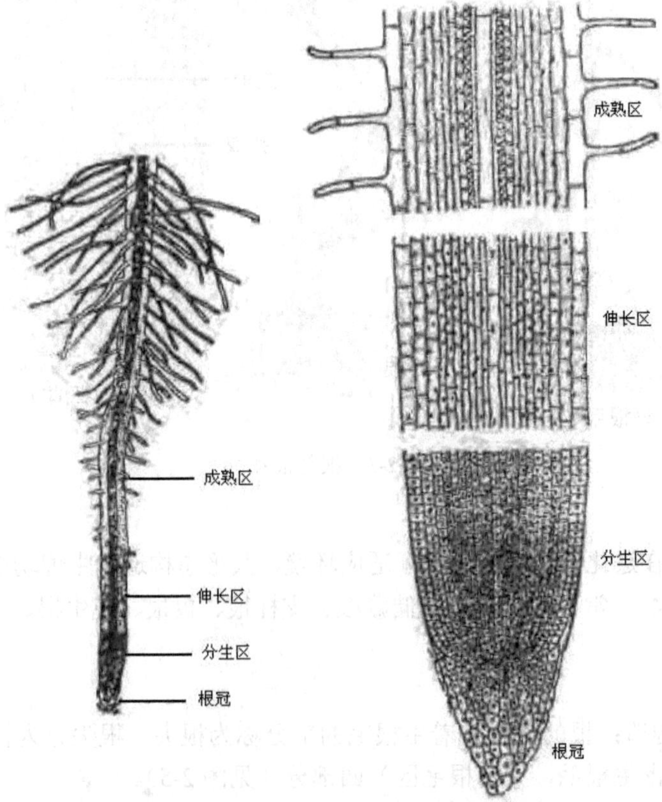

图 2-5　根尖各部分及根尖纵切图解

（2）根的初生构造：根的分生区细胞不断分裂、生长、分化形成根的初生构造。在显微镜下观察根尖成熟区的横切面，可以看到由外向内分为表皮、皮层、中柱三部分。表皮的有些细胞外壁突出形成根毛，吸收水和无机盐。皮层由薄壁细胞组成，储藏营养和通气。中柱由中柱鞘、初生木质部、初生韧皮部及其之间的薄壁细胞组成（见图 2-6）。

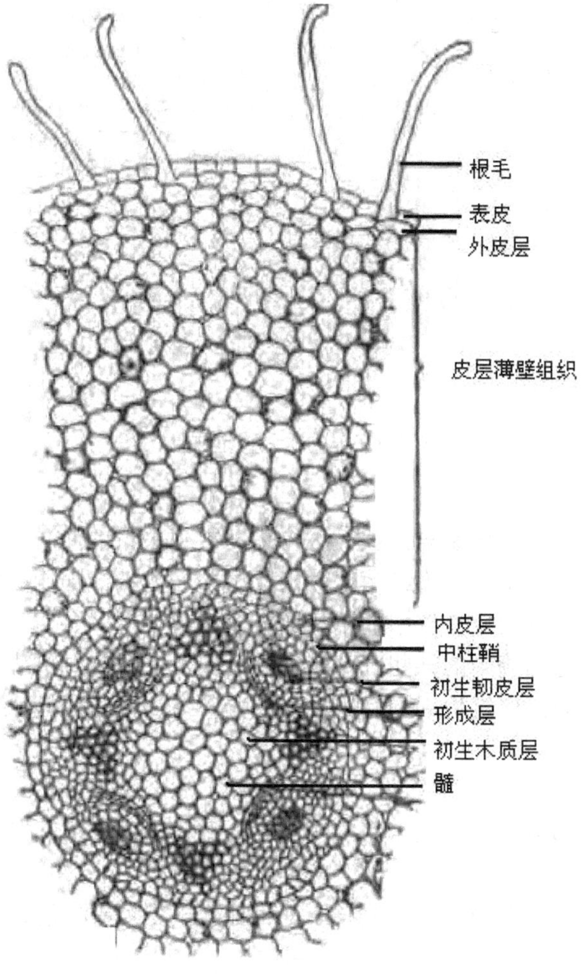

图 2-6　根的初生构造

（3）根的次生构造：大多数单子叶植物和一些双子叶植物的根只有初生构造，而绝大多数双子叶植物和裸子植物的根不仅能伸长生长形成初生构造，而且能增粗生长形成次生构造。次生构造的产生与形成层和木栓形成层的出现和活动有关。形成层是由初生木质部和初生韧皮部之间的薄壁细胞恢复分裂能力形成的，形成层的细胞分裂向外生成次生韧皮部，向内生成次生木质部以及径向排列的维管射线。同时，中柱鞘的部分薄壁细胞恢复分裂能力形成木栓形成层，木栓形成层向外生成木栓层，向内生成栓内层。木栓层、木栓形成层、栓内层合称为周皮。由形成层活动产生的次生木质部、次生韧皮部、射线和由木栓形成层活动产生的周皮统称为根的次生构造（见图 2-7）。

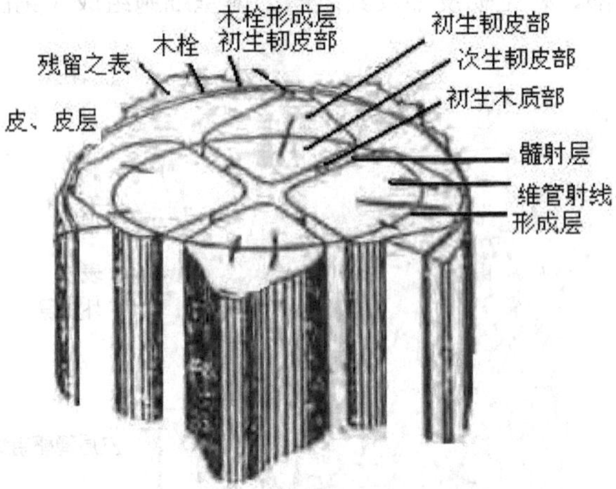

图 2-7　根的次生构造立体图解

5．根瘤和菌根

根瘤和菌根是高等植物根系与土壤微生物之间共生关系的两种类型。

根瘤是由生活在土壤中的根瘤细菌侵入植物根内产生的。根瘤细菌从植物根中获取生活所需的水分和养料，同时固定空气中的游离氮，供植物使用。

菌根是指植物根与土壤中的某些真菌共生。菌根对一般树种的生长有良好影响，一方面能够加强根的吸收能力，促进根周围有机物质的分解；另一方面菌根分泌的维生素 B1 可以刺激根系的发育。

6．根的生理功能

（1）吸收和输导功能：吸收土壤中的水分和无机盐，并通过根的维管组织输送到地上部分。

（2）合成和分泌功能：根能合成赤霉素、细胞分裂素等激素和多种氨基酸，对地上部分生长有很大作用。

（3）固着功能：将植物固定在土壤中，使整个植物维持重力平衡。

（4）繁殖功能：有些植物根可以形成不定芽而具有繁殖作用。

（5）储藏功能：有些植物根能够储藏大量养料。

（二）茎

茎是植物地上部分的主干，其上着生叶、花和果实。叶着生的部位叫节，相邻两节之间的部分叫节间。叶脱落时在节上留下的痕迹叫叶痕，茎与叶柄间维管束断离后留下的痕迹叫维管束痕。

1．茎的形态

根据茎的生长习性分为直立茎、平卧茎、匍匐茎、攀缘茎和缠绕茎。

根据茎的性质分为草质茎、木质茎和肉质茎。根据植物茎的性质不同，可将植物分为木本植物和草本植物。木本植物的树干、树枝木质化，坚硬、直立、寿命较长，能逐年生长。一般乔木、灌木都是木本植物，草本植物的茎都是草质茎，茎枝柔软，植株较小，多数草本植物在生长结束时，其整体或地上部分死亡。

根据茎的分枝方式不同，分为单轴分枝（又称总状分枝）、合轴分枝和假二叉分枝。

2．茎的变态

地上茎的变态有叶状茎（如昙花）、茎卷须（如葡萄）、茎刺（如皂荚）等类型（见图2-8）。

地下茎的变态有根状茎（如鸢尾）、储藏茎等类型。储藏茎又分为块茎（如马铃薯）、鳞茎（如水仙、百合）、球茎（如唐菖蒲）等。

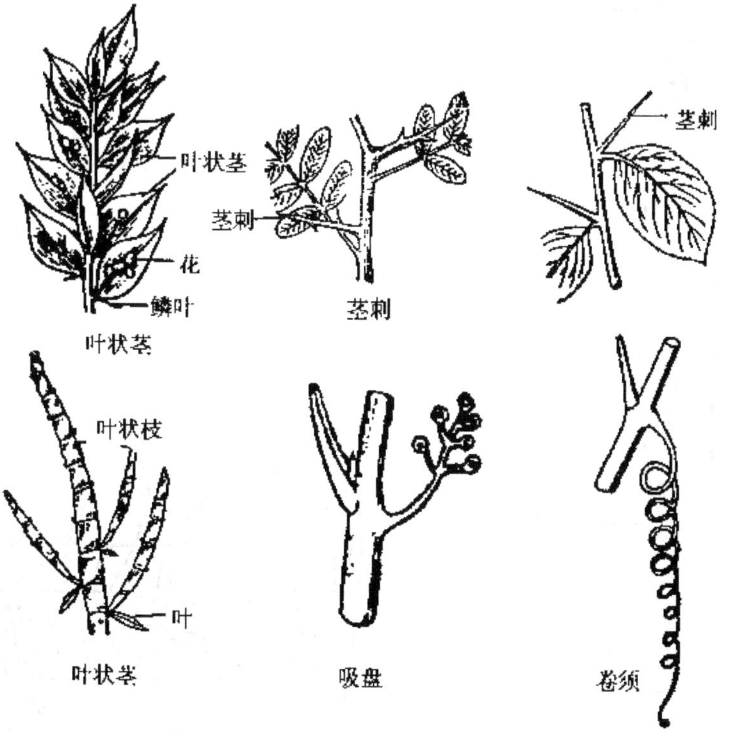

图2-8　茎的变态

3．芽的概念和类型

植物的枝条和花都是由芽发育来的，芽是枝条和花的原始体。

根据着生位置分为定芽和不定芽。定芽有顶芽和腋芽之分，顶芽是生于枝条顶端的芽，腋芽是生于叶腋的芽，又叫侧芽。顶芽开放后，鳞片脱落留下的痕迹叫芽鳞痕，根据芽鳞痕的数目可以判断枝条的年龄（见图 2-9）。着生于植物其他部位的芽统称为不定芽，如榆、泡桐等的根出芽，秋海棠的叶出芽，桑、杨等老茎伤口出芽等。

根据芽的性质分为叶芽、花芽、混合芽。叶芽开展后成为带叶的枝条，花芽开展后成为花或花序，混合芽开展后成为带花和叶的枝条。

根据有无芽鳞分为鳞芽和裸芽。

根据生理状态分为活动芽和休眠芽（又称潜伏芽）。

4．茎的构造

（1）芽的构造：将一个未展开的芽纵切，可以看到芽的中央有一个轴，叫芽轴，其顶端有生长点。在芽轴上部，节和节间的界限尚不明显，周围有许多突出物，是叶原基和芽原基。叶原基以后发育成幼叶，再发育成侧枝（见图 2-10）。

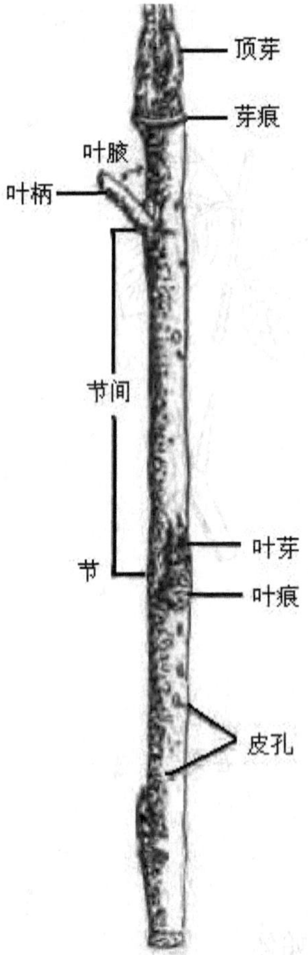

图 2-9　枝条

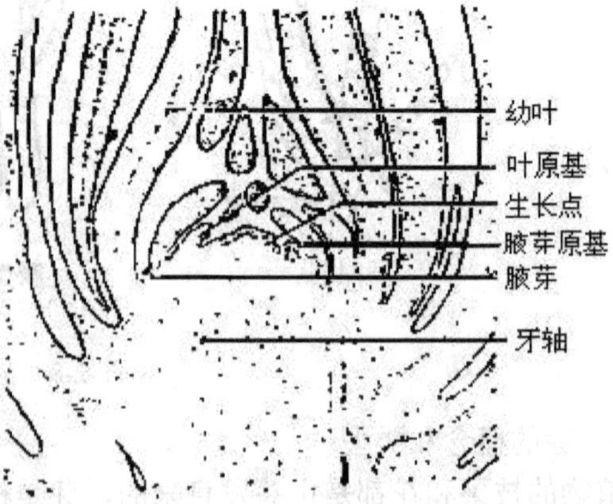

图 2-10　杉木叶芽纵切简图

（2）茎尖的分区：由上至下分为分生区、伸长区、成熟区。

（3）双子叶植物茎的初生构造（见图 2-11）：通过茎尖成熟区做横切面，自外而内分为表皮、皮层、中柱三部分，中柱包括中柱鞘、维管束（由初生韧皮部、束内形成层、初生木质部组成）、髓和髓射线。

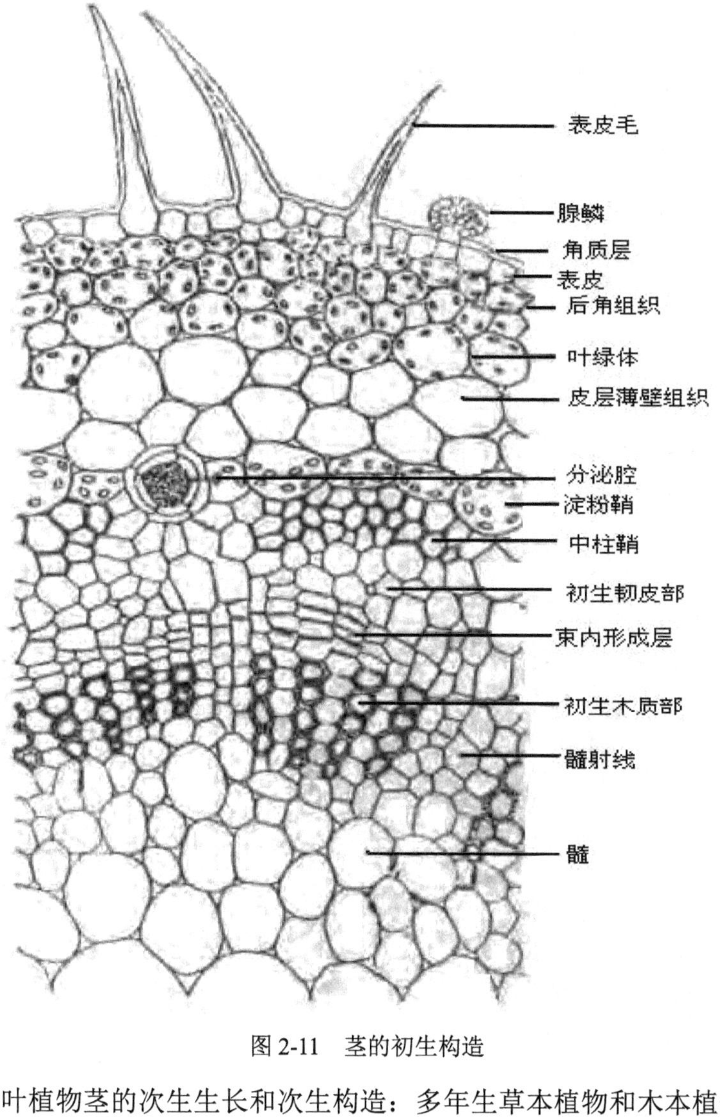

图 2-11　茎的初生构造

（4）双子叶植物茎的次生生长和次生构造：多年生草本植物和木本植物的茎能够逐年加粗，主要是由于次生分生组织——形成层和木栓形成层的活动生成茎的次生构造（见图 2-12）。形成层起源于初生构造中的束内形成层和恢复分裂能力的髓射线细胞。形成层细胞分裂向外形成次生韧皮部，向内生成次生木质部，并形成次生髓射线。木栓形成层是初生构造中皮层或表皮细胞恢复分裂能力形成的。木栓形成层细胞分裂向外生成木栓层，向内生成栓内层。木栓层、木栓形成层、栓内层合称为周皮。通常把形成层以外的部分称为树皮。

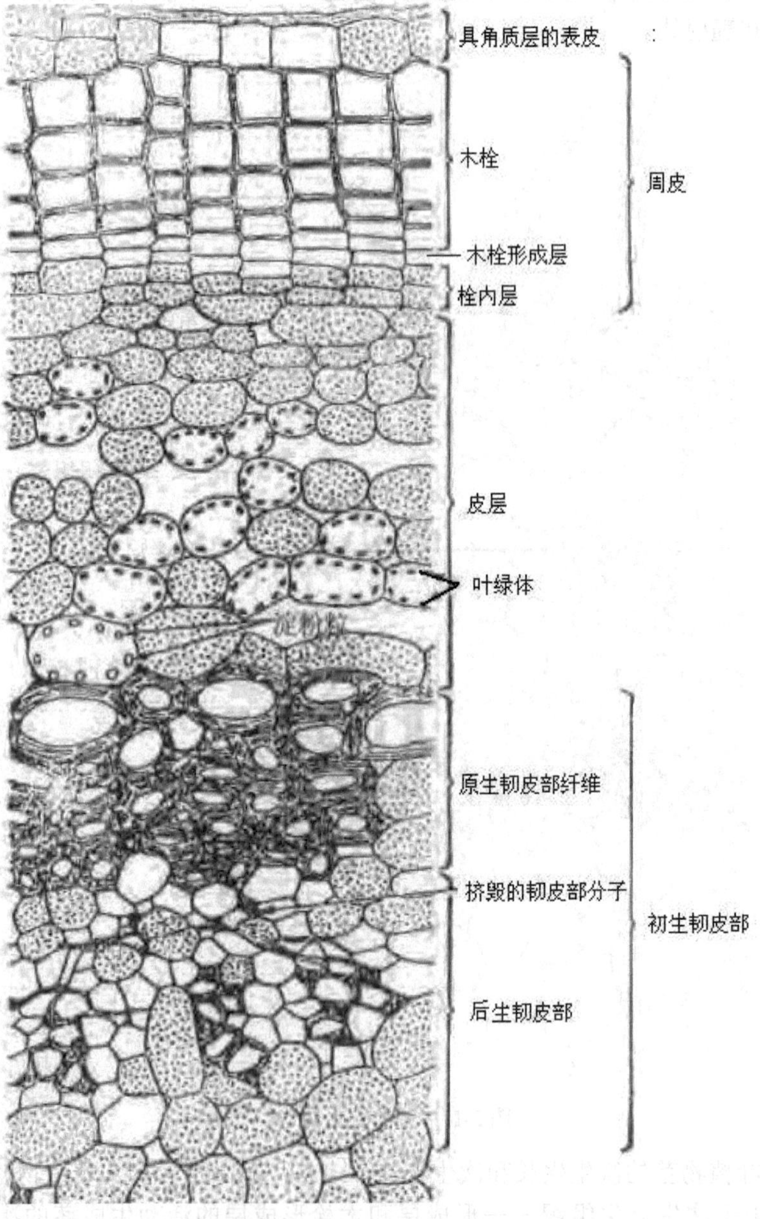

图 2-12　茎的次生构造

（5）裸子植物茎的特点：木质部主要由管胞组成，无导管和木纤维，薄壁细胞少；韧皮部主要由筛胞组成；大多数具有树脂道。

（6）单子叶植物茎的构造：一般只有初生构造，没有次生构造，维管束内无形成层，茎的增粗主要靠细胞体积的增大。维管束的数目很多，散生于基本组织中。具有节间分生组织，能使茎伸长，速度很快。茎内皮层和髓的界限不明显，有的茎中心髓细胞消失，茎节间中空。

5．茎的生理功能

（1）输导功能：将根吸收的水分、无机盐和合成储存的有机养料输送给地上部分，同时将叶制造的有机物输送到根、花、果实和种子中。

（2）支撑功能：支持植物体，抵抗风、雨、雪加到植物体上的重量。

（3）储存功能。

（4）繁殖功能。

（三）叶

1．叶的形态

（1）叶的组成：一片完整的叶由叶片、叶柄和托叶三部分组成（见图 2-13）。三部分都具备的叫完全叶，缺少一到两部分的叫不完全叶。

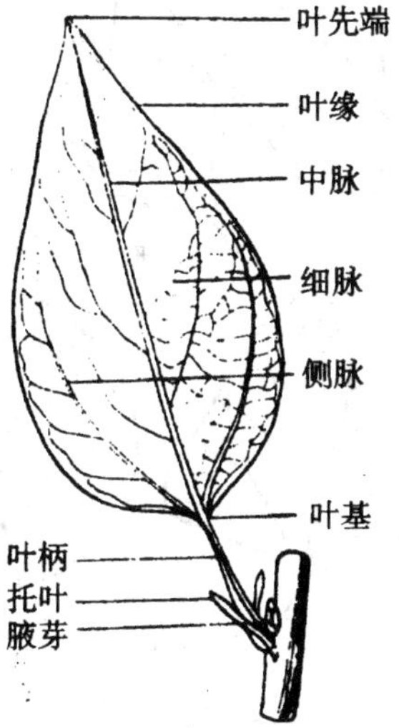

图 2-13　叶的组成

（2）叶序：指叶在叶柄上的着生方式。常见的有互生、对生、轮生和簇生等（见图 2-14）。

（3）叶形：常见的形状有条形、针形、披针形、卵形、长圆形、菱形、心形、椭圆形、三角形、圆形等（见图 2-15）。这些只是叶片的基本形状，很多植物叶形常常呈中间类型，常用复合名词来描述，如大叶桉的叶为卵状披针形，加拿大杨的叶为三角状卵形。

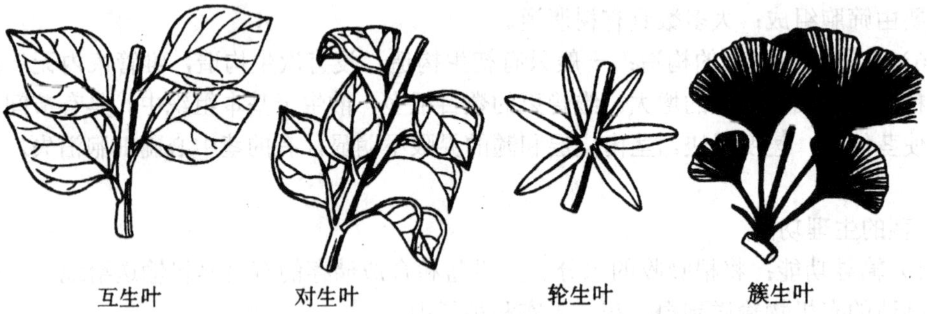

图 2-14　叶序

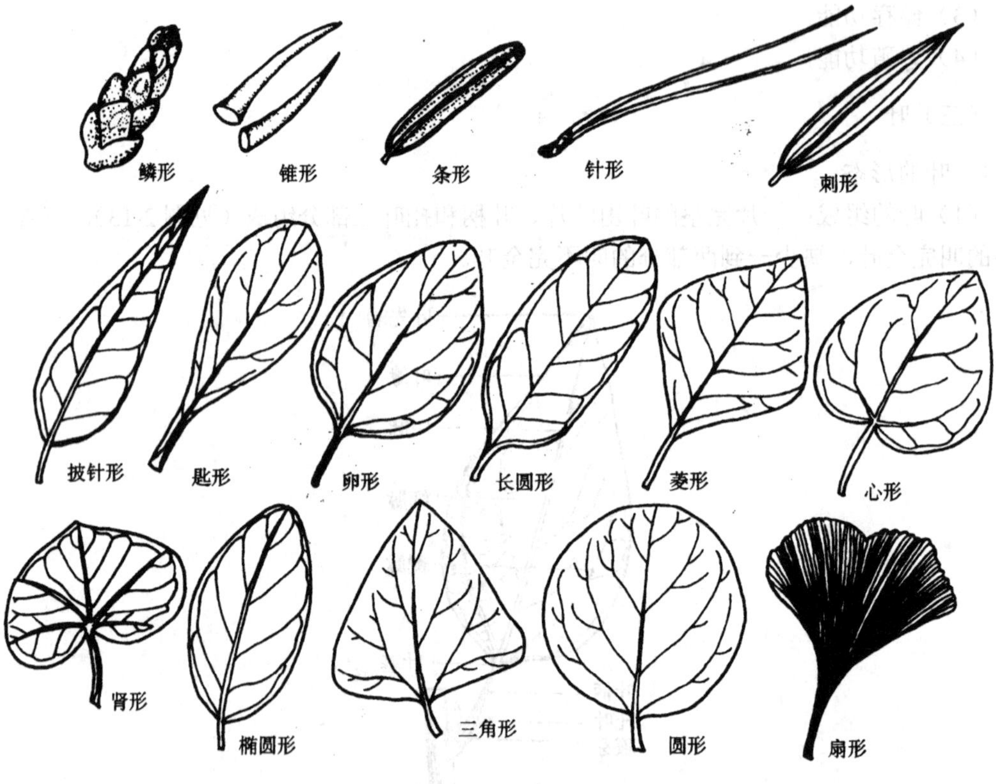

图 2-15　叶形

（4）叶尖：常见的形状有尖、微凸、凸尖、芒尖、尾尖、渐尖、骤尖、微凹、凹缺、二裂等（见图 2-16）。

（5）叶基：常见的形状有楔形、截形、心形、耳形、圆形等（见图 2-17）。

（6）叶缘：叶片的边缘叫叶缘，主要类型有全缘、锯齿、齿牙、钝齿、波状等（见图 2-18）。

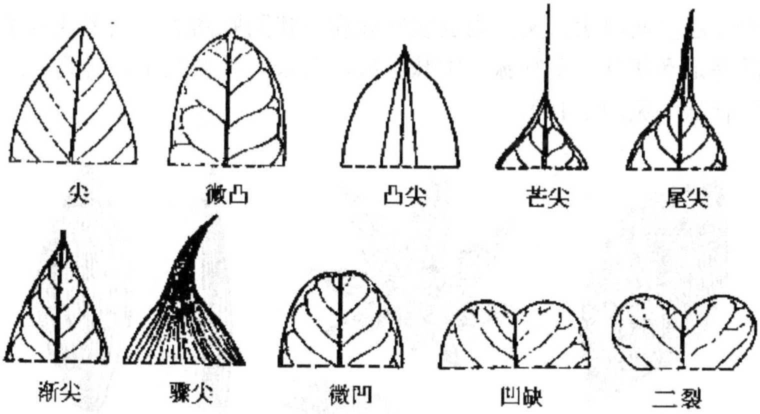

图 2-16　叶尖

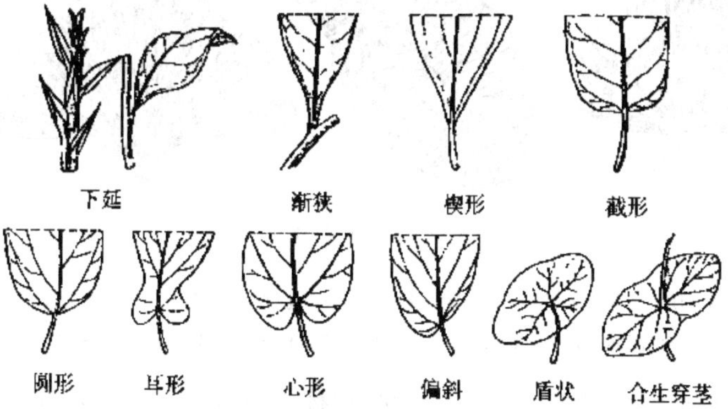

图 2-17　叶基

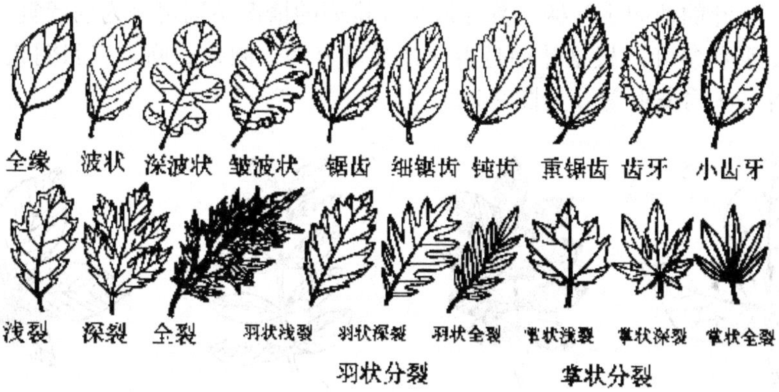

图 2-18　叶缘

（7）叶裂：按裂片的形状的深浅分为羽状分裂和掌状分裂。

（8）脉序：指叶脉在叶片上排列的方式。常见的脉序类型有网状脉、平行脉和叉状脉。

网状脉分枝交错，连接成网状，又分为羽状网脉和掌状网脉两类。大多数双子叶植物和少数单子叶植物的脉序是网状脉。平行脉，中脉明显，其余叶脉彼此平行排列。绝大多数单子叶植物的脉序是平行脉（见图2-19）。

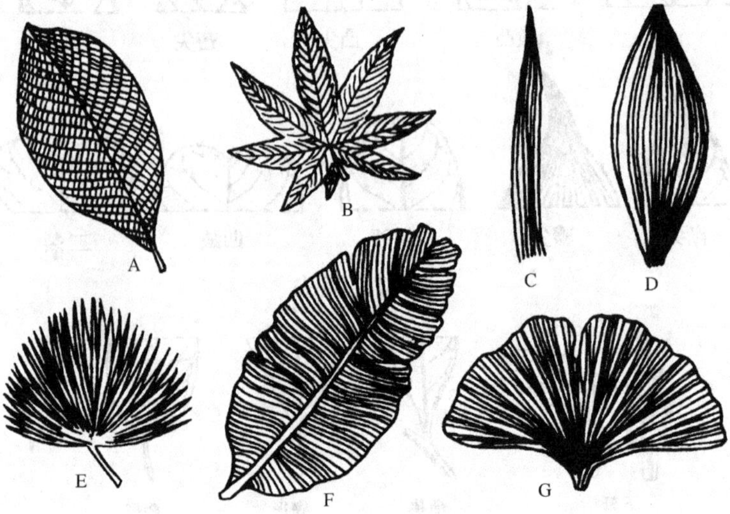

图2-19　叶脉的类型

A、B——网状脉（A——羽状网脉，B——掌状网脉）；C～F——平等脉（C——直出脉，D——弧形脉，E——射出脉，F——侧出脉）；G——叉状脉

（9）单叶和复叶：一个叶柄上只生一个叶片称为单叶。一个叶柄上生有两个至多数叶片称为复叶。复叶的叶柄仍叫叶柄，也可称为总叶柄，叶柄以上的轴叫叶轴。叶轴两侧所生的叶片叫小叶。小叶的柄叫小叶柄。复叶依小叶排列的情况不同可分为羽状复叶（包括奇数羽状复叶和偶数羽状复叶，根据叶轴是否分枝又可分为一回、二回、三回羽状复叶）、掌状复叶、三出复叶、单身复叶等（见图2-20）。

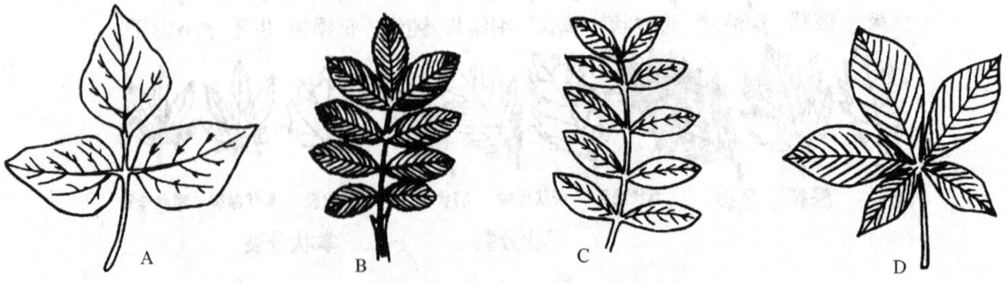

图2-20　复叶的类型

A——三出复叶；B——奇数羽状复叶；C——偶数羽状复叶；D——掌状复叶

2．叶的变态

按功能不同可分为芽鳞、叶刺、苞叶、叶卷须、捕虫叶、储藏叶等几种类型。

3．叶的生理功能

（1）光合作用：植物利用光能将二氧化碳和水制造成有机物，并放出氧气。

（2）蒸腾作用：植物根吸收的大量水分以气体状态通过叶片的气孔蒸散到体外，从而有利于根部对水和无机盐的吸收和运输。同时，在蒸腾过程中，水由液态变为气态，耗费能量，从而降低叶片温度，使叶免受强光灼伤。

（3）气体交换：植物的光合作用吸入二氧化碳放出氧气和呼吸作用吸收氧气放出二氧化碳，都是通过叶片上的气孔进行的，因此，叶片是植物体进行气体交换的主要器官。有些植物的叶片还能吸收二氧化硫、氯气等有害气体，并积存在叶片内，起到净化大气的作用。

（4）吸收功能：叶能吸收营养物质，利用这个功能可以进行叶面喷肥。

（5）繁殖功能：有些植物的叶在一定条件下能生成不定根、不定芽，利用这个功能进行营养繁殖。

（四）花

1．花芽与花芽分化

花是由花芽发育而来的。当植物体由营养生长进入到生殖生长时，茎尖分生组织不再形成叶原基和腋芽原基，而是发生花或花序原基，逐渐形成花或花序。这一从花原基发生到形成花或花序的过程，称为花芽分化。花芽分化标志着植物体生殖生长的开始。

2．花的组成

一朵完整的花是由花梗、花托、花萼、花冠、雄蕊、雌蕊六部分组成的。花梗是连接茎与花的部分。花梗顶端膨大的部分叫花托，花萼、花冠、雄蕊、雌蕊顺次排列在花托上。在一朵花中，花萼、花冠、雄蕊、雌蕊四部分都具备的称为完全花，缺少一部分或几部分的称为不完全花。花萼和花冠总称为花被，有的花萼、花冠排列成内外两轮，这样的花叫重被花，如桃花；有的花被瓣片在形状、色泽全无区分，每一瓣片称花被片，这样的花叫单被花，如玉兰；有的花被不存在，叫无被花，如杨、柳。在一朵花中，具有雌蕊和雄蕊的称为两性花。只有雌蕊或雄蕊的称为单性花，其中，只有雄蕊的是雄花，只有雌蕊的是雌花。雌花和雄花生在同一植株的称为雌雄同株，雌花和雄花不生于同一植株上的称为雌雄异株。有的植物在同一植株上既有单性花，又有两性花，称为杂性同株（见图 2-21）。

3．花冠

花冠的形态构造多种多样，根据花瓣是否联合分为离瓣花冠（如月季、玉兰等）和合瓣花冠（如一串红等）。根据花冠的形状不同分为整齐花冠、不整齐花冠、十字花冠、管状花冠、漏斗形花冠、钟状花冠等。不整齐花冠又称两侧对称花冠，常见的种类有蝶形花冠、唇形花冠、舌状花冠等（见图 2-22）。

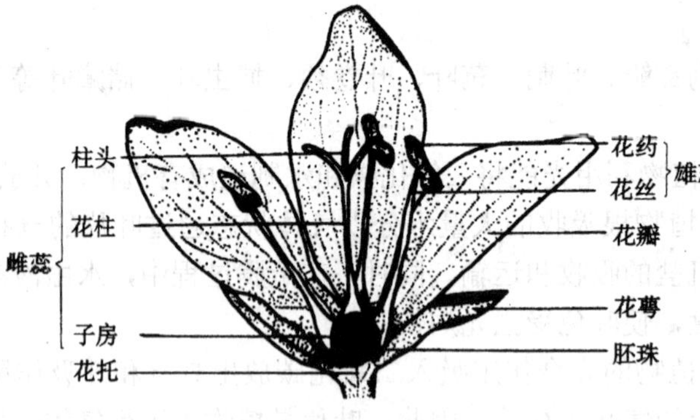

图 2-21　花的组成

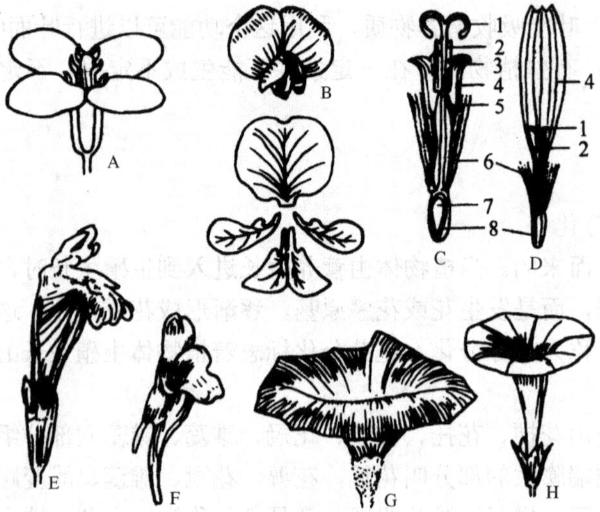

图 2-22　花冠的类型

A——十字形花冠；B——蝶形花冠；C——管状花冠；D——舌状花冠；E——唇形花冠；
F——有距花冠；G——喇叭状花冠；H——漏斗状花冠（A、B 为离瓣花；C～H 为合瓣花）；
1——柱头；2——花柱；3——花药；4——花冠；5——花丝；6——冠毛；7——胚珠；8——子房

4．雄蕊和雌蕊

雄蕊由花丝和花药两部分组成。根据花丝的长短和离合等，把雄蕊分成离生雄蕊和合生雄蕊两类。离生雄蕊有三种类型：二强雄蕊、冠生雄蕊、聚药雄蕊。合生雄蕊也有三种类型：单体雄蕊、两体雄蕊、多体雄蕊（见图 2-23）。

雌蕊由柱头、花柱、子房三部分组成。整个雌蕊是由一个或多个变态叶两侧卷合形成的。这种变态叶称为心皮，心皮卷合形成的腔称为子房室。子房室内生长一至多数胚珠，胚珠着生的部位叫胚座。子房着生在花托上，由于与花托连生的情况不同，可分为上位子房（又叫子房上位）、半下位子房（又叫子房半下位）和下位子房（又叫子房下位）（见图 2-24）。

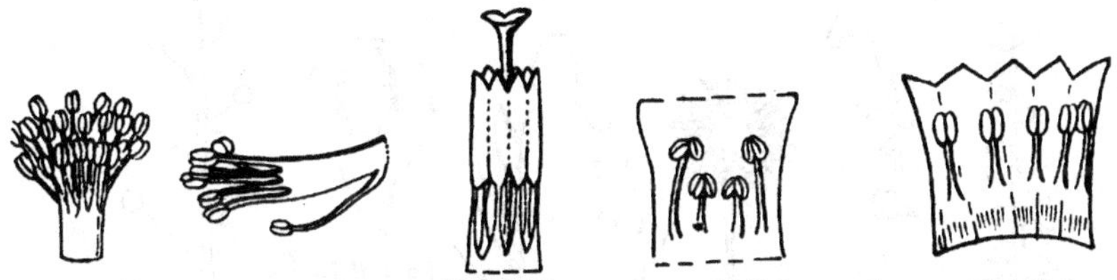

图 2-23　雄蕊的类型

图 2-24　子房着生在花托上的位置

5．花序

有的植物花单生于叶腋或枝顶，称单生花。有的植物花簇生于叶腋。多数植物的花按一定的规律排列在花轴上形成花序。花序的主轴叫花轴，花轴上着生许多花，花下常有一变态叶叫苞片，整个花序基部也有一个或数个变态叶，每一个称为总苞片，数枚聚集在花序之下的就叫总苞。

根据花轴上花排列方式的不同以及花轴分枝形式和生长状况不同有各种不同类型。

（1）无限花序：这是一种类似总状分枝的花序，花轴顶端不断增长陆续形成花，并保持一定时间。开花顺序为花序基部的花先开，依次向上开放，如果花轴是扁平的，则由外向心开放。根据花排列的特点又分以下几种：总状花序、穗状花序、柔荑花序、肉穗花序、伞房花序、伞形花序、头状花序、圆锥花序等（见图 2-25）。

（2）有限花序：又称聚伞花序。其花轴呈合轴分枝或假二叉分枝式，即花序主轴顶端先形成花，且先开放，开花顺序是自下而上或自中心向周围，依据花轴分枝不同，又可分为单歧聚伞花序和二歧聚伞花序。

（3）混合花序：在同一花序上，同时生有无限花序和有限花序，如主轴为无限花序，侧轴为有限花序。很多植物的花序都属于此类型。

6．花的传粉和受精

（1）传粉：花开后花药裂开，花粉粒以各种不同的方式传送到雌蕊的柱头上，这个过程叫传粉。一般有自花传粉和异花传粉两种类型。在两性花中，雄蕊的花粉落到同一朵花的雌蕊柱头上称为自花传粉。在果树栽培上，自花传粉是指同一品种之间的传粉。在林业上是指同一株内传粉。一朵花的花粉落到另一朵花的雌蕊柱头上，称为异花传粉。大多数植物是异花传粉。在果树中指不同品种间的传粉，在林业上指不同株间的传粉。

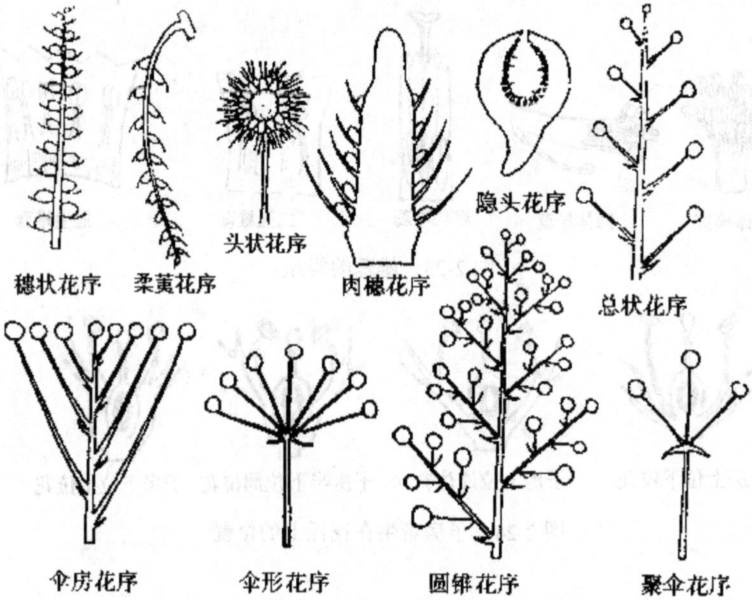

图 2-25　常见的花序

植物进行异花传粉时，花粉必须借助风和昆虫等外力为媒介传到雌蕊柱头上。借助风力传粉的称为风媒花，其特点是花小、不美丽、无香味和蜜腺、花粉粒小而轻、数量多、雌蕊柱头大而分叉。借助昆虫进行传粉的称为虫媒花，其特点是花大而美丽、有香味或其他气味、有蜜腺、花粉粒大而数量少、花粉粒表面粗糙易被昆虫携带。

（2）受精：种子植物的花粉粒中的精子和胚囊中的卵细胞相结合的过程，称为受精作用。

植物开花、传粉、受精后，花的各部分都发生显著变化，花冠凋萎，萼片脱落或宿存，雌蕊和雄蕊的花柱和柱头也凋萎，子房逐渐膨大发育成果实，子房内的胚珠发育成种子。

（五）种子和果实

1．种子的形成

种子由胚珠发育形成。一般种子包括胚、胚乳和种皮三部分。但大多数双子叶植物种子没有胚乳。其中，胚具有胚根、胚轴、胚芽和子叶四部分，种皮是由珠被发育而成的。

2．果实的形成

果实由种子和果皮组成。种子由胚珠发育而成，果皮由子房壁发育而成。多数植物的果实全部由子房发育而来，叫真果，如桃、李等。有些植物的果实是由除子房外，还有花托、花萼或花冠等甚至整个花序参与发育形成的，叫假果。

3．果实的类型

果实根据其形态结构可分为单果、聚合果和复果三大类。单果指一朵花中仅有一个雌蕊形成的果实，又分为干果和肉果两类。干果果实成熟时果皮干燥，根据果皮开裂与否，可分为裂果和闭果。裂果有蓇葖果、荚果、角果、蒴果；闭果有瘦果、颖果、坚果、翅果。肉果果实成熟后，肉质多汁，分为浆果、柑果、核果、梨果等（见图 2-26）。聚合果由一朵花中多数离心皮雌蕊的子房发育而来，每一雌蕊都形成一独立的小果。因小果的不同，聚合果可以是聚合蓇葖果，如八角、玉兰，也可以是聚合瘦果，如蔷薇、草莓，或聚合核果，如悬钩子。复果是由整个花序发育形成的果实，因此，又称聚花果，如桑葚、菠萝等。

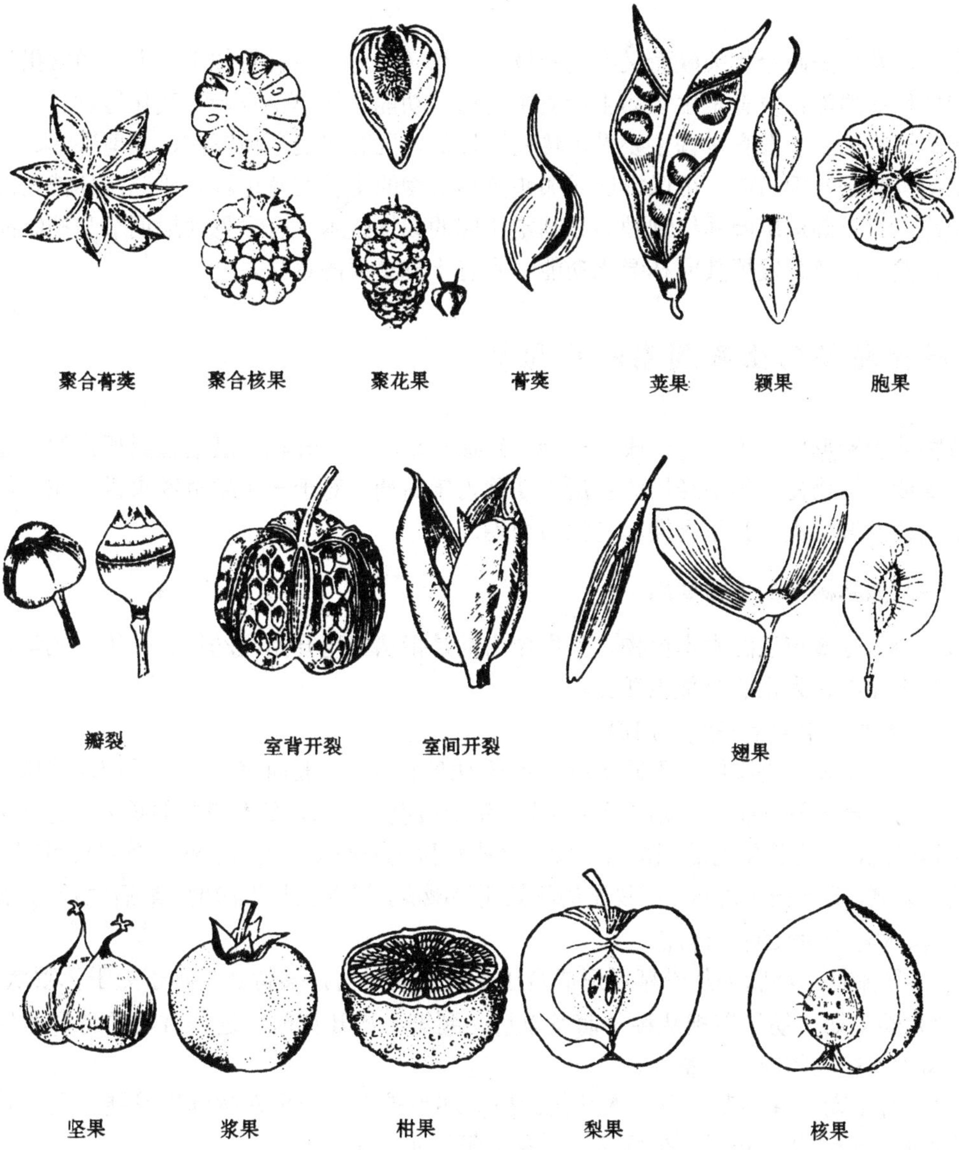

图 2-26　果实的类型

第二节 园林植物的生长发育

一、生长与发育

生长、发育是两个相关联而又不同的概念。在《辞海》中解释如下：生长通常指生物体重量和体积的增加；发育是生物体生活史中构造和功能从简单至复杂的变化过程。

园林植物的生长发育进程主要受遗传基因控制，同时也受环境影响，修剪整形、合理施肥、嫁接等栽培管理措施，可以推迟或加快园林植物的生长发育进程。研究园林植物的生长发育规律，对正确选用园林植物种类和制定相应的栽培技术，有预见性地调节和控制园林植物的生长发育，充分发挥其园林绿化功能，具有十分重要的意义。

二、园林植物的生命周期和年周期

植物从受精形成合子、种子成熟开始，经播种、幼年、开花、衰老直至死亡的全过程称为生命周期。植物在一年中经历的生活周期称为年周期。对于一年生植物来讲，在一年内完成整个生长发育过程，其年周期就是生命周期。

（一）园林树木的生命周期

园林树木是多年生的木本植物，其生命周期是指从繁殖开始经幼年、青年、成年、老年直至个体生命结束为止的全部生活史。

1. 树木在一生中生长发育规律

树木在生长发育进程中，不同阶段的生长速度不同。一般而言，在生长初期植株幼小，营养器官的发育还不完善，合成的干物质少，生长缓慢。此后，随着植株的长大，建立了庞大的根系和树冠，光合作用的面积扩大，大量合成和积累干物质，生长加快。在生长后期，营养器官逐渐衰老，光合效率降低，干物质的积累明显减少，进入生长迟滞期，最后生长完全停止。

2. 树木各个生长期的特征

（1）胚胎期。胚胎期从受精后形成合子到种子萌发前，其特点是种子处于休眠状态。

（2）幼年期。幼年期指从种子萌发以后，到第一次开花前。这一时期的特征是生长量较大，树木有较大的遗传可塑性。

（3）青年期。青年期从第一次开花到树冠逐步扩大，花果性状逐步发展。这一时期的主要特点是生长旺盛，花果逐步增多，树种特征逐步显示。

（4）成年期。成年期从生长发育逐步旺盛到稳定为成年期。其特点是树种特征充分显示，生长发育都到鼎盛时期，并有较强的遗传保守性。

（5）老年衰老期。老年衰老期从生长发育降低至植株死亡。其特点是生长发育整体下降，抗性大大降低，显示出逐步衰老的现象。

（二）园林树木的年周期

树木在一年中的生长发育的变化，称为树木的年周期。

1．树木在一年中的生长发育规律

在四季分明的地区，树木生长有明显的季节性变化。在春季到来时，随着气温升高，雨量充沛，光照适宜，树木生长速度也就逐渐加快；夏季由于气温高、雨量大，植株生命活动旺盛；入秋以后，气温、土温下降，生理活动减弱，树木生长速度随之减慢；到了冬季，日照缩短，气温下降，降水少，树木便不同程度上进入休眠状态。树木生长的季节周期性，是受环境条件和遗传特性决定的。由于不同季节的生长量不同，树干上便出现了明显的年轮。在热带地区，树木生长的季节性不强，年轮则不明显或没有年轮。

2．物候期

树木生长发育随着季节的变化，出现萌芽、展叶、抽枝、开花、结果、落叶、休眠的现象，统称为物候。物候出现的时期称为物候期。对于树木物候期的研究，是制定树木栽培措施的主要依据。树木物候特性的形成是长期适应环境的结果，不同树种，甚至不同品种，都有自己的物候特性，同一树种在不同地点或同一地点不同年代，它们的物候也不同。

三、树木各器官生长发育的相关性

（一）顶芽与侧芽

幼年、青年树木的顶芽通常生长较旺，侧芽生长较弱，表现出明显的顶端优势。除去顶芽可促进侧芽萌发，修剪时常用短截来消弱顶端优势以促进分枝。

（二）根端与侧根

根的顶端生长对侧根的形成有抑制作用。切断主根先端，可促进侧根生长。移植苗木时，常切断主根，促进侧根和须根的萌发，有利于移植树木的成活。

（三）果与枝

正在发育的果实，争夺养分较多，抑制营养枝的生长和花芽分化。如果结实过多，会对全树的长势和花芽分化有抑制作用，并出现开花结实的“大小年”现象。

（四）营养器官与生殖器官

生殖器官所需的营养物质由营养器官供给，促进营养器官的健壮生长是使植物多开花结实的前提。但营养器官的生长也需要消耗养分，因此，常与生殖器官的生长发育出现养分的竞争。二者在养分供求上表现出非常复杂的关系。

第三节　园林植物生长与环境因子的关系

一、温度

温度对于植物的生理活动和生化反应非常重要，温度的变化影响植物生长发育和分布。在植物的整个生命过程中有三个重要的温度指数：能忍耐的最高温度、能忍耐的最低温度、生长发育最适宜的温度。

植物的遗传性不同，对温度的适应能力有很大差异。有些种类对温度变化幅度的适应能力强，因而能在广阔的地域生长、分布，这类植物称为“广温植物”；有些种类适应能力低，只能生活在较小温度变化范围内，这类植物称为“狭温植物”。在园林花卉方向，一般根据花卉对低温的忍受力大体分为三大类：耐寒花卉、半耐寒花卉和不耐寒花卉。耐寒花卉是指原产于温带和亚寒带的，一般能耐-20℃左右低温的花卉。半耐寒花卉是指原产温带和暖温带，能耐-5℃左右低温的花卉。不耐寒花卉是指原产热带和亚热带，喜高温环境的花卉。

温度的突然变化会对植物造成伤害，严重的会造成死亡。突然低温会对植物造成的伤害有以下几种。

（1）寒害。这是指气温在0℃以上时，植物受害甚至死亡的情况。受害植物一般是热带植物。

（2）霜害。这是指气温降至0℃时，空气中过饱和的水汽在物体表面凝结成霜，使植物受害。

（3）冻害。这是指气温降至0℃以下时，植物体温也降至零下，细胞间隙出现结冰现象。

（4）冻裂。这是指在寒冷地区的阳坡或树干的阳面由于阳光照射，使树干内部的温度与干皮表面的温度相差数十度，从而造成树皮裂缝。当树液流动时出现伤流，易感染病菌，危害树木。

高温突然超过植物能忍受的最高温时也会对植物造成伤害甚至死亡，其原因主要是破坏了新陈代谢。温度过高时会使蛋白质凝固或造成物理伤害，如皮烧等。

二、水分

水分是植物的重要组成部分，植物吸收水分，参与植物体内的光合作用，维持生长需要，否则就会缺水萎蔫，以至植物死亡。根据植物对水分的不同要求，通常将植物分为以下四类。

（1）旱生植物。这是指在干旱的环境中能长期忍受干旱而正常生长发育的植物类型。如仙人掌类。

（2）中生植物。大多数植物均属于中生植物，不能忍受过干和过湿的条件。

（3）湿生植物。这类植物需生长在潮湿的环境中，若在干燥或中生的环境下常致死亡或生长不良。如落羽杉、蕨类等。

（4）水生植物。是指生长在水中的植物。如荷花、睡莲等。

在园林绿化中，掌握植物的耐旱、耐涝能力很重要。常见的耐旱树种有雪松、黑松、加杨、垂柳、旱柳、栓皮栎、榔榆、构树、小檗、枫香、桃等。常见的耐淹树种有垂柳、旱柳、榔榆、落羽杉、桑等。

三、光照

光是绿色植物的生存条件之一，植物利用光能进行光合作用，从而为植物体的生长发育提供能量和营养物质。光对植物的作用因子主要为光照长短、光照强度以及光质。

（一）光照时间长短对植物的影响

每日的光照时数与黑暗时数的交替对植物开花的影响称为光周期现象。根据植物花芽分化对光的反应可将植物分为以下四类。

（1）长日照植物。这类植物花芽形成要求每日光照时数大于 14 小时，否则不能开花的植物。日照愈长开花愈早。如翠菊、凤仙花等。

（2）短日照植物。这类植物花芽形成要求每日的光照时数少于 12 小时的植物。日照时数愈短则开花愈早，但每日的光照时数不得短于维持植物生长发育所需的光合作用时间。如菊花、一品红等。

（3）中日照植物。这类植物只有在昼夜长短时数近于相等时才能开花的植物。

（4）中间性植物。这类植物对光照与黑暗的长短没有严格的要求，只要发育成熟，无论长日照条件或短日照条件下均能开花。

（二）光照强度对植物的影响

不同种类的植物对光照强度的要求不同，一般可分为以下三类。

（1）阳性植物。这类植物在全日照下生长良好而不能忍受荫蔽的植物。一般叶为针形的针叶树或枝叶稀疏、叶片放薄、叶色较淡、开枝角度大的落叶阔叶树多为阳性树。如油松、紫薇、玉兰等。

（2）阴性植物。这类植物在较弱的光照条件下比在全光照下生长良好。一般叶披针状、鳞状的针叶树或叶片较厚、叶色较深、枝叶繁茂、开枝角度小的常绿阔叶树多为阴性树。如山茶、杜鹃等。

（3）中性植物（耐阴植物）。这类植物在充足的阳光下生长最好，但亦有不同程度的耐阴能力。如珍珠梅、八角金盘等。

（三）光质对植物的影响

光线的组成成分对植物的生长发育也有影响。红橙光有利于植物进行碳水化合物的合成，加速长日照植物发育，延迟短日照植物发育。蓝紫光则加速短日照植物发育，延迟长日照植物发育。蓝紫光和紫外光能抑制茎干生长，有矮化作用，还能促进花青素的形成，使花色更鲜艳，因此，高海拔地区的花卉都比较艳丽，而栽植在平原或低谷中的花卉色泽较浅。

四、土壤

土壤是植物生长的物质基础，不仅起固定植株的作用，更重要的是供给植物生长所需的水分、养分和空气。土壤对植物生长发育的影响主要反映在两个方面：土壤的理化性质和土壤肥力。

（一）土壤的组成和形成

1．土壤的组成成分

自然界的物质有三种存在状态，即固相、液相、气相。土壤是由固相（有机体、矿物质、生物体）、液相（土壤水分）、气相（土壤空气）组成的复杂多相体。土壤最为理想的固相、液相、气相容积比为 2:1:1。

2．土壤的成土因素

土壤是在地球表面的母岩、气候（主要是水热条件）、生物、地形、时间等五大成土因素的综合作用下形成的产物，其中生物因素是成土的主导因素。

（二）土壤的理化性质

1．土壤质地

土壤质地是指土壤基本颗粒的粗细程度及其组合状况。通俗地讲，就是土壤的沙黏性。一般分为沙土、黏土、壤土三类。沙土的颗粒最粗，黏土的颗粒最细，壤土的颗粒粗细介于二者之间。

2．土壤结构

如果仔细观察，会发现土壤是由许多大小、形体各异的土团、土块、土片等构成的，它们被称为土壤团聚体。土壤团聚体以一定方式排列成各种空间结构，就是土壤结构。根据土壤团聚体的大小、形状、稳定性和排列方式的不同，将土壤结构分为以下类型：团粒结构、粒状结构、块状结构、核状结构、片状结构、柱状和棱柱状结构。其中，团粒结构具有对土壤水分、养分、空气、热量等肥力因素协调供应的能力，是植物生长最理想的结构类型。

3．土壤孔隙度

土壤团聚体之间存在大小不等、形状各异的孔隙。土壤孔隙是土壤水分、空气存在和植物根系活动的场所，也是物质和能量交换的通道。土壤孔隙的多少以孔隙度来表示，一般土壤孔隙度在35%～65%之间，最适宜植物生长的区间为50%～60%。孔隙度最直接的指标是土壤紧实度。孔隙度越大，土壤越疏松，反之，土壤越紧实。

4．土壤容重

土壤容重是指单位体积的自然状态土壤中干土的重量，单位为g/cm^3。土壤容重由土壤孔隙状况决定，孔隙度越大，容重越小；孔隙度越小，容重越大。

5．土壤的离子吸附和代换性能

（1）土壤胶体。土壤胶体是指粒径小于2μm的土壤固体颗粒。这些细小的颗粒具有胶体性质，是土壤中物理化学性质最活泼的部分。土壤胶体分为有机胶体和无机胶体两种。

（2）土壤的离子吸附和代换。土壤胶体一般带有负电荷，能够吸附大量的阳离子，并与溶于土壤水分的养分离子和H^+离子进行代换，提供植物生长所需养分，保持土壤肥力。

6．土壤酸碱度

自然界的各种土壤有酸性、碱性、中性之分，其酸碱性常用土壤溶液的pH值表示。pH值小于6.5的为酸性土，大于7.5的为碱性土，介于之间的为中性土。

植物根据对不同土壤的适应性分为以下三种类型。

（1）酸性土植物。在呈或轻或重的酸性土壤上生长最好、最多的种类，如杜鹃。

（2）中性土植物。在中性土壤上生长最好的种类。大多数植物属于此类。

（3）碱性土植物。在呈或轻或重的碱性土壤上生长最好的种类，如柽柳。

（三）土壤肥力

1．土壤肥力

通俗地讲，就是指土壤生长植物的能力。土壤肥力是土壤物理性质、化学性质及生物学性质的综合反映。

2．土壤肥力的要素

（1）土壤水分。土壤水分是土壤的重要组成部分之一，也是土壤肥力最重要的因素之一。一方面直接供给植物吸收利用；另一方面，土壤中的许多物质的转化过程（如矿物质风化、有机质的腐殖化）都是在水分的参与情况下进行的，水分的变化影响土壤温度、空气和养分的变化，从而影响植物的生长。根据水分在土壤中的存在状态分为吸湿水、膜状水、毛管水、重力水、地下水几种，其中，毛管水是存在于土粒之间毛细孔隙中的水分，是对植物生长最有效、最宝贵的水分。一般来讲，沙土的颗粒较粗，孔隙较大，故通气透水性好，但保水能力差，水分易流失。熟土颗粒小，保水能力强，但通气透水性差。

（2）土壤空气。土壤空气主要来自大气的渗透，此外，土壤内部的生化反应也产生一些气体。土壤空气为植物根系的呼吸作用提供必需的氧气，同时影响土壤微生物的活动和养分的转化。当土壤通气良好时，植物根系长、颜色浅、根毛多，根的生理活动旺盛，吸收功能正常，土壤中微生物活跃，有机质转化更迅速、彻底，释放出较多的养分。而土壤通气不好时，植物根系短而粗、色暗、根毛大量减少，生理代谢受阻，吸收功能下降，有机质分解和养分释放缓慢，并产生有毒物质。

（3）土壤热量（温度）。土壤热量最初和最重要的来源是太阳辐射能，白天太阳辐射直接使土壤升温；晚间，土壤热量来自于地下深层保存的太阳辐射能。有机物分解也释放一部分热量，但与太阳辐射相比微不足道。土壤热量是植物生长不可缺少的条件之一。首先，种子萌发需要适宜的土壤温度，土温过高或过低对发芽率、发芽后的长势有显著影响。其次，植物根系在适宜的土温下才能保证旺盛的代谢活力和生长速度。此外，土壤的一切生化反应过程，如有机质的分解和积累，养分的释放、空气的扩散、水分的保蓄等都受温度的制约。

单位重量或单位体积的土壤当温度增减 1 个单位时需吸收或放出的热量称为土壤热容量。热容量越小，土壤受热或放热后温度变化越明显。沙土的热容量小，土温上升快，有“热性土”之称。春季，热性土有利于植物生长。但在炎热的夏季或中午，易造成幼苗的灼伤。土壤温度条件比较稳定，温度变化慢，早春土温不易升高，称为“冷性土”。

（4）土壤养分。土壤养分是植物生长发育所必需的物质基础。研究表明，植物所必需的营养元素有 16 种，其中，C、H、O、N、P、K、Ca、Mg、S 等元素，植物对其需求量较大，称为大量元素；Fe、Mn、Cu、Zn、Mo、B、Cl 等称为微量元素。植物营养元素除 C、H、O 来源于大气和水，其他均来自土壤。土壤养分主要来自矿物质的风化分解和有机物分解。人工施肥是土壤养分的人工来源。

五、空气

大气中氧气和二氧化碳是植物进行光合作用和呼吸作用的原料，但其在大气中的含量基本稳定，因此对植物的生长发育不形成特殊的影响。在这里讨论的是城市空气中的污染成分和空气流动形成的风对植物生长的影响。

（一）城市空气中常见的污染物质和抗性树种

城市空气中常见的有害气体主要有二氧化硫、光化学烟雾、氯化氢和氟化物等，这些有害气体对园林植物的生长发育不利，但不同植物对有害气体的抵抗能力不同。有些植物对多种气体有较强的抗性，有些植物对某种气体抗性强，但对另一种气体抗性弱。有些植物对某种气体非常敏感，当空气中含有极少量的有害气体时，这些植物便表现出受害症状，这些植物可以用来监测空气污染的情况，所以被称为“监测植物”或“空气污染指示植物”。

（1）二氧化硫。对二氧化硫抗性较强的树种有国槐、臭椿、榆树、垂柳、栾树等，抗性弱的有雪松、油松等。

（2）光化学烟雾。对光化学烟雾抗性强的树种有银杏、柳杉、樟树等，抗性弱的有木兰、牡丹、垂柳等。

（3）氯化氢。对氯化氢抗性强的树种有木槿、合欢、美国地锦等，抗性弱的有海棠、连翘、油松、榆叶梅等。

（4）氟化物。对氟化物抗性较强的树种有国槐、臭椿、悬铃木、白皮松等，抗性弱的有榆叶梅、白蜡等。

（二）风对植物生长的影响

空气流动形成风。风对植物有利的方面是有助于风媒花的传粉，对某些植物的种子起到传播作用。对植物不利的方面是造成植物生理或机械伤害。如风速较大的台风会吹折树木枝条或使树木倒伏，在北方较寒冷的地区，早春的冷风可能造成树木细小枝条干梢。

习题

1. 根的变态有哪几种类型？
2. 什么是叶序？常见的叶序有哪些？
3. 什么是植物的物候期？
4. 环境温度对园林植物生长的影响是怎样的？

第三章　居住区常见的园林植物

【本章内容提要】

本章主要介绍居住区常见的园林植物种类及各种植物的形态、分布、习性、繁殖方式等。

【本章学习目标】

了解居住区常见的园林植物及各种植物的形态、分布、习性、繁殖方式。

第一节　居住区常见的裸子植物

园林植物绝大部分为种子植物，种子植物的主要特点是经过有性生殖产生种子，并用种子繁殖后代。种子植物分为裸子植物和被子植物。

裸子植物突出的特征表现在胚珠与种子裸露，是种子植物中比较低级的一类植物，多为常绿乔木或灌木。

裸子植物全世界共有 12 科 71 属约 800 种，主要分布于北半球温带至寒带地区以及亚热带的高山地区，我国有 11 科 41 属 243 种。

一、苏铁科

乔木，树干粗壮，不分枝或很少分枝。叶有鳞片状叶和营养叶两种。鳞片状叶互生于主干，呈褐色，其外有粗糙绒毛；营养叶互生于茎端，羽状深裂。雌雄异株，各成顶生大头状花序，无花被。种子核果状，有肉质外种皮，内有胚乳，子叶 2 枚。

本科共 10 属 110 种，我国有 1 属 10 种。常见的有苏铁、华南苏铁等。

苏铁（铁树、凤尾蕉）

[形态]　常绿木本，树高 2～5m，树冠棕榈状。羽状叶长 0.5～2m，厚革质而坚硬；羽片条形，长达 18cm，先端锐尖，边缘显著反卷。雄球花长圆柱形，雌球花略呈扁球形。花期 6～8 月，种子卵形而微扁，长 2～4cm，10 月种子成熟时红色（见图 3-1）。

[分布]　产于我国福建、台湾、广东，各地均有栽培。华南、西南各省区露地栽培，江苏、浙江、华北各省多盆栽。

图 3-1　苏铁

1——植株外形；2——小孢子叶；3——聚生的小孢子囊；4——大孢子叶及种子

[习性]　　喜暖热、湿润气候，不耐寒，在气温低于 0℃时会受冻害。栽培忌用粘质土壤，忌浇水过多，否则易烂根。

[繁殖栽培]　　可采用播种、分蘖、埋插等方法繁殖。

[观赏特性及用途]　　苏铁株型秀美，具有体现热带风光的效果，常配植花坛，布置于大的庭园或会场。苏铁可入药，种子有通经、止咳、疗痢的效果。

二、银杏科

本科植物在古生代及中生代很繁盛，至新生代第三纪渐衰亡，新生代第四纪由于冰川期原因，在中欧及北美等地完全绝种。银杏是我国特有的子遗树种（活化石），也是本科植物在世界上仅存的一属一种。

本科形态特征与种相同。

银杏（白果树、公孙树）

[形态]　落叶大乔木，高可达40米，树冠广卵形。树皮灰褐色，纵裂。叶片扇形，有两叉状叶脉，枝有长短之分，短枝上的叶簇生，长枝上的叶螺旋状互生。雌雄异株，雄株主枝多耸立，与主干夹角较小；雌株则开展或略下垂。球花生于短枝顶端叶腋处，花期4～5月。种子核果状，椭圆形至近球形，外种皮肉质，黄色或橙黄色，有白粉（见图3-2）。

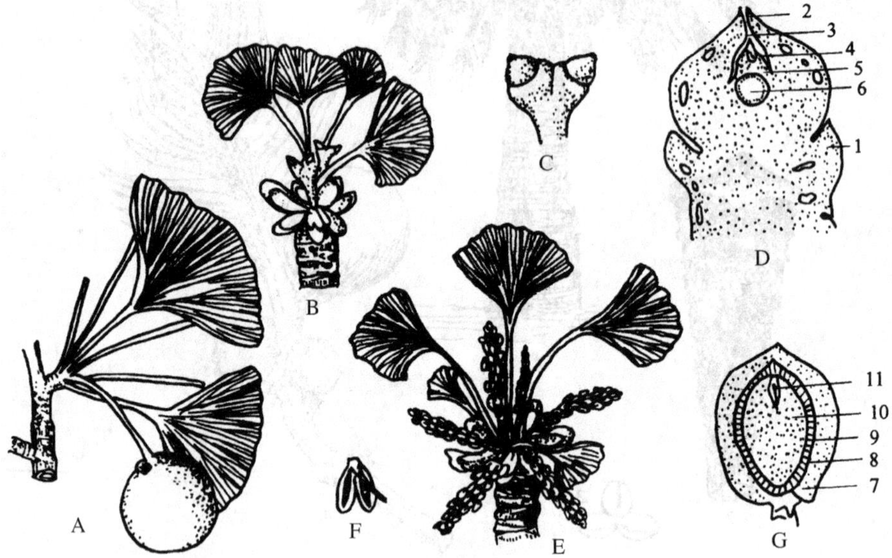

图3-2　银杏

A——长、短枝及种子；B——生大孢子叶球的短枝；C——大孢子叶球；D——胚珠和珠领纵切面；
E——生小孢子叶球的短枝；F——小孢子叶；G——种子纵切面
1——珠领；2——珠被；3——珠孔；4——花粉室；5——珠心；6——雌配子体；
7——外种皮；8——中种皮；9——内种皮；10—胚乳；11——胚

[分布]　浙江天目山有野生分布，我国沈阳以南、广州以北均有栽植。

[习性]　深根性，对气候的适应性强，喜光及深厚、湿润、排水良好的沙土壤。对气候与土壤条件适应范围很宽，在年平均气温10～18℃，年降水量600～1500mm，土壤pH值4.5～8的环境下均能正常生长，而在盐碱土、粘重土中生长不良，忌水涝。生长发育缓慢，20年才可开花结果。

[繁殖栽培]　可采用播种、扦插、分蘖、嫁接等方法繁殖，其中播种法及嫁接法使用最多。

[观赏特性及用途]　银杏树姿挺拔，冠大荫浓，叶形秀美，秋叶金黄，病虫害少，寿命长，是珍贵的园林树种。名胜风景区常见参天的银杏古树。多作庭荫树、行道树；可入药，种仁有止咳、化痰、补肺之效。

三、松科

常绿或落叶乔木，稀灌木，有树脂。针状叶，常 3 针、5 针成束，或条形叶，螺旋状散生或簇生。雌雄同株，雄球花长卵形或圆柱形，有多数雄蕊，每个雄蕊有 2 枚花药，花粉粒有气囊或无气囊；雌球花呈球果状，有多数螺旋状排列的珠鳞，每珠鳞有 2 个倒生胚珠，每珠鳞背面有分离的苞鳞。球果有多数脱落或宿存的木质或纸质种鳞，每种鳞上有 2 粒种子，种子上端常有膜质翅，罕无翅，胚具子叶 2～16 枚。

松科是裸子植物中最大的一科，有 10 属 230 余种，大多分布于北半球。我国松科植物种类极为丰富，有 10 属 93 种 24 变种。常见种类有油杉、冷杉、银杉、云杉、落叶松、金钱松、雪松、华山松、白皮松、马尾松、油松、樟子松等。

1．雪松

[形态]　常绿乔木，高可达 50～72m，胸径达 3m；树冠圆锥形。树皮灰褐色，裂皮鳞状。大枝不规则轮生、平展；叶针形，灰绿色，长 2.5～5cm，宽与厚相等，坚硬，幼时有白粉，叶横截面呈三角形，在长枝上呈螺旋状互生，在短枝的枝端簇生。雌雄异株，少数同株，10～11 月开花，雄球花椭圆状卵形，雌球花卵圆形。次年 9～10 月种子成熟，种子呈三角状（见图 3-3）。

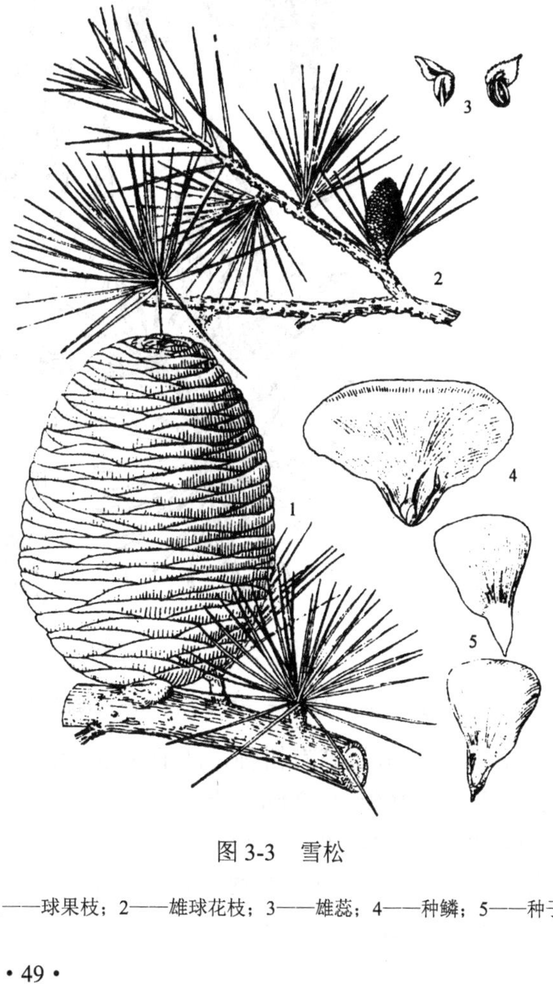

图 3-3　雪松

1——球果枝；2——雄球花枝；3——雄蕊；4——种鳞；5——种子

[分布]　原产于喜马拉雅山西部，现我国长江流域各大城市及北京、大连、青岛等地都广泛栽培。

[习性]　阳性树，但有一定的耐阴能力，喜凉爽和湿润气候及土层深厚、排水良好的土壤。幼树生长较慢，20 年后生长加快，通常 30 年以上才开花结籽。

[繁殖]　播种、扦插、嫁接。

[观赏特性及用途]　雪松树体高大，树冠端庄、雄伟，苍翠挺拔，是世界著名的观赏树种。可配植于草

坪、庭园、建筑物前等，也是居民区常用的绿化树种。

2．金钱松

[形态]　落叶乔木，树高达40m，圆锥形树冠。树皮赤褐色。叶条形，扁平，柔软，在长枝上互生，在短枝上簇生，鲜绿色，秋后金黄色。雄球花数个簇生于短枝顶部，雌球花单生于短枝顶部。花期4～5月，球果卵形，呈褐色，当年10～11月上旬成熟（见图3-4）。

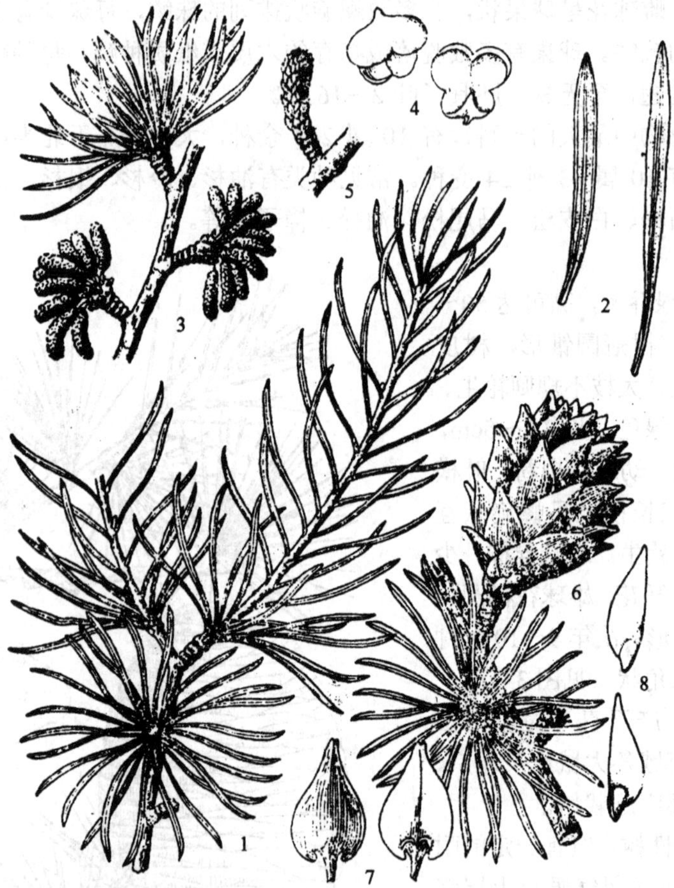

图3-4　金钱松

1——长短枝；2——叶；3——雄球花枝；4——雄蕊；5——雌球花枝；6——球果枝；7——种鳞；8——种子

[分布]　我国特有树种，产于江苏、浙江、安徽、江西、湖南、湖北、四川等省，垂直分布于海拔100～1 500m地带。

[习性]　阳性树，喜温暖多湿气候和深厚肥沃、排水良好的酸性沙质土壤，不耐干旱，不耐涝，有一定抗寒性，能耐-20℃低温。

[繁殖]　播种、扦插。

[观赏特性及用途]　　金钱松树姿优美，秋叶金黄，是珍贵的庭园观赏树种之一，与南洋杉、雪松、日本金松、巨杉合称为世界五大庭园树种。根、皮药用可治疗癣症。

3．白杆（别名白杆云杉）

[形态]　　常绿乔木，高达 30m 以上，圆锥状树形；树皮灰色，不规则薄鳞片状脱落。一年生枝黄褐色。叶色灰绿，四棱状条形，四面均有白色气孔线。球果长圆柱形，成熟前绿色，熟时黄褐色，种子倒卵形，黑褐色。花期 4～5 月，球果 9～10 月成熟（见图 3-5）。

[分布]　　白杆是我国特有的云杉属树种，分布在山西、河北、陕西及内蒙，海拔 1 600～2 700m 的地带。我国华北城市多有栽植，中南、华东地区引种栽培。

[习性]　　白杆耐阴，喜凉爽湿润气候，耐寒；喜深厚肥沃排水良好的土壤，在中性及微酸性土壤上生长良好，也可以在微碱性土壤中生长；不耐积水。生长慢，寿命长。

[繁殖]　　播种繁殖。

[观赏特性及用途]　　白杆树形端正，枝叶茂密，适宜孤植、列植或群植在街道、公园、庭园。尤其适用于规则式园林，如广场、纪念性建筑的绿地。

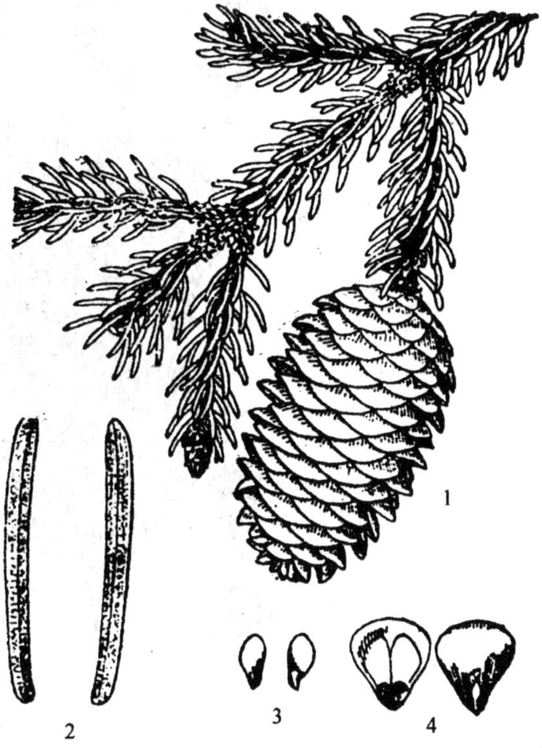

图 3-5　白杆

1——球果枝；2——叶；3——种子；4——种鳞

4．白皮松（白骨松、虎皮松）

[形态]　　常绿乔木，高达 30m，胸径 1m 余。树冠阔圆锥形、卵形或圆头形。幼树树皮灰绿色，平滑，20 年后树皮开始不规则鳞片状剥落，内皮灰白色，外皮灰绿色。冬芽卵形，赤褐色。针叶粗硬，三针一束，长 5～10cm，边缘有细锯齿，树脂道边生；基部叶鞘早落。花雌雄同株，雄球花生于当年生新枝下部，雌球花生于新枝近顶部，花期 4～5 月。球果卵形，次年 10～11 月成熟，熟时褐绿色（见图 3-6）。

[分布]　　为我国北方地区的特有树种，产于山西、河南、甘肃、陕西、四川、湖北等地，常见生于海拔 500～1 000m 地带，山西吕梁山可达 1 800m。辽宁南部、北京、河北、山东、江苏等地均有栽培。

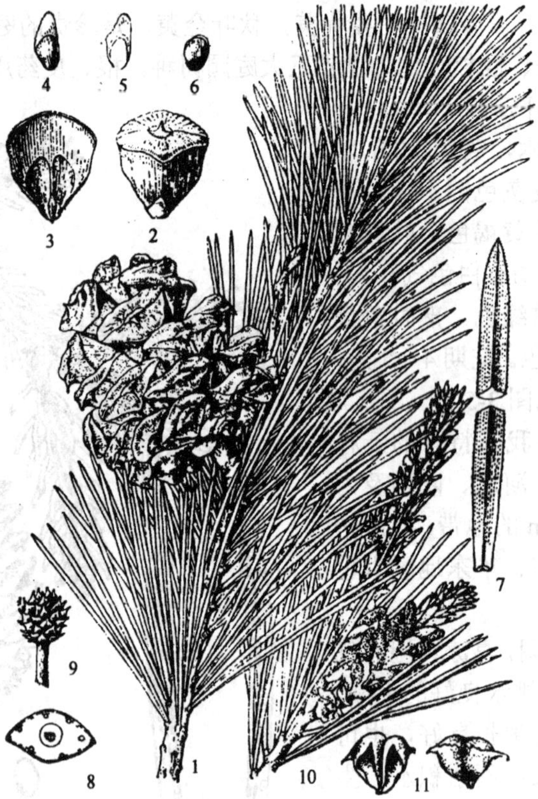

图 3-6　白皮松

1——球果枝；2、3——种鳞；4——种子；5——种翅；6——去翅种子；7、8——针叶及横剖；9——雌球花；10——雄球花枝；11——雄蕊背腹面

[习性]　喜光树种，幼树能耐阴。喜凉爽气候，能耐-30℃低温，不耐湿热，耐干旱，不耐积水和盐土。深根性树种，生长慢，寿命长。

[繁殖]　播种繁殖也可嫁接繁殖。

[观赏特性及用途]　树姿优美，树干斑驳，苍劲奇特，是东亚特有的珍贵三针松，特产于我国，宜在风景区配怪石、奇洞、险峰造风景林。

5．油松

[形态]　常绿乔木，株高约 25m，胸径 1m 以上；树冠在壮年时期呈塔形或广卵形，老年期呈盘状或伞形。树皮厚，灰褐色，裂成不规则鳞片状；小枝粗壮，无毛，褐黄色；冬芽长圆形，端尖，红棕色，在顶芽旁轮生有 3～5 个侧芽。针叶长 10～15cm，两针一束，粗硬。雄球花呈黄色，雌球花绿紫色。球果卵形或卵圆形，熟时淡黄色。花期 4～5 月，球果次年 10 月成熟（见图 3-7）。

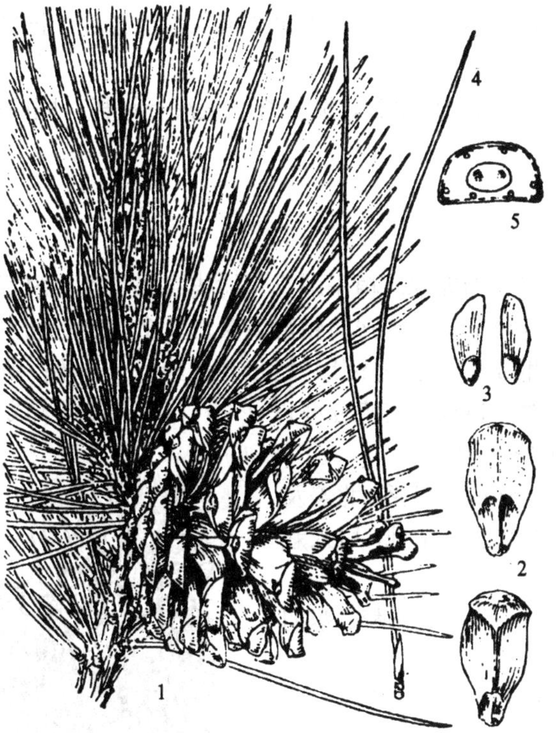

图 3-7 油松

1——球果枝；2——种鳞；3——种子；4——束针叶；5——叶横剖面

[分布] 原产我国辽宁、吉林、内蒙古、河北、河南、山西、山东、陕西、甘肃、宁夏、青海、四川北部等地。

[习性] 喜光树种，喜干冷气候，能耐-25℃低温。深根性树种，在深厚疏松透气、排水良好的酸性、中性或钙质黄土上都能生长良好。不耐盐碱，忌低洼积水或土质粘重，耐干旱瘠薄。寿命长，有百年至上千年的古树。

[繁殖] 播种繁殖。

[观赏特性及用途] 树干挺拔苍劲，四季常青。常用来象征坚贞，不畏强暴。适于作庇荫树、行道树、防护林或风景区造景林。

6．黑松（日本黑松、白芽松）

[形态] 常绿乔木，树高达 30m，胸径 2m；树冠卵圆锥形或伞形。幼树树皮暗灰色，老树树皮灰黑色，粗厚，不规则鳞状剥落。一年生枝，淡褐黄色无毛。针叶两针一束，长 6～12cm。球果圆锥状卵形，栗褐色。花期 4～5 月，球果次年 10 月成熟。

[分布] 原产日本及朝鲜南部沿海地区，我国辽东半岛以南沿海地区引种栽培。

[习性] 喜光树种。喜温暖湿润的海洋性气候，耐潮风，对海岸环境适应能力较强。

对土壤要求不严，忌粘重，不耐积水；耐干旱瘠薄深根性树种，抗风强。

[繁殖]　播种繁殖。

[观赏特性及用途]　海岸风景林、防护林、滨海行道树、庭荫树。

四、杉科

常绿或落叶乔木，极少为灌木。树干端直，树皮裂成长条片脱落，大枝轮生或近轮生；树冠尖塔形或圆锥形，叶鳞形、披针形、钻形或条形，多螺旋状互生，很少交叉对生。雌雄同株，雄球花单生、簇生或成圆锥花序状，雄蕊有花药 2～9 枚；雌球花单生顶端，其球鳞与苞鳞结合着生或无苞鳞，每株鳞有直立胚珠 2～9 个。球果当年成熟，每种鳞有种子 2～9 粒，种子有窄翅，子叶 2～9 枚。

本科有 10 属 16 种，分布于东亚、北美及大洋洲塔斯马尼亚。我国产 5 属 7 种，引入栽培 4 属 7 种。

本科常见种类有金松、杉木、柳杉、落羽杉、池杉、水杉等。

1. 杉木（杉树、刺杉）

[形态]　常绿乔木树种；树冠高大，尖塔形；株高可达 35m，胸径可达 2m 以上。树皮灰褐色，长条状脱落，大枝平展；小枝对生或轮生。叶披针形，革质，长 2.5～6.5cm，先端急尖，下面沿中脉两侧有白色气孔带。球果卵圆形，长 2.5～5cm，直径 3～4cm；苞鳞三角状卵形，先端刺状尖头；种鳞小，先端 3 裂，腹面生 3 粒种子（见图 3-8）。

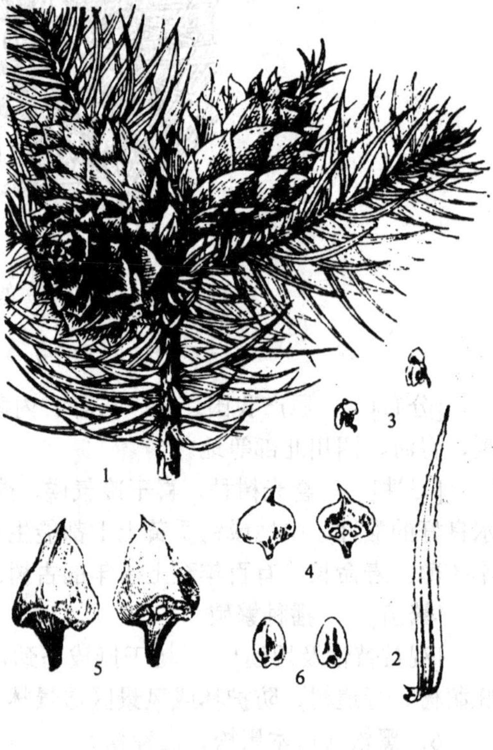

图 3-8　杉木

1——球果枝；2——叶；3——雄蕊；4——苞鳞及其腹面示珠鳞及胚珠；5——苞鳞及种鳞；6——种子

[分布]　本种分布于秦岭以南，海拔 2 000 米以下山坡和丘陵常见树种。是我国重要的材用树种之一。

[习性]　阳性树，喜温暖湿润气候，不耐寒，绝对最低温度以不低于-9℃为宜。最喜深厚、肥沃、排水良好的酸性土壤（pH 值为 4.5～6.5），亦可在微碱性土壤中生长。

[繁殖]　多用播种或扦插繁殖。

[观赏特性及用途]　杉木树干通直，高大，最适于园林中群植或列植。

2．水杉

[形态]　　落叶大乔木，高可达35m，胸径2.5m，树冠圆锥形。树干通直。树皮灰色或淡褐色，浅裂，呈窄长条状脱落，内皮红褐色。大枝不规则轮生，小枝对生。叶线形，对生，排列成羽状，嫩绿色，入冬与小枝同时脱落。雌雄同株，单性；雄球花单生于枝顶和侧方，排列总状或圆锥花序状，雌球花单生于上年生枝顶或近枝顶，珠鳞 11～14 对，交叉对生，每珠鳞有 5～9 个胚珠。球果近球形，长 1.8～2.5cm，熟时深褐色，下垂，种子扁平，倒卵形，周有狭翅，子叶2枚，发芽时出土。2～3月开花，11月果熟（见图3-9）。

图3-9　水杉

1——球果枝；2——小孢子叶球枝；3——叶；4——球果；5——种子；6——小孢子叶球；7、8——小孢子叶背腹面

[分布] 是我国特产稀有树种。天然分布在湖北、四川及湖南省。自 1948 年以来广泛栽培，国外有 50 多个国家和地区引种栽培。

[习性] 喜光树种，能耐侧方遮荫。喜湿润气候，能耐-25℃低温。喜深厚肥沃、湿润排水良好的沙壤土，不耐干旱贫瘠，怕涝。

[繁殖] 播种和扦插繁殖。

[观赏特性及用途] 冠形整齐，树姿优美挺拔，叶色秀丽。最适合堤岸、湖滨、池畔列植、丛植或群植成林带和片林。

五、柏科

常绿乔木及直立或匍匐灌木。叶交叉对生或 3 枚轮生，幼苗时叶刺状，成长后叶为瓣片状或刺状或同株上兼而有之。雌雄同株或异株，球花小而单生枝顶或叶腋；雄球花有雄蕊 2～16 个，每雄蕊有花药 2～6 枚；雌球花有珠鳞 3～12 双，珠鳞上有 1 至数个直立胚珠；苞鳞与珠鳞结合，仅尖端分离。球果种鳞木质或革质，开裂，或肉质结合而生；种子有翅或无翅；子叶 2 枚，罕 5～6 枚。

本科包括 22 属约 150 种，分布于全世界。我国产 8 属 29 种 7 变种，另引入栽培 1 属 15 种。常见种类有侧柏、柏木、圆柏、铺地柏、翠柏、刺柏、杜松等。

1．侧柏（扁柏、黄柏）

[形态] 常绿乔木，高达 20m，胸径 1m 以上。幼树树冠尖塔形，老树广圆形；树皮薄，浅褐色，呈薄片状剥离。大枝斜出，小枝直展，扁平，无白粉。叶全为鳞片状。雌雄同株，单性，球花单生小枝顶端；雄球花有 6 对雄蕊，每个雄蕊有花药 2～4 枚；雌球花有 4 对珠鳞，中间的两对珠鳞各有 1～2 个胚珠。球果卵圆形，长 1.5～2.5cm，熟前绿色，肉质；熟后木质，红褐色开裂。花期 3～4 月；球果 10～11 月成熟（见图 3-10）。

[分布] 以黄河、淮河流域为主，北

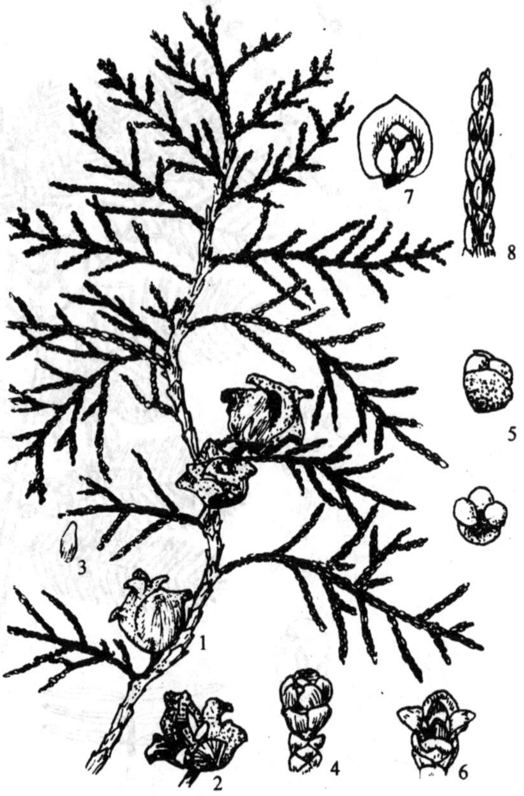

图 3-10 侧柏

1——球果枝；2——球果；3——种子；4——雄球花；5——雄蕊；6——雌球花；7——珠鳞及胚珠；8——鳞叶枝

自内蒙古、吉林南部，南至广东、广西北部，陕西、甘肃、四川、云南、西藏等地均有栽培，北京市立为市树。

[习性] 中等喜光树种，能耐侧方遮荫，幼树耐阴。能耐-35℃绝对低温，适应干冷气候，也能在暖湿气候中生长。耐干旱瘠薄，在石缝中能生长。萌芽力强，耐修剪。

[繁殖] 播种繁殖。

[观赏特性及用途] 侧柏树姿优美，枝叶苍翠，是我国古老的园林树种之一。用于陵园、墓地等。在北方也是主要的绿篱树种。

2．地柏（铺地柏、爬地柏）

[形态] 常绿匍匐灌木，高 75cm，枝茂密柔软，沿地面匍匐扩展。树皮赤褐色，呈鳞片状剥落。叶全为刺叶，粉绿色，三叶交叉轮生，叶面有两条气孔线，叶背蓝绿色。球果球形。内含种子 2～3 粒。

[分布] 原产日本，我国北京 、大连、青岛、庐山、昆明及华东地区各城市引种栽植。

[习性] 喜光树种。适应性强，能在干旱的沙地上良好生长，生长缓慢，耐修剪，易整形。

[繁殖] 扦插为主，也可嫁接或播种繁殖。

[观赏特性及用途] 铺地柏姿态蜿蜒匍匐，色彩苍翠葱郁，是理想的地被树种，还是优良的盆景树种。

3．圆柏（桧柏）

[形态] 常绿乔木，高可达 20m，胸径达 3.5m；树冠尖塔形或圆锥形，老树则成广卵形、球形或钟形。树皮灰褐色，呈浅纵条剥离，有时呈扭转状。枝常向上直展。叶有两型，在幼树全为刺形叶，三叶交叉轮生。随着树龄的增长，刺叶逐渐被鳞形叶代替，鳞形叶排列紧密并交互对生。雌雄异株，雌花与雄花均着生于枝的顶端，花期 4 月。次年 11 月果熟，球果近圆形，被白粉，熟时褐色。内有种子 1～4 粒（见图 3-11）。

[分布] 原产我国内蒙古及沈阳以南。

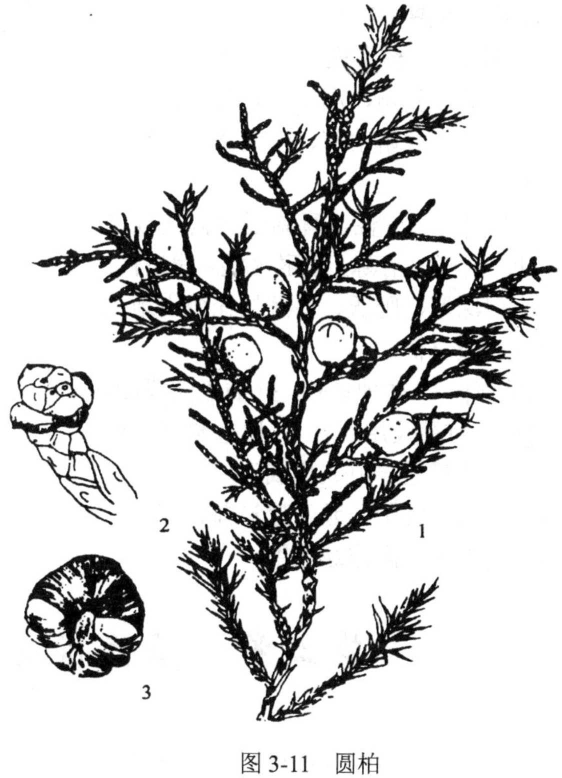

图 3-11 圆柏

1——球果枝；2——雌球花；3——雄蕊

[习性]　喜光树种，较耐阴。喜凉爽温暖气候，耐寒、耐热。喜湿润、肥沃排水良好的土壤，深根性树种，忌积水。耐修剪，易整形。

[繁殖]　播种繁殖。

[观赏特性及用途]　圆柏幼龄树树冠整齐，圆锥形，树形优美，大树干枝扭曲，姿态奇古，可以独树成景，是我国传统的园林树种。可以群植草坪边缘作背景。

4．柏木

[形态]　常绿乔木；小枝上着生鳞叶而成四棱形或圆柱形，稀扁平，叶鳞形，交互对生，生于幼苗上或老树壮枝上的叶刺形；球花雌雄同株，单生枝顶，雄球花长椭圆形，黄色，有雄蕊 6～12 个，每个雄蕊有花药 2～6 枚；球果球形，第 2 年成熟，熟时种鳞木质，开裂；种子有翅；子叶 2～5 枚，花期 3～5 月；球果次年 5～6 月成熟（见图 3-12）。

[分布]　分布很广，浙江、江西、四川、湖北、贵州、湖南、福建、云南、广东、广西、甘肃南部、陕西南部等地均有生长。

[习性]　中性，喜温暖多雨气候及钙质土，耐干旱瘠薄，稍耐水湿，浅根性。但在土层深厚、肥沃、湿润的丘陵山地生长迅速，成材快。

[繁殖]　插种繁殖，扦插也能成活。

[观赏特性及用途]　树冠整齐，能耐侧荫，故最适群植成林或列植，形成百亩森林景色。宜于公园、建筑前、陵墓、古迹和自然风景区作绿化用。

图 3-12　柏木

1——球果、球花枝；2——雄蕊；3——雌球花；4——珠鳞及胚珠；5——种子；6——鳞叶枝

第二节　居住区常见的被子植物

被子植物突出的特征是种子为果皮所包被，形成的果实或胚珠在子房中。它是植物界进化最高级的一类植物，也是植物界种类最多、最繁盛、最庞大的类群。根据被子植物子叶数目的不同，又分为双子叶植物和单子叶植物。

一、双子叶植物

双子叶植物种子的胚具有 2 片子叶，茎内维管束内有形成层和次生组织，能不断增粗生长，叶脉常为网状，一般主根发达。

（一）杨柳科

落叶乔木或灌木。单叶互生，稀对生，有托叶；花单性，异株，成柔荑花序，无花被，单生于苞腋，有腺体或花盘，雄蕊 2 至多数，子房上位，1 室，2 心皮，侧膜胎座，胚珠多数；蒴果 2～4 裂，种子细小，基部有白色丝状长毛，无胚乳。

本科共 3 属，约 500 种，产于温带、亚寒带及亚热带。我国有 3 属约 226 种，遍及全国。常见种类有毛白杨、加拿大杨、银白杨、钻天杨、青杨、旱柳、垂柳、银芽柳等。

1．毛白杨

[形态]　高大落叶乔木，高达 30～40m，胸径达 1.5m，树干通直，树冠卵圆形或卵形，树皮灰白色，光滑，老树干基部较粗糙，色暗有沟裂。芽较大，卵圆形或球形，有毛或无毛，芽边缘有毛。萌发枝条上的叶为三角状卵圆形大叶，先端渐尖，基部近心形或楔形，边缘具粗大锯齿。老树上的叶较小，具有波状齿，幼枝、嫩叶、叶柄及叶背面有密生灰色白绒毛，老渐脱落或留有极疏的绒毛。雌雄异株，柔荑花序，花期 3～4 月，果期 4 月中上旬，果序长达 14cm，蒴果 2 瓣裂（见图 3-13）。

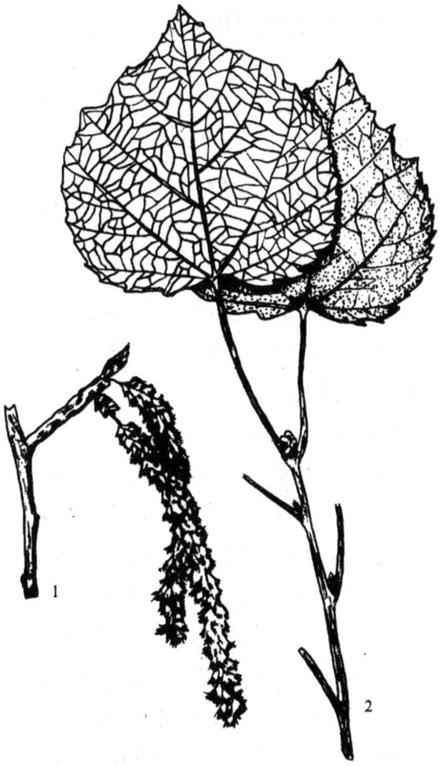

图 3-13　毛白杨

1——雄花枝；2——长枝

[分布]　我国已有 2 000 多年的栽培历史。辽宁、内蒙古南部、河南、河北、山东、陕西、湖北、江苏、浙江、甘肃、宁夏等省（区）都有分布和栽培。

[习性]　强阳性，喜温暖、凉爽气候，较耐寒冷；喜湿润、深厚、肥沃土壤。

[繁殖]　埋条繁殖，扦插、留根、压条、嫁接、分蘖等法也可。

[观赏特性及用途]　树形高大平阔，园林中常孤植作为庭荫树，也是许多华北城市的

主要行道树。

2．垂柳（垂枝柳）

[形态]　落叶乔木，高达 18m，胸径 80cm；树冠倒广卵形。树皮粗糙，灰褐色，深裂。小枝细而长，小枝自基部下垂，淡褐色或淡黄褐色，无顶芽。单叶互生，披针形或条状披针形，先端渐长尖，基部楔形，缘有细锯齿。叶片表面绿色。雌雄异株，花期 3～4 月，4～5 月果熟（见图 3-14）。

图 3-14　垂柳

1——叶枝；2——雄花枝；3——雄花；4——雌花枝；5——雌花；6——幼果枝；7——果

[分布]　主产于我国长江流域，南至广东，西南至四川。

[习性]　喜光。耐水湿，短期水淹至树顶不会死亡。发芽早，落叶迟，生长快。萌芽力强，根系发达，能成大树，能抗风固沙，寿命长。

[繁殖]　扦插为主。

[观赏特性及用途]　枝条细长柔垂，姿态优美，最宜在湖岸水池边种植，也可植于建筑物两旁或列植作行道树、园路树、公路树。

3．旱柳（立柳、直柳）

[形态]　落叶乔木，高达 20m，树冠倒卵形。树皮灰黑色，纵裂。枝条斜展，小枝淡黄色或绿色，无毛，枝顶微垂。叶互生，披针形或条状披针形，先端长渐尖，基部楔形，缘有细锯齿，叶背有白粉。雌雄异株，花期 3 月，4～5 月果熟。

[分布]　原产我国，以我国黄河流域为栽培中心。

[习性]　喜光。耐寒性较强，在年平均温度 2℃，温度最低-39℃下无冻害。喜湿润、排水良好的沙壤土。深根性，萌芽力强，生长快。

[繁殖]　插条、插干极易成活。亦可播种繁殖。

[观赏特性及用途]　旱柳枝条柔软，树冠丰满，是我国北方常用的庭荫树、行道树。

（二）胡桃科

落叶乔木，很少为灌木。羽状复叶，互生无托叶。花单性同株，单被或无被，雄花成柔荑花序，雄蕊由 2 心皮合成，子房下位，1 室，基生 1 胚珠。核果或坚果，种子无胚乳。

本科有 8 属，约 60 种，主产于北温带，仅少数分布在亚热带。我国产 7 属，25 种，引入 2 种。常见种类有胡桃、胡桃楸、野胡桃、枫杨、山核桃、化香等。

1．核桃（胡桃）

[形态]　落叶乔木，高达 30m，胸径 1m；树冠广卵形至扁球形。树皮灰白色，老时深纵裂。一年生枝绿色，芽近球形。新枝无毛。奇数羽状复叶，小叶 5～9 枚，椭圆状卵形或椭圆形，先端钝圆或微尖，花单性同株。雄花为柔荑花序，生于上年生枝侧，花被 6 裂，雄蕊 20 枚；雌蕊 1～3（5）朵成顶生穗状花序，花被 4 裂。核果球形，径 4～5cm，外果皮薄，中果皮坚，内果皮骨质。花期 4～5 月，果熟期 9～11 月（见图 3-15）。

图 3-15　核桃

1——果枝；2——雄花枝；3——雌花；4——果核纵剖面；5——果核横剖面

[分布]　原产伊朗及小亚细亚一带，我国已有 2 000 多年的栽培历史。现我国东北北部、华北、西北、华中及西南、华南均有栽培，但北方较多。

[习性]　喜光。耐寒，不耐湿热。对土壤的肥力要求较高，不耐干旱贫瘠。

[繁殖]　播种、嫁接、分蘖繁殖。

[观赏特性及用途]　核桃树冠开展，浓郁，干皮灰白色，姿态魁伟美观，是优良的园林结合生产树种。庭荫树、行道树，核桃叶秋黄，可在风景区植风景林装点秋色。

2．枫杨（元宝树、枫柳）

[形态]　落叶乔木，高达 30m，胸径 2m；树冠扁球形。树皮幼时赤褐色、平滑，成熟后灰暗褐色，浅裂。奇数羽状复叶，互生，小叶 9～23 枚，小叶长椭圆形，边缘有细齿。坚果近球形，花期 4～5 月；果熟期 8～9 月（见图 3-16）。

[分布]　产于我国东北的南部、华北、华中、华南和西南等地。

[习性]　喜光，稍耐庇荫。喜温暖湿润气候，对土壤要求不严，耐水湿。深根性，主根明显，侧根发达。萌芽力强，分蘖性强。

[繁殖]　播种繁殖。

[观赏特性及用途]　树冠大荫浓，生长快，适应性强，常作庭荫树孤植或行道树，亦可作公路绿化、水边护堤或防风林树种。

图 3-16 枫杨

1——花枝；2——果枝；3——雄花；4——雌花

（三）山毛榉科（壳斗科）

常绿或落叶乔木，罕灌木。单叶、互生，羽状脉；具叶柄，托叶早落。花单性，雌雄同株；单被花，形小，花被 4～7 裂，雄花多为柔荑花序，罕头状花序，雄蕊与花被裂片同数或为其倍数，花丝细长；雌花 1～3（5）朵生于总苞内，总苞单生、簇生或集生成穗状，罕生于雄花序基部。子房下位，2～6 室，每室 2 胚珠。总苞在果实成熟时木质化形成壳斗，壳斗被鳞形、线形小苞片，瘤状突起或针刺，每壳斗具 1～3（5）个坚果，每果具 1 粒种子。种子无胚乳。

本科共 8 属 900 多种，分布于温带、亚热带及热带。我国有 7 属 300 多种。常见种类有板栗、苦槠、石栎、栓皮栎、麻栎、解树、解栎、青冈栎等。

1．板栗

[形态]　落叶乔木，高达 20m，胸径 1m。树冠扁球形。树皮灰褐色，不规则深纵裂。幼枝密生灰褐色绒毛，无顶芽。叶椭圆形或椭圆状披针形，长 9～18cm，先端渐尖，基部圆形或宽楔形，侧脉伸出锯齿的先端，形成芒状锯齿，背面常有白色短柔毛。雄花序直立；总苞球形，直径 6～8cm，外具长针刺，内含 1～3 个坚果。花期在 5 月，9 月果熟（见图 3-17）。

图 3-17　板栗

[分布]　我国北自辽宁，南至广东、广西均有广泛栽培，以河北为最多。垂直分布于平原至海拔 2 800m 之间。

[习性]　喜光，光照不足引起枝条枯死或不结果。对土壤要求不严，喜肥沃温润、排水良好的沙质壤土，对有害气体抗性强。忌积水，忌土壤粘重。深根性，根系发达，萌芽力强，耐修剪，虫害较多。北方品种能耐寒、耐旱；南方品种则喜温暖而不怕炎热，但耐寒、耐旱性较差。寿命长达 300 年以上。

[繁殖]　主要用播种、嫁接法繁殖，分蘖亦可。

[观赏特性及用途]　树冠圆润，枝叶稠密，主要为果实进行生产栽培，亦可用于山区绿化造林、水土保持；庭园和草坪种植亦很合适，是园林结合生产的优良树种。

2．栓皮栎

[形态]　落叶乔木，高达 25m，胸径 1m，树冠广卵形，树皮深灰色，纵深裂，木栓层发达。叶互生；宽披针形，长 8～15cm，宽 3～6cm，顶端渐尖，基部阔楔形，边缘具芒状锯齿；叶背灰白，密生细毛。雄花序生于当年生枝下部；雌花单生或双生于当年生枝叶腋，总苞杯状，小苞片钻形反卷，有毛。坚果卵形或椭圆形。花期在 5 月，翌年 9～10 月果熟（见图 3-18）。

[分布]　世界各地广泛栽培。我国产于辽宁省以南直至广东省，而以鄂西、秦岭、大别山区为其分布中心。分布海拔 300～800m。

[习性]　喜光，常生于山地阳坡，但幼龄树以有侧方庇荫为好。耐寒，喜深厚肥沃、适当湿润而排水良好的土壤，也耐干旱瘠薄。

[繁殖]　主要播种繁殖，分蘖法也可。

[观赏特性及用途]　　树干通直，枝条伸展，是良好的绿化观赏树种，可作行道树、庭园树。

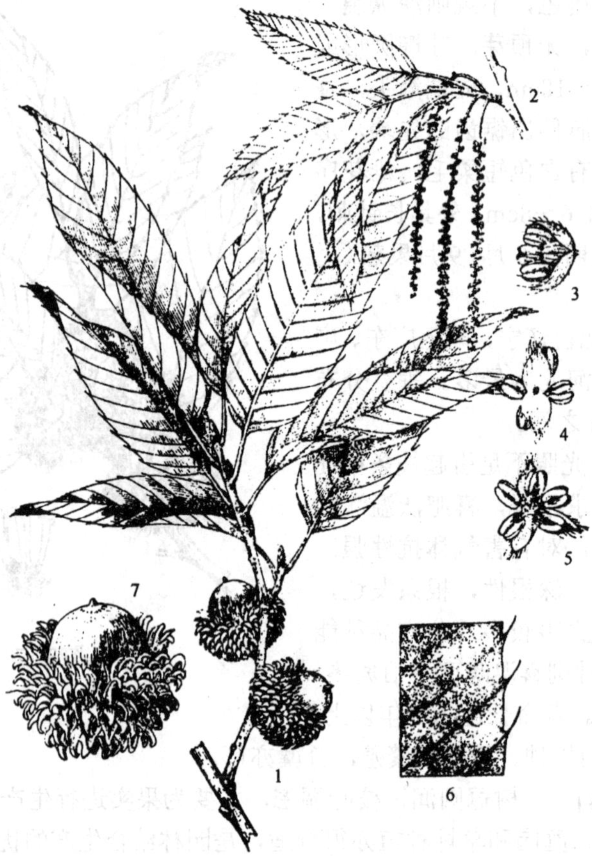

图 3-18　栓皮栎

1——果枝；2——雌花枝；3～5——雄花；6——叶子下面；7——果及壳斗

（四）榆科

乔木，少为灌木；落叶或常绿。芽具覆瓦状鳞片。单叶，互生，羽状脉或三出脉。叶基常偏斜，叶缘具锯齿，稀有全缘；托叶早落。花小，单生或簇生，或排列成聚伞花序。花两性，单性、杂性，雌雄同株。花被裂片常为 4～5 裂，罕 3～9 裂，宿存。雄蕊与花被裂片同数且对生。子房上位，2 心皮 1 室，具 1 倒生或半倒生胚珠，2 花柱。果为翅果、核果或小坚果。种子通常无胚乳。

本科共约 16 属 230 种，分布于热带或温带。我国有 8 属约 52 种。常见种类有榆树、大果榆、黑榆、榉树、朴树、小叶朴、糙叶树、青檀等。

1．榆树（白榆、家榆）

[形态]　落叶乔木，高达 25m，胸径 1m。树冠圆球形。树皮灰黑色，纵裂而粗糙。小枝灰白色，无毛。叶椭圆状卵形，先端尖，基部稍歪，边缘具单锯齿。花于 3～4 月开花，先于叶，簇生于一年生枝上。翅果近圆形，熟时黄白色，无毛；4～6 月果熟（见图 3-19）。

图 3-19　榆树

1——果枝；2——花枝；3——花；4——果

[分布]　产于我国东北、华北、西北及华东地区。

[习性]　喜光。耐寒，耐旱，喜土层深厚、排水良好的土壤，不耐水湿。根系发达，抗风、保持水土能力强。

[繁殖]　以播种繁殖为主，分蘖亦可。

[观赏特性及用途]　树体高大，适应性强，是常用的行道树、庭荫树、防护林及四旁绿化树种。

2．朴树

[形态]　落叶乔木，高达 20m，胸径 1m。树冠扁圆形。树皮灰褐色，粗糙而不开裂，

枝条平展。叶广卵形或椭圆形，先端短渐尖，基部歪斜，边缘上半部有浅锯齿，叶脉三出，侧脉在 6 对以下，不直达叶缘，叶面无毛，叶脉沿背疏生短柔毛。花期 4 月，花 1～3 朵生于当年生枝叶腋。果 10 月成熟，核果近球形，熟时橙红色，核果表面有凹点及棱背，单生或两个并生（见图 3-20）。

图 3-20　朴树

1——花枝；2——果枝；3——雄花；4——两性花；5——果核

[分布]　产淮河流域、秦岭以南至华南各省区，散生于平原及低山区，村落附近常见。

[习性]　喜光，喜湿润处，适应性强。深根性，寿命长。

[繁殖]　播种繁殖。

[观赏特性及用途]　树形美观并有浓荫，可作庭荫树及桩景材料。

（五）桑科

乔木、灌木或木质藤本，希草本。皮内及叶内常有无节乳管，内有乳汁。叶常为互生，罕对生，单叶或复叶，全缘或有裂；托叶早落。花单性，雌雄同株或异株，常集成柔荑花序、头状花序、聚伞花序、圆锥花序或隐头花序。花小，整齐。雄花被片通常为 4，离生或基部稍连合。雄蕊与花被裂片同数且对生；花药 2 室，纵裂；雌花被片 4，基部稍连合，2 心皮，柱头 1 或 2，子房上位，1 室，1 胚珠。果实为瘦果或核果。种子具胚乳。

1. 桑树（白桑、家桑）

[形态] 落叶乔木，高可达 15m，胸径 1m，树冠倒广卵形。树皮灰褐色。叶卵形至广卵形，叶端尖，叶基圆形或浅心脏形，边缘有粗锯齿，有时有不规则的分裂。叶面无毛，有光泽，叶背沿叶脉有疏毛。雌雄异株，5 月开花。果熟期 6～7 月，聚花果卵圆形或圆柱形，桑椹果黑紫色、红色或白色（见图 3-21）。

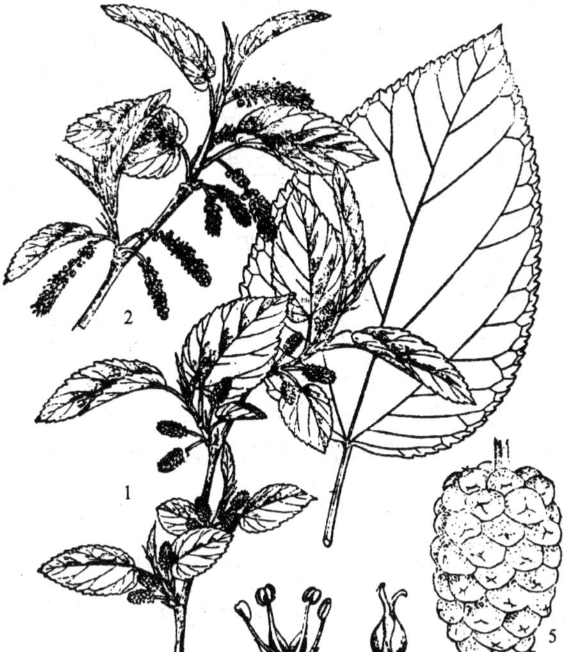

图 3-21 桑树

1——雌花枝；2——雄花枝；3——雄花；4——雌花；5——聚花果

[分布] 原产于我国中部，现南北各地广泛栽培，尤以长江中下游为多。

[习性] 喜光。对气候、土壤适应性都很强。耐寒，耐旱，不耐水湿。喜深厚疏松肥沃的土壤。根系发达，生长快，萌芽力强，耐修剪，寿命长，一般可达数百年。

[繁殖] 播种、扦插、分根、嫁接。

[观赏特性及用途] 树冠丰满，枝叶茂密，秋叶金黄，适应性强，是城市绿化的先锋树种，也可作庭荫树。

2．榕树（细叶榕、正榕）

[形态]　常绿大乔木，高 20～30m，胸径可达 2.8m；树冠庞大，气根纤细下垂，干枝臃肿，各部无毛。叶椭圆状卵形或倒卵形，长 4～8cm，先端钝尖，基部楔形，全缘，羽状脉 5～6 对，上下两面细脉不明显，叶柄短。隐花果腋生，偏球形，约 8mm，黄色或淡红色，熟时暗紫色。花期 5 月；果 7～12 月成熟（见图 3-22）。

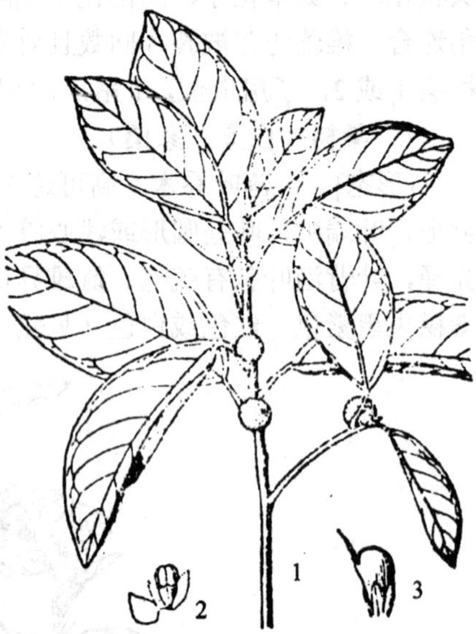

图 3-22　榕树

1——果枝；2——雄花；3——雌花

[分布]　福建闽江以南，台湾、江西赣州以南，广东、广西、云南东南部以及海南岛等地均有分布。野生在山麓树林灌木丛中或平原的村边、路旁。

[习性]　喜光，亦能耐阴。喜欢暖热、多雨气候，在湿润肥厚的酸性土壤中生长较快，枝上气生根在湿热环境中可以下垂到地，并入土生根形成独木成林的景观。深根性，适应性强，寿命长，萌芽力强，抗污染，耐烟尘，抗风，病虫少。

[繁殖]　播种或扦插繁殖，也可以分蘖。

[观赏特性及用途]　榕树枝叶稠密，浓荫腹地，树冠宽广，气根纤垂，姿态奇特古朴，是华南地区优良的庭荫树、行道树。公园、庭园、街头、居民新村、单位、工厂绿化效果都较好。幼苗、幼树是制作树石盆景的好材料。树皮可入药。

（六）石竹科

一、二年或多年生草本。茎节膨大；单叶，全缘、对生；常在基部连成一横线。花辐射对称，两性；萼片 4～5，分离或连合成筒。花瓣 4～5，雄蕊为瓣 2 倍；子房上位，1 室，少 2～5 室；特立中央胎座，果为蒴果，少为浆果。

本科约 70 属 2 000 种，广布于世界各地。我国有 20 属约 200 多种，分布于全国各地。常见种类有石竹、香石竹、西洋石竹、剪秋萝、瞿麦等。

1．石竹

[形态]　二年生草本，株高 15～50cm，茎光滑，直立，较细软，分枝多，丛生性强，节膨大。叶对生，线状披针形，无叶柄，叶脉明显。花单生，或数朵簇生成聚伞花序，花萼圆筒形，花瓣 5 枚，花红色、粉红色和白色，苞片线状，花期 4～5 月，蒴果椭圆形，果熟期 5～6 月。

[分布]　原产我国东北、西北和长江流域山地旷野。现国内外普遍栽培。

[习性]　喜光，耐寒，忌高温气候。

[繁殖]　播种繁殖。

[观赏特性及用途] 重要的春季花坛、花境材料，也可作盆栽观赏，高茎类品种可作切花。

2．香石竹（康乃馨）

[形态] 常绿亚灌木，常作多年生栽培。株高70～100cm，茎多分蘖，直立，节膨大，茎干和叶均被有白粉。叶对生，线状披针形，全缘，基部抱茎，灰绿色。花通常单生，或2～5朵聚伞状排列，花萼长筒状，边缘尖裂，花瓣多数，倒广卵形，具爪。花色有粉红、紫红、牙黄、白、洒金、玛瑙等色，花期一般为5～7月，温室地栽1～2月可开花（见图3-23）。

图3-23 香石竹

[习性] 喜冷凉，但不耐寒，喜通风、干燥及日光充足的环境，喜保肥性能好，通风、排水性能好，腐殖质丰富的酸性粘壤土。喜湿润而畏涝，忌连作。

[繁殖] 常用扦插方法繁殖。

[观赏特性及用途] 是重要的切花种类，我国及世界各地都以香石竹为主要切花，为世界四大切花之一，是制作切花、花束、花篮、花环等的极好材料。

（七）睡莲科

多年生水生草本，具有根状茎。叶盾形或马蹄形，全缘或波状，基部具深凹，叶面为蓝绿色或深绿色，有的背面紫红色。雄蕊多数，分离雌蕊心皮多数离生，花萼宿存或早落。花和叶具长柄，挺出水面或浮水而生。聚合坚果或浆果。

本科约9属80～100种，分布于亚洲、澳洲、南美洲等地。我国有5属11种，全国各地均有分布。常见种类有荷花、睡莲、王莲等。

1．荷花（莲花、水芙蓉）

[形态] 多年水生花卉，地下具根茎。藕是地下茎的肥大部分，地下茎上生根并抽出叶片。叶片大，盾状圆形，被有白色蜡粉。花两性，单生，径7～30cm，花色有红、粉、白、复色等，单瓣或重瓣。花期7～8月，每朵花上午开放，下午闭合，次晨复开。花叶具有清香。雄蕊200～400枚，心皮多数，分离散生在海绵质的花托中。花后结实成为莲蓬，每个心皮形成一个椭圆形坚果，称为莲子，果熟期8～9月（见图3-24）。

[习性] 荷花原产我国和亚洲热带地区。喜温暖、强光和水湿，要求肥沃的壤土和沙质壤土，宜浅水，忌突然降温。叶片怕水掩盖，在强光下生长发育快，开花早，但凋萎也早，气温23～30℃对于花蕾发育和开花最为适宜。长江流域露地越冬，10月中下旬叶黄，种子寿命很长。

[繁殖]　可用播种繁殖和分藕繁殖，园林中多用分藕繁殖。

[观赏特性及用途]　荷花是我国著名花卉之一，古往今来，人们常常借荷花“出污泥而不染”的品格来颂扬人的廉洁正直，不与世俗同流合污的高尚情操。荷花盛开在高温炎热的夏季，花色艳丽，清香远溢，碧叶翠盖，点缀水景，给人以凉爽的感觉。若将荷花盆栽或缸栽，点缀庭园，更有风趣。

2．睡莲（子午莲、水芹花）

[形态]　多年生水生花卉，根状茎横生于淤泥中。叶丛生，卵圆形，基部近戟形，全缘，叶正面浓绿有光泽，叶背面暗紫色，有长而柔软的叶柄，使叶浮于水面。花单朵顶生，浮于水面或略高于水面，有黄、白、粉红、红色等，花期7～9月，每朵花可开2～5天，白天开放，夜晚闭合。花后结实，果实含种子多枚，种子外有冻状物包裹（见图3-25）。

图3-24　荷花

图3-25　睡莲

[习性]　广泛分布于亚洲、美洲及澳洲。喜强光，喜空气湿润和通风良好的环境，较耐寒，长江流域露地水池中越冬。果实成熟后在水中开裂，种子沉入水底。冬季茎叶枯萎，翌春重新萌发。

[繁殖]　多采用分株法繁殖。

[观赏特性及用途]　可缸栽、池栽，还可与其他水生花卉（如水生鸢尾、伞草等）相配合，组成高矮错落、体态多姿的水上景色。

（八）毛茛科

草本，罕为木质藤本或灌木。叶互生或对生。花多两性，辐射状或两侧对称，单生或成总状、圆锥状花序，雄蕊、雌蕊常多数，离生，螺旋状排列。聚合蓇葖果或聚合瘦果，罕为浆果或蓇果。

本科约 48 属 2 000 种。主产北温带。我国约产 40 属近 600 种，各地均有分布。常见种类有牡丹、芍药、毛茛、白头翁、飞燕草、铁线莲、唐松草等。

1．牡丹（富贵花、木本芍药）

[形态]　落叶灌木，高达 2m。枝粗壮。小叶广卵形至卵状长椭圆形，先端 3～5 裂，基部全缘，背面有白粉，平滑无毛。花单生枝顶，大型，径 10～30cm，有单瓣和重瓣，花色丰富，有紫、深红、粉红、白、黄、豆绿等色；花期 4 月下旬至 5 月；9 月果熟（见图 3-26）。

[分布]　原产我国西部及北部，栽培历史悠久。目前以山东菏泽、河南洛阳、北京等地著名。

[习性]　喜光，忌夏季暴晒，花期适当遮荫可使花色彩鲜艳，喜深厚肥沃而排水良好的沙质壤土。根系发达，生长缓慢。

[繁殖]　主要用分株、嫁接、播种三种繁殖方法。

[观赏特性及用途]　牡丹花大而美丽，色香俱佳。我国特产名花，可植于花坛、花池观赏，也可盆栽作室内观赏。

2．芍药

[形态]　多年生草本，高 60～80cm，根肉质，粗壮，茎丛生，初生茎叶褐红色。茎下部为二回三出复叶，上部渐变为单叶，叶卵状披针形，全缘。单花顶生或腋生，梗较长，萼片 4～5，宿存，花单瓣或重瓣，花色有白、黄、粉红、紫红等，开花期因地区不同略有差异，一般在 4 月下旬至 6 月上旬。蓇葖果，果熟期 7～8 月，种子球形，黑褐色（见图 3-27）。

图 3-26　牡丹

图 3-27　芍药

[习性]　原产我国北部、日本和朝鲜。耐寒，健壮，适应性强，我国北方大部分地区可露地越冬。喜阳光，亦耐疏荫，忌夏季酷热，好肥，忌积水，以壤土或沙质壤土栽培为宜，尤喜富含磷质有机肥的土壤，盐碱地和低洼地不能种植。

[繁殖]　以分株为主，也可以播种和根插繁殖。

[观赏特性及用途]　芍药花大色艳，花形丰富，可与牡丹媲美，园林中常布置为专类花坛或配植花境，也可盆栽布置室内。芍药还是重要的切花材料。其根可加工为“白芍”，是重要的药材。

（九）木兰科

乔木或灌木，罕藤本，常绿或落叶。单叶互生，全缘，罕浅裂或有齿；托叶有或无。花两性或单性，单生或数朵成花序，萼片 3 枚，罕 4 枚，常为花瓣状，花瓣 6 片或更多，罕缺乏，雄蕊多数，螺旋状排列，罕为 4 枚，心皮多数，离生，螺旋状排列，子房 1 室，含 1 至多数胚珠。蓇葖果、蒴果或浆果，罕为带翅坚果。

本科共约 12 属 215 种，产于亚洲和北美的温带至热带。我国约产 10 属 80 种，常见种类有木兰、玉兰、二乔玉兰、广玉兰、白玉兰、含笑、鹅掌楸等。

1. 木兰（紫玉兰、辛夷、木笔）

[形态]　落叶灌木，高达 3～5m，树皮灰色，小枝紫褐色，光滑无毛。冬芽有细毛，花芽大，单生于枝顶。单叶互生，叶椭圆形或倒卵形，先端渐尖，基部楔形，全缘。3～4 月花先叶开放，大型，钟状，花瓣外面紫红色，里面带白色。果熟期 9～10 月，长椭圆形，淡褐色（见图 3-28）。

图 3-28　木兰

1——花枝；2——果枝；3——雄蕊；4——雌、雄蕊群；5——外轮花被片和雌蕊群

[分布]　原产我国中部，现除严寒地区外都有栽培。

[习性]　喜光，幼时稍耐阴。不耐严寒，根系发达，萌蘖性强，较玉兰耐湿能力强。

[繁殖]　扦插、压条、分株、播种。

[观赏特性及用途]　传统的名贵春季花木。可配置在庭园的窗前和门厅两旁。

2．白玉兰（玉兰、望春花、玉兰花）

[形态]　落叶乔木，高可达 15m，树冠卵形。小枝淡灰褐色。花芽大，密生灰绿色或灰黄色长绒毛。叶互生，宽倒卵形至倒卵形，先端圆宽，有突尖的小尖头，全缘。花先叶开放，开大型花，花顶生直立，钟状，白色，有清香。花期 3～4 月，9 月果熟。种皮鲜红色（见图 3-29）。

图 3-29　玉兰

1——花枝；2——枝叶

[分布]　原产我国中部山野中，唐代起已栽培，现国内外庭园常见栽培，北京及黄河流域以南至西南各地普遍栽植。玉兰是上海市的市花。

[习性]　喜光，稍耐阴。较耐寒，能耐-20℃低温。喜深厚、肥沃、湿润、排水良好的土壤。不耐移植，不耐修剪。生长缓慢，寿命长。花期对温度敏感，昆明 12 月即开，广州 2 月，上海 3 月下旬，北京则要 4 月中旬才开放。

[繁殖]　播种、嫁接、压条繁殖。

[观赏特性及用途]　玉兰花大清香，亭亭玉立，为名贵的早春花木。园林中常种植在路边，草坪、亭台前后，构成春光明媚的春景，若其下配置山茶等花期相近的花灌木，则更富有诗情画意。

（十）樟科

乔木或灌木。具油细胞，有香气。单叶互生，罕对生或簇生，全缘，罕有裂；无托叶。花小，两性或单性，成伞状，总状或圆锥花序；花各部多为 3 基数，花被片常为 6 枚，2 轮；雄蕊 3～4 轮，每轮 3 枚，第 4 轮雄蕊退化，花药瓣裂；单雌蕊，子房上位，1 室 1 胚珠。核果或浆果；种子无胚乳。

本科约 45 属近 2 000 种，主产东南亚、巴西。我国产 20 属近 400 种，主要分布在长江以南各地区，常见种类有樟树、楠木、月桂等。

樟树

[形态]　乔木，高 20～30m，最高可达 50m，胸径 4～5m，树冠卵球形。树皮灰褐色，纵裂。叶互生，卵状椭圆形，长 5～8cm，薄革质，离基三出脉，脉腋有腺体，背面灰绿色，

无毛。圆锥花序腋生于新枝，花被淡黄绿色，6 裂。核果球形，径约 0.6cm，熟时紫黑色，果托盘状。花期在 5 月，9～11 月果熟（见图 3-30）。

[分布]　大体以长江为北界，南至广东、广西及西南，而以福建、台湾、浙江、江西等东南沿海省份最多。日本亦有分布。

[习性]　喜光，稍耐阴；喜暖热湿润气候，耐寒性不强；喜深厚、肥沃而湿润的粘质土，在地下水位较高的潮湿地亦可生长。能耐短期水淹，不耐干旱瘠薄。

[繁殖]　可用播种、软材扦插及分栽根蘖法繁殖。

[观赏特性及用途]　树姿雄伟，冠大荫浓，是城市绿化的良好树种，广泛用作庭荫树、行道树、防护林及风景林，孤植、丛植或群植都很合适。全树各部均可提制樟脑及樟油。

图 3-30　樟树

1——果枝；2——花枝；3——花；4——第一、二轮雄蕊；5——第三轮雄蕊；6——退化雄蕊；7——雌蕊；8——果纵剖面

（十一）虎皮草科

草本、灌木或小乔木。叶互生或对生。单叶，罕复叶；通常无托叶。花两性，罕单性，整齐，罕不整齐；萼片 4～5 枚；雄蕊与花瓣同数并与其互生，或为其倍数，心皮 2～5，全部或部分合生，罕离生；子房上位至下位，中轴胎座或侧膜胎座，1～2 室，罕 5 室；胚珠多数。蒴果或浆果；种子小，有翅，具胚乳。

本科共 80 属约 1 500 种。我国产 27 属约 400 种，常见种类有虎耳草、太平花、溲疏、东陵八仙花、东北茶藨子、香茶藨子、绣球等。

1．太平花（京山梅花）

[形态]　丛生灌木。高达 2m，树皮栗褐色，薄片状剥落；小枝光滑无毛，常带紫褐色。叶卵状椭圆形，长 3～6cm，基部 3 条主脉，先端稍带紫色。花 5～9 朵成总状花序，花乳白色，径 2～3cm，微有香气，萼外面无毛，内面沿边有短毛。蒴果陀螺形。花期在 6 月，8～9 月果熟。

[分布]　产于我国北部及中部，各地庭园常有栽培。朝鲜亦有分布。

[习性]　喜光，耐寒，多生于肥沃湿润的山区或溪沟两侧排水良好处，也能生长在向

阳的干瘠土地上，不耐积水。

[繁殖]　可用播种、分蘖、压条、扦插等法繁殖。

[观赏特性及用途]　花乳白而清香，多朵聚集，颇为美丽。宜丛生植于草地、林缘、园路转角和建筑物前，亦可作自然式花篱或大型花坛的中心栽植材料。

2．大花溲疏

[形态]　灌木，高达 2m；树皮通常灰褐色。叶卵形，长 2.5～5cm，先端急尖或短渐尖，基部圆形，缘有小齿，表面散生星状毛，背面密被白色星状毛。花白色，较大，径 2.5～3cm，呈 1～3 朵聚伞状，雄蕊 10 枚，花丝端部两侧具钩状齿牙，花柱 3 个，长于雄蕊，萼片线状披针形，比花托长。花期 4～5 月，6 月果熟。

[分布]　产于湖北、河北、陕西、山东、内蒙古、辽宁等省区。朝鲜也有分布。多生于丘陵或低山坡灌木丛中。

[习性]　喜光，稍耐阴；耐寒，耐旱；对土壤要求不严。

[繁殖]　可用播种、分株法繁殖。

[观赏特性及用途]　花大而开花早，宜植于庭园观赏，也可作山坡地水土保持树种。

（十二）悬铃木科

落叶乔木。树皮薄片状剥落，有星状毛；叶柄下芽，芽鳞 1 枚，单叶互生，掌状裂；托叶大，圆领形。花单性同株，珠形头状花序；雄花无花萼和花瓣，仅有 1 苞片，雄蕊 3～8 枚；雌花有花萼和花瓣，各 3～8 枚，离生心皮 3～8 个，子房上位，1 室。聚花果球形，小坚果有棱角，基部有褐色长毛，种子 1 粒。

本科共 1 属约 6～7 种。我国引入栽培 3 种：英桐（二球悬铃木）、法桐（三球悬铃木）及美桐（一球悬铃木）。

英桐

[形态]　落叶大乔木，高可达 35m，胸径 1m。枝条开展，树冠广阔，呈广卵圆形。树皮灰绿或灰白色，片状脱落。单叶互生，叶大，掌状 3～5 裂。花期 4～5 月，头状花序球形。球果下垂，通常 2 球一串。9～10 月果熟，坚果基部有长毛（见图 3-31）。

[分布]　本种是三球悬铃木与一球悬铃木的杂交树种。1646 年在伦敦育成。广泛植于世界各地。我国已栽培百余年。

[习性]　喜光，不耐阴。喜温暖湿润气候。在年平均气温 13～20℃，降水量 800～1200mm 的地区生长良好。北京幼树易受冻害，须防寒。对土壤要求不严，耐干旱、贫瘠，亦耐湿。抗烟尘、硫化氢等有害气体。对氯气、氯化氢抗性弱。根系浅易风倒，萌芽力强，耐修剪。生长迅速，成荫快，1～10 年高生长较快，10 年后胸径生长加快。

[繁殖]　扦插繁殖，亦可播种繁殖

[观赏特性及用途]　树形优美，冠大荫浓，栽培容易，成荫快，耐污染，对环境适应

力强，可作行道树，或孤植于庭园。

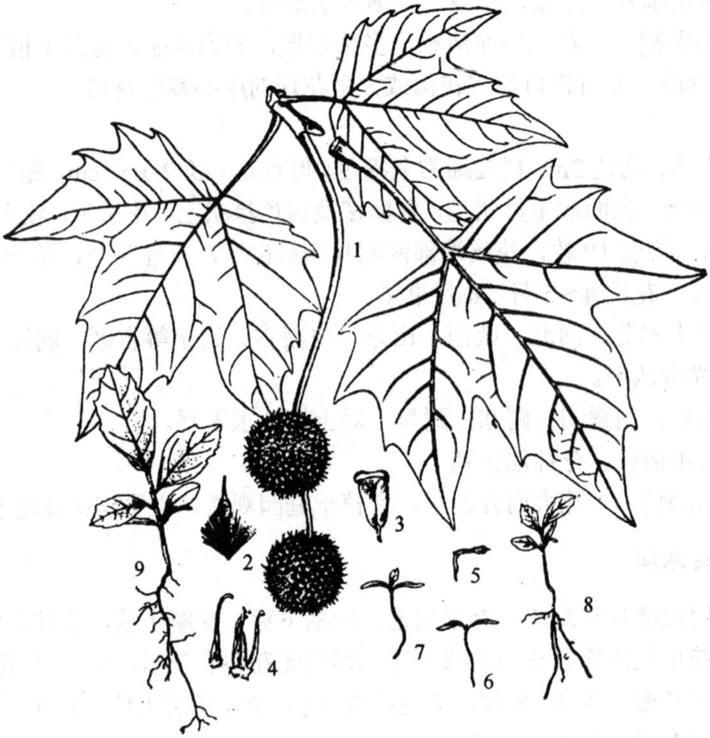

图 3-31　二球悬铃木

1——果枝；2——果；3——雌蕊；4——雌花及离心皮雌蕊；5——种子萌生幼果；6——子叶出土；7～9——幼苗

（十三）蔷薇科

草本或木本。有刺或无刺。单叶或复叶，多互生，罕对生；通常有托叶。花两性，整齐，单生或排成伞房、圆锥花序；花萼的基部与花托愈合成碟状或坛状萼管，萼片和花瓣常 5 枚，雄蕊多数（常是 5 的倍数），着生于花托（或萼管）的边缘；心皮 1 至多数，离生或合生，子房上位，有时与花托合生成子房下位。蓇葖果、瘦果、核果或梨果。种子一般无胚乳，子叶出土。

本科有 4 亚科约 129 属 3 300 余种，广布于世界各地。我国约有 4 亚科 48 属 1 056 种。常见种类有：绣线菊亚科的笑靥花、喷雪花、珍珠梅、白鹃梅、麻叶绣线菊；蔷薇亚科的月季、玫瑰、黄刺玫、野蔷薇、木香、棣棠、金露梅、鸡麻；李亚科的桃、杏、梅、李、榆叶梅、碧桃、樱花；梨亚科的苹果、梨、海棠花、杜梨、山楂、贴梗海棠、石楠、花楸等。

1．珍珠梅

[形态]　为落叶丛生灌木，株高 2～3m，枝条丛生开展。奇数羽状复叶互生，小叶 13～

21 枚，椭圆状披针形或卵状披针形、缘具重锯齿。白色小花（径约 6mm）组成顶生圆锥形花序，长 15～20cm。花期 6～8 月，果熟期 9～10 月（见图 3-32）。

[分布]　　主产于我国北部的山坡、河谷及杂木林中，河北、山西、山东、河南、陕西、甘肃、内蒙古等省内均有分布。各地庭园有栽培。

[习性]　　喜光，较耐阴。耐寒，对土壤要求不严。生长快，萌蘖强，耐修剪，花期长，可持续四个月。

[繁殖]　　分株、扦插为主，较少用播种。

[观赏特性及用途]　　珍珠梅花、叶秀丽，花期长，北方庭园夏季主要的观花树种之一。可丛植于草坪、林缘、墙边。

图 3-32　华北珍珠梅

1——花枝；2——花纵剖面；3——蓇葖果；4——种子

2. 麻叶绣球（麻叶绣线菊）

[形态]　　落叶灌木，高 1.5m。枝细长，暗红色，光滑无毛。单叶互生，叶菱状椭圆形至菱状披针形，先端尖，基部楔形，缘有缺刻状锯齿，两面无毛。4～5 月开白色小花，花 10～30 朵集成半球状伞形花序，着生于新枝顶端。果熟期 10～11 月，蓇葖果。

[分布]　　原产于我国，黄河中下游及以南各省都有栽培。

[习性]　　喜光，耐阴。喜温暖湿润气候，耐寒。适应性强，耐贫瘠，萌芽力强，耐修剪。

[繁殖]　　扦插、分株繁殖，也可播种繁殖。

[观赏特性及用途]　　麻叶绣线菊花朵繁密，盛开时枝条全被细小的白花覆盖，形似一条条拱形玉带，洁白可爱，叶清丽。可成片配置于草坪、路边、斜坡，也可单株或数株点缀花坛。

3. 海棠花（海棠）

[形态]　　小乔木，高可达 8m；小枝粗壮，圆柱形，幼时具短柔毛，逐渐脱落，老时红褐色或紫褐色，无毛；叶片椭圆形至长椭圆形，长 5～8cm，宽 2～3cm，先端短渐尖或圆钝，基部宽楔形或近圆形，边缘有紧贴细锯齿，花蕾色红艳，开放后呈淡粉红色，梨果近球形，

黄色，花期4～5月，果熟期9月（见图3-33）。

[分布]　原产我国北方，是久经栽培的观赏树种。华北、华东尤为常见。

[习性]　喜光，不耐阴，耐寒。对土壤要求不严，耐旱。耐盐碱，不耐湿，萌蘖性强。

[繁殖]　可用播种、分株、嫁接等方法繁殖。

[观赏特性及用途]　海棠花花枝繁茂，是著名的观赏花木。宜配置在门庭入口两旁、堂前、窗边，也可植于草坪边缘、水边池畔、园路两侧。

图3-33　海棠花

1——花枝；2——果枝

4．蔷薇（多花蔷薇、野蔷薇）

[形态]　为落叶灌木。植株蔓延或攀援，被皮刺。叶互生，奇数羽状复叶，小叶5～9枚，有锯齿，倒卵形、椭圆形。伞房或圆锥花序，花白色或微有红晕，花单瓣，芳香。花期5～7月，果熟期9～10月（见图3-34）。

[分布]　产于我国黄河流域及以南地区，现全国普遍栽培。

[习性]　喜光，耐半阴。耐寒，对土壤要求不严，可在粘重土壤上正常生长。喜肥耐瘠薄，耐湿，耐旱。萌蘖性强，耐修剪，抗污染。

[繁殖]　扦插、分株、压条或播种繁殖。

[观赏特性及用途]　蔷薇繁花洁白，芳香，树性强健，可用于垂直绿化，布置花门、花架等。

5．玫瑰（徘徊花）

[形态]　落叶灌木，株高达2m。枝干多刺。羽状复叶，小叶5～9枚，椭圆形或椭圆倒卵形，表面多皱，下面有刺毛。花期5～9月，果熟期9～10月。花单生或数朵聚生，常为紫红色，单瓣，芳香。果扁球形，红色（见图3-35）。

[分布]　原产我国，各地都有栽培，山东省平阴是全国闻名的“玫瑰之乡”。

[习性]　喜光照充足，阴处生长不良开花少。耐寒、耐旱、喜凉爽通风的环境，喜肥沃排水良好的土壤，忌粘土，萌蘖性强，生长迅速。

[繁殖]　分株、扦插、嫁接繁殖均可。

[观赏特性及用途]　玫瑰花色艳香浓，是著名的观花闻香花木，可植花篱、花境、花

坛，也可丛植于草坪，布置专类园。

图 3-34　蔷薇

图 3-35　玫瑰

6．月季（月月红）

[形态]　常绿或落叶小灌木，株高可达 4m。枝干直立、扩展或蔓生。树干青绿色，老枝灰褐色。上有弯曲尖刺。奇数羽状复叶，互生，小叶 3～7 枚，卵圆形、椭圆形，叶缘有锯齿，叶片光滑，有光泽。花期 4～11 月，花数朵簇生，少数单生，花粉红、白色、黄色、紫色。果熟期 9～11 月，果实近球形，成熟时橙红色（见图 3-36）。

[分布]　原产我国，各地普遍栽种。

[习性]　喜光。气温在 22～25℃时，生长最适宜。耐寒，对土壤要求不严，耐旱，怕涝，喜肥，耐修剪。在生长季可多次开花。

[繁殖]　以扦插、嫁接繁殖为主，也可以压条、播种。

[观赏特性及用途]　月季花色艳丽，花期长，是重要的观花树种。常植于花坛、草坪、庭园、路边。

7．棣棠（地棠、黄棣棠、棣棠花）

[形态]　落叶丛生灌木，高 1.5m 左右。小枝绿色，有棱。单叶互生，叶卵形或卵状披针形，先端渐尖，基部楔形或近圆形，边缘具重锯齿，叶面鲜绿色，叶脉下陷。4～5 月开金黄色花，单生于侧枝顶端。瘦果褐黑色，7～8 月果熟（见图 3-37）。

图 3-36　月季

图 3-37　棣棠

1——花枝；2——果

[变种与品种]　　重瓣棣棠：花重瓣。

[分布]　　产于我国秦岭以南各地，生于海拔 1 000m 左右山地、平缓荒坡的灌丛中。

[习性]　　喜半阴，忌炎日直射。喜温暖湿润气候，不耐严寒。对土壤要求不严，耐湿，萌蘖性强，病虫害少。

[繁殖]　　繁殖多用分株法，于晚秋或早春进行。

[观赏特性及用途]　　花色金黄，枝叶鲜绿，适宜栽植花境、花篱或建筑物周围。

8．梅（梅花、春梅）

[形态]　　落叶乔木，高可达 10m；小枝绿色，无毛。叶片宽卵形或卵形，顶端长渐尖，基部宽楔形或近圆形，边缘有细密锯齿，背面色较浅。花单生或两朵并生，先叶开放，白色或淡红色，芳香，直径 2～2.5cm。核果近球形，两边扁，有纵沟，直径 2～3cm，绿色至黄色，有短柔毛。花期 1～3 月，果熟期 5～6 月（见图 3-38）。

[分布]　　原产我国西南，现西藏波密海拔 2 100m 的山地沟谷还有成片野生梅树；横断山脉是梅花的中心原产地，黄河以北盆栽。

[习性]　　喜光，稍耐阴。喜温暖湿润气候，不耐气候干燥。有一定的耐寒能力，早春开花时气温 0℃以下仍可开放。对土壤要求不严，耐瘠薄，喜排水良好，忌积水。萌芽力强，耐修剪。

[繁殖]　以嫁接为主，也可扦插、播种繁殖。

[观赏特性及用途]　是我国传统名花之一，树姿、花色、花态、花香俱美，为广大人民所喜爱。最宜植于庭园、草坪、低山四旁及风景区，孤植、丛植、林植俱美。果实可加工食用，并可入药。

9．樱花（山樱花，山樱桃）

[形态]　落叶乔木，高 15～25m，树冠扁圆形。树皮暗栗褐色。叶卵形至椭圆形，先端尾尖，边缘具芒状锯齿，幼叶淡绿褐色，后叶表绿色，叶背淡绿色。4～5 月开花，白或粉红色。3～5 朵生于短侧枝顶端，组成伞房状总状花序。果期 7 月，核果球形（见图 3-39）。

图 3-38　梅

图 3-39　樱花

1——花枝；2——叶枝；3——花纵剖；4——雄蕊；5——雌蕊

[分布]　产于我国长江流域，朝鲜、日本有分布。

[习性]　喜光，稍耐阴。喜凉爽、通风的环境，不耐炎热，耐寒。喜深厚肥沃排水良好的土壤，过湿、过粘处不宜种植，不耐旱，不耐盐碱。根系浅，不耐移植，不耐修剪。对海潮风及有害气体抗性较弱。

[繁殖]　根系较浅，栽培容易。繁殖多用嫁接法，砧木可用樱桃、桃、杏等实生苗。

[观赏特性及用途]　　樱花春日繁花竞放，轻盈娇艳，适宜成片群植，能充分展现其既幽雅又艳丽的观赏效果。亦可散植于草坪、溪边、林缘、坡地、路旁等。

（十四）豆科

豆科植物为乔木、灌木或草本。多为复叶，罕单叶，常互生；有托叶，花序总状、穗状或头状；花朵两性，花萼、花瓣各 5 裂，多为两侧对称或假蝶形花，少数为辐射对称；雄蕊 10 枚，常成二体，罕为多数而全部离生或常单体；单心皮，子房上位，胚珠 1 至多数。荚果，种子多无胚乳，子叶肥大。

本科通常分为 3 个亚科，共约 550 属 13 000 余种，分布于全世界。中国产 150 余属 1 200 余种，常见种类有：含羞草亚科的合欢、相思树、含羞草；云实亚科的皂荚、决明、紫荆、望江南、羊蹄甲；蝶形花亚科的金雀花、花木兰、紫穗槐、紫藤、刺槐、锦鸡儿、胡枝子、国槐等。

1．合欢（绒花树、马缨花、夜合花）

[形态]　　落叶乔木，高可达 16m，树冠伞形。树皮灰棕色，平滑。小枝褐色，有纵细纹，疏生皮孔。二回偶数羽状复叶，互生，小叶 10～30 对，镰刀状，全缘，无柄，日开夜合。花期 6～8 月，花淡红色。10～11 月结扁长荚果（见图 3-40）。

图 3-40　合欢

1——花枝；2——雄蕊及雌蕊；3——花萼；4——花冠；5——雄蕊；6——小叶；7——果枝；8——种子

[分布]　　产于我国黄河流域以南。现我国华北至华南、西南均有分布。

[习性]　　喜光，耐侧阴。稍耐寒，对土壤适应性强，喜排水良好的肥沃土壤，耐干旱瘠薄，不耐积水。浅根性，有根瘤菌，抗污染能力强。不耐修剪，生长快。树冠易偏斜，分枝点低。复叶朝开暮合，雨天亦闭合。

[繁殖]　　主要用播种繁殖。

[观赏特性及用途]　　合欢树冠开阔，绿荫浓密，树姿优美，是优良的庭园观赏树种。可用作行道树、庭荫树等。

2．紫荆（满条红）

[形态]　　落叶乔木，高达 15m，胸径 50cm，但在栽培情况下多呈灌木状。丛生，树皮

幼时暗灰色、光滑，老时粗糙呈片裂。单叶互生，全缘，近圆形，先端骤尖，基部心脏形，表面光滑有光泽，叶主脉掌状，5～7 条，背面隆起。花期 4 月，先叶开放，紫红色，4～10 朵簇生于老枝上。果期 8～9 月，荚果扁平（见图 3-41）。

[分布]　我国华北、西北、华南、西南均有分布。

[习性]　喜光，稍耐侧阴，有一定的耐寒性，对土壤要求不严，耐寒忌涝。萌蘖性强，深根性，耐修剪，对烟尘、有害气体抗性强。

[繁殖]　播种繁殖为主，也可分株、扦插繁殖。

[观赏特性及用途]　紫荆叶大花密，早春繁花簇生，适宜在庭园建筑前、门庭、窗外种植，也可在草坪边缘、建筑物周围和林缘片植、丛植。

3．刺槐（洋槐）

[形态]　落叶乔木，高 10～25m，树冠椭圆状倒卵形。树皮灰褐色，纵裂。奇数羽状复叶，小叶 7～19 枚，互生，椭圆形，尖端圆钝或微凹，有小尖头。5 月开白色蝶形花，下垂。荚果扁平，长圆形，10～11 月果熟（见图 3-42）。

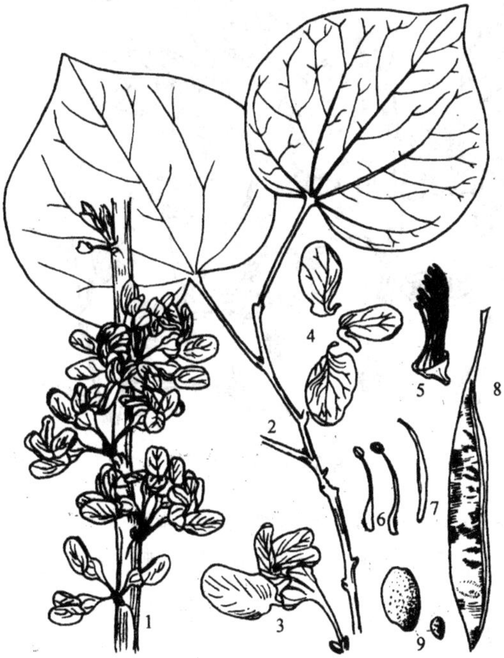

图 3-41　紫荆

1——花枝；2——叶枝；3——花；4——花瓣；5——雄蕊及雌蕊；6——雄蕊；7——雌蕊；8——果；9——种子

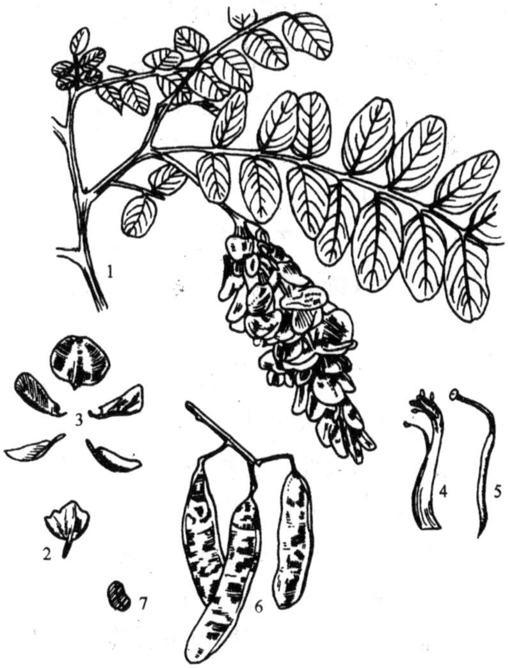

图 3-42　刺槐

1——花枝；2——花萼；3——花瓣；4——雄蕊；5——雌蕊；6——果；7——种子

[分布]　原产北美，20 世纪初引入我国青岛，现遍布全国。

[习性]　强喜光，不耐遮荫。喜干燥而凉爽的气候，不耐湿热气候。忌低洼积水，浅根性，在风口易倒。萌芽力、萌蘖性强。

[繁殖]　播种繁殖或分蘖、插根繁殖。

[观赏特性及用途]　刺槐花香，洁白，花期长，树荫浓密。优良的水土保持、土壤改良树种、荒山造林树种。宜做庭荫树、行道树。

4．国槐

[形态]　落叶乔木，高达 25m，胸径 1.5m，树冠圆球形。树皮灰黑色，深纵裂。小枝绿色，光滑，有明显黄褐色皮孔。奇数羽状复叶，小叶对生，7～17 枚，椭圆形或卵形，先端尖，基部圆形至宽楔形，背面有白粉及柔毛，全缘。6～8 月开花，花浅黄色，圆锥花序。荚果肉质，9～10 月果熟，熟后经久不落（见图 3-43）。

图 3-43　国槐

1——果枝；2——花序；3——花萼、雌蕊、雄蕊；4——旗瓣；5——翼瓣；6——龙骨瓣；7——种子

[分布]　原产我国北方，各地都有栽培，尤以黄土高原及华北平原最为常见。

[习性]　喜光，稍耐阴。喜干冷气候，适生于肥沃深厚湿润、排水良好的沙壤土，深根性，根系发达，萌芽力强，生长中等，寿命长。

[繁殖]　一般采用播种法繁殖。

[观赏特性及用途]　国槐枝叶茂密，浓荫葱郁，是北方城市主要的行道树、庭荫树。

5．紫藤（朱藤、藤萝）

[形态]　落叶木质藤本。树皮浅灰褐色，小枝淡褐色。叶痕灰色，稍凸出。奇数羽状复叶，小叶 7～13 枚，卵状披针形或卵形，先端突尖，基部广楔形或圆形，全缘，幼时密生白色短柔毛，后渐脱落。4 月开花，花蓝紫色，总状花序下垂，长 15～30cm，有芳香。荚果

扁平，长条形，密生银灰色绒毛，内有种子1～5粒，9～10月果熟（见图3-44）。

[分布]　　产我国辽宁、内蒙古、河北、河南、山西、山东、江苏、浙江、湖北、湖南、陕西、甘肃、四川、广东等省。

[习性]　　喜光，稍耐阴。对气候和土壤适应性强，较耐寒。喜深厚肥沃、排水良好的土壤。有一定的耐旱、瘠薄、水湿的能力。主根深，侧根少，不耐移植，生长快，寿命长。

[繁殖]　　用播种、扦插、压条、嫁接繁殖法均可。

[观赏特性及用途]　　紫藤枝叶繁茂，遮荫效果好，是优良的垂直绿化树种。

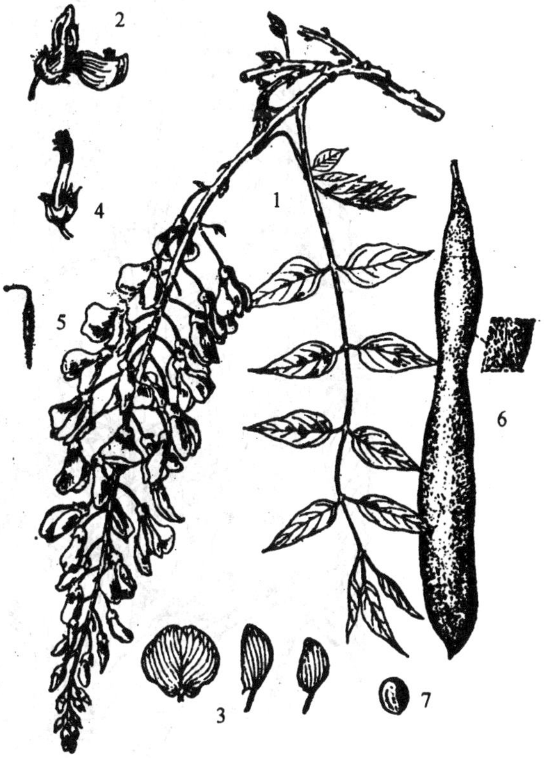

图3-44　紫藤

1——花枝；2——花；3——花瓣；4——花萼及雄蕊；5——雌蕊；6——果；7——种子

（十五）楝科

乔木或灌木。羽状复叶，常互生，无托叶；圆锥花序，腋生或顶生。花两性或杂性，异株，辐射对称。萼小，钟状，4～5裂。花瓣4～5裂，离生。雄蕊4～10枚，离生。花盘各式，生于雄蕊与雌蕊之间。子房上位，2～5室，胚珠1至多数，花柱单一。蒴果、核果或浆果，种子有翅或无翅。

本科约47属800种，分布于热带、亚热带地区。我国14属约50种，常见种类有香椿、红椿、大叶桃花心木、麻楝、楝树等。

楝树（苦楝、楝）

[形态]　　落叶乔木，高达30m。枝条开展，树冠近平顶状。树皮暗褐色，浅纵裂。枝条粗壮，小枝绿色，密生白色皮孔。2～3回奇数羽状复叶，互生，小叶卵形或卵状披针形。先端渐尖，基部稍偏斜，楔形，边缘有锯齿。5月开淡紫色或紫色花朵，圆锥花序。10月果熟，果球形、橙黄色，经冬不落（见图3-45）。

[分布]　　产于我国华北南部至华南，西部甘肃、四川、云南也有分布。

图 3-45　楝树

1——花枝；2——花；3——单体雄蕊；4——雌蕊及花盘；5——子房横剖面；6——子房纵剖面；7——果序部分

[习性]　喜光。喜温暖气候，小苗不耐寒，大树稍耐寒。对土壤要求不严，稍耐干旱，耐湿。浅根性，侧根发达，主根不明显。萌芽力强，生长快，寿命短，30～40 年。

[繁殖]　多用播种繁殖，也可插根、分蘖繁殖。

[观赏特性及用途]　楝树树形优美，叶形秀丽，紫花芳香，能抗烟尘、抗二氧化碳，是优良的庭荫树、行道树。适宜配置在草坪边缘、水边、园路两侧。

（十六）黄杨科

常绿灌木或小乔木，稀草本。无乳汁。单叶，对生或互生，全缘或有锯齿，无托叶。

花单性，同株或异株，稀两性。无花盘，有苞片；呈穗状、头状或短总状花序，簇生，有时单生。萼片 4 裂，无花瓣。雄花多具雄蕊，4～6 个，与萼片对生；花丝分离。雌花无退化雄蕊；子房常 3 室，每室 2 倒生胚珠，花柱 3。蒴果或为核果状。种子黑色，胚乳肉质，胚直立。

本科 4 属约 100 种，分布于热带和温带地区。我国 3 属 27 种，常见种类有黄杨、锦熟黄杨、雀舌黄杨。

黄杨（瓜子黄杨）

[形态]　常绿灌木或小乔木。树皮淡灰褐色，鳞片状剥落。小枝有四棱，有短柔毛。单叶对生，革质，倒卵形或椭圆形，先端圆或微凹，全缘，表面暗绿色，有光泽，背面黄绿色。4 月开花，花簇生于叶腋。果期 7 月，蒴果球形。种子黑色，有光泽（见图 3-46）。

图 3-46　黄杨

1——小枝；2——果

[分布]　原产我国中部、长江流域及以南地区。

[习性]　喜半阴。喜温暖湿润气候，稍耐寒，喜肥沃湿润排水良好的土壤，耐旱、忌积水。耐修剪，抗烟尘及有害性气体。浅根性树种，生长慢，寿命长。

[繁殖]　播种、扦插等法繁殖。

[观赏特性及用途]　枝叶较疏散。在长江流域及其以南地区多植于庭园，常用的观叶树种，园林中常作绿篱。

（十七）漆树科

落叶或常绿乔木或灌木。树皮多含树脂。复叶，少数单叶，互生，稀对生；无托叶。花小，辐射对称，两性或单性、杂性，雌雄异株，成腋生或顶生的圆锥花序。萼片 3～5 裂，花瓣与萼片同数，稀无花瓣。雄蕊与花瓣同数或为花瓣的 2 倍，生于花盘的上部或下部。雌蕊心皮 1～5 个，合生或分离。子房上位，1 室，罕 2～5 室，每室 1 胚珠。花柱 1～5 个，分离。核果或坚果。胚大肉质。

本科约 60 属 600 余种，分布于热带、亚热带及温带各地。我国 16 属 54 种，常见种类有黄连木、漆树、盐肤木、火炬树、芒果、黄栌等。

黄连木（楷木）

[形态]　落叶乔木，高达 30m，胸径 2m，树冠近圆球形；树皮薄片状剥落。通常为偶数羽状复叶，小叶 10～14 枚，披针形或卵状披针形，长 5～9cm，先端渐尖，基部偏斜，全缘。雌雄异株，圆锥花序，雄花序淡绿色，雌花序紫红色。核果径约 6mm，初为黄白色，后变红色至蓝紫色。花期 3～4 月，先叶开放；果 9～11 月成熟（见图 3-47）。

[分布]　我国黄河流域以南均有分布。

[习性]　喜光，幼时耐阴。不耐严寒，对土壤要求不严，耐干旱瘠薄，幼树生长较为缓慢，幼苗在华北地区越冬应适当保护，约 10 龄左右才能正常越冬。病虫害少，抗污染、耐烟尘。深根性，抗风力强，生长缓慢，寿命长。

[繁殖]　常用播种繁殖，扦插也可。

图 3-47　黄连木

1——雄花枝；2——雌花序；3——果枝；4——雄花；5——雌花；6——果

[观赏特性及用途]　树冠浑圆，树姿雄伟。早春嫩叶红色，入秋后变成深红色或橙色，是美丽的庭荫树、行道树、低山造林树种。

（十八）槭树科

落叶或少数常绿乔木或灌木。叶对生，有叶柄，无托叶，单叶或复叶，不裂或分裂。花小，辐射对称，两性、杂性或单性，雄花与两性花同株或异株，伞房状、穗状或聚伞花序。萼片 5 或 4，花瓣 5 或 4。雄蕊 4～12 枚，多为 8 枚，生于花盘的外部或内部。两性花或雌花子房 2 室，每室 2 胚珠，中轴胎座。花柱 2 个。翅果，成熟后开裂成二分果，各含 1 粒种子。种子无胚乳。

本科 3 属约 300 种，分布于北温带和热带高山地区。我国有 2 属约 140 多种，常见种类有元宝枫、五角枫、三角枫、鸡爪槭、茶条槭、复叶槭等。

元宝枫（平基槭）

[形态]　落叶乔木，高达 8～10m；树冠伞形或倒广卵形。干皮灰黄色，浅纵裂；小枝

淡土黄色，光滑无毛。叶掌状5裂，长5～10cm，有时中裂片又3裂，裂片先端渐尖，叶基通常楔形，两面无毛；叶柄细长，3～5cm。花黄绿色，径约1cm，成顶生伞房花序。翅果扁平，两翅展开约成直角，翅较宽，略长于果核。花期4月，果10月成熟（见图3-48）。

[分布]　华北、辽宁南部、河北、山西、陕西、河南、山东、安徽南部均有分布。

[习性]　弱阳性，耐半阴，喜生于阴坡及山谷；在湿润、肥沃及排水良好的土壤中生长良好。

[繁殖]　主要用播种法繁殖。

[观赏特性及用途]　树姿优美，嫩叶红色，秋季叶又变成黄色或红色，为著名的秋季观叶树种。宜作庭荫树及行道树。

图3-48　元宝枫

（十九）葡萄科

木质藤本，具卷须，稀草本、灌木或小乔木。节部常肿胀或具关节。叶互生，单叶或为掌状复叶、羽状复叶。托叶贴生于叶柄或缺。聚伞花房、伞房或圆锥花序，常和叶对生，花小，辐射对称，两性或单性。萼片4～5裂。花瓣与萼片同数。雄蕊4～5枚，着生于花盘基部，与花瓣对生。浆果，种子坚硬。

本科约12属700种，主产于热带、亚热带至温带。我国有8属106种，常见种类有葡萄、蛇葡萄、白蔹、爬山虎、五叶地锦等。

爬山虎（地锦、爬墙虎）

[形态]　落叶木质藤本，具有分枝的卷须，先端有吸盘，细蔓嫩红色。单叶，宽卵形，通常3裂，基部心形，缘有粗齿，叶柄长。6月开花，聚伞花序，花小，淡黄绿色。浆果球形，10月成熟，蓝墨色，被白粉（见图3-49）。

[分布]　原产我国，北起吉林，南至广东，分布极广，多生于岩壁。

[习性]　喜半阴，能耐阳光直射。耐寒，对土壤适应性强，耐瘠薄，耐湿，耐干旱。生长快。

[繁殖]　一般用短枝、嫩枝扦插繁殖，播种、压条繁殖也可。

[观赏特性及用途]　是一种优美的攀援植物，能借吸盘爬上墙壁或山石，常作建筑物及假山、老树干等的垂直绿化。

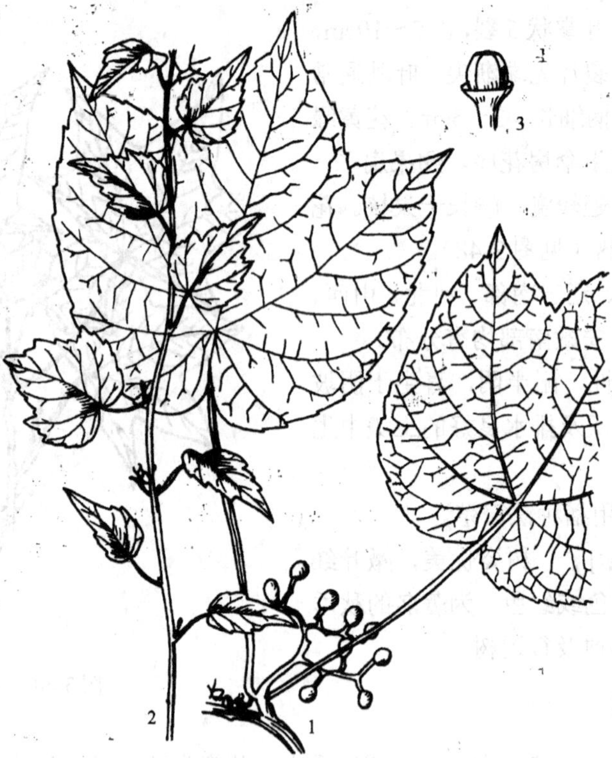

图 3-49　爬山虎

1——果枝；2——幼枝；3——花蕾

（二十）锦葵科

草本、灌木或乔木。枝含粘液，富韧皮纤维。托叶小，早落。花两性，罕单性，整齐，腋生或顶生。萼片 3～5 裂，常有副萼。花瓣 5 片，雄蕊多数，花丝结合成柱状，成单体雄蕊。子房上位，2 至多室，每室 1 至多数胚珠。花柱与心皮同数或为其 2 倍。蒴果，种子有少量胚珠。

本科约 80 属 1 500 种，广布于热带和温带地区，尤其以热带美洲为多。我国有 13 属约 50 余种，常见种类有木槿、扶桑、木芙蓉、蜀葵、锦葵、吊灯花等。

木槿

[形态]　落叶灌木或小乔木，高 2～6m。小枝幼时密被绒毛，后渐脱落；叶菱状卵形，长 3～6cm，基部楔形，端部常 3 裂，裂缘缺刻状，仅背面脉上稍有毛；叶柄长 0.5～2.5cm。花单生叶腋，径 5～8cm，单瓣或重瓣，有紫、白、红等色。蒴果卵圆形，径约 1.5cm，密被星状绒毛。花期 6～9 月，果熟期 9～11 月（见图 3-50）。

[分布]　原产我国中部，现东北以南地区均有栽培，尤以长江流域为多。

[习性]　　喜光，也耐半阴；喜温暖湿润气候，耐寒性不强；耐干旱及贫瘠土壤。

[繁殖]　　可用播种、扦插、压条等方法繁殖。

[观赏特性及用途]　　夏秋开花，花期长而花朵大，且有许多不同花色、花形的品种，为良好的观花灌木。常作围篱或基础种植用，也宜丛植于草坪或林缘。全株各部均可入药。

（二十一）山茶科

常绿或落叶乔木，或为灌木。单叶，互生，无托叶。花通常两性，整齐，常单生于叶腋或成总状或圆锥花序。苞片 1 对；萼片 5 裂，罕为多数。花瓣 5 片，偶为更多。离生或基部连合，覆瓦状排列或回旋状排列。雄蕊多数，罕为 15 或更少，离生或基部合生成 5 束与花瓣靠近。子房上位，2～10 室，各有 1 至多数胚珠；花柱与心皮同数或连合成 1 个。果为蒴果或核果状。种子 1 至多数，胚弯或直，胚乳稀少或无。

本科 30 属 500 种，分布于热带及亚热带，一些种属可延伸分布至温带。我国有 15 属约 190 种，主要分布于长江以南各地，常见种类有山茶、滇山茶、油茶、茶梅、茶、木荷、厚皮香等。

山茶（耐冬、曼陀罗树）

[形态]　　常绿小乔木或灌木，高可达 15m。全株无毛。叶革质，卵形至椭圆形，先端渐尖，基部楔形，锯齿细，上面暗绿色，有光泽，下面淡绿色。花单生叶腋或枝顶、无梗，通常红色，花瓣 5～7 片，近圆形。蒴果近球形，无毛。花期 2～4 月，果熟期 10～11 月（见图 3-51）。

图 3-50　木槿

图 3-51　山茶

[分布]　原产我国，日本也有分布。我国东部及中部多有栽培。

[习性]　喜半阴，喜温暖湿润气候，严寒、炎热、干燥气候都不适宜生长。适温 18～25℃。耐寒能力因品种不同有差异。喜肥沃湿润排水良好的酸性沙壤土。不耐碱性土，不耐修剪，寿命长。

[繁殖]　可用播种、扦插、嫁接等法繁殖。

[观赏特性及用途]　山茶树姿优美，四季常青，叶色翠绿而有光泽，花大色艳，花期长，有“世界名花”的美称，是丰富园林景点和布置会场、厅堂的好材料。

（二十二）仙人掌科

多年生草本或近木质、肉质植物，茎球形、圆柱形或多棱形等，具刺或刺毛；茎常缩短成节块；叶退化；花单生或簇生，大而美丽，花色丰富。花被结合或分离，雄蕊多数，雌蕊子房下位，侧膜胎座；胚珠多数，浆果具刺毛，多汁。

本科植物约 150 属 2 000 余种，原产于南美及北美热带、亚热带大陆及附近一些岛屿，部分生长在森林中。我国原产 1 属 2 种，其他种类多为引入栽培的。

本科植物常见的种类有仙人掌、仙人球、令箭荷花、山影拳、蟹爪、昙花、量天尺、虎刺等。

仙人掌

[形态]　多年生常绿肉质植物，茎直立，扁平多枝，形状因种而异，扁平枝密生刺窝，刺的颜色、长短、形状、数量、排列方式因种而异，花色鲜艳，颜色也因种而异，花期 4～6 月。肉质浆果，成熟时暗红色（见图 3-52）。

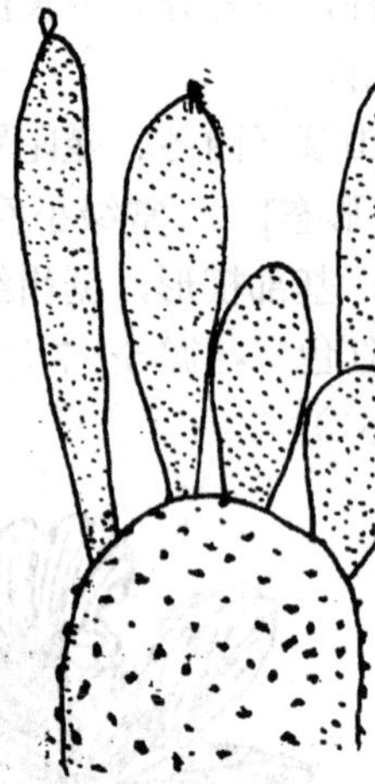

图 3-52　仙人掌

[分布]　大多原产美洲，少数产于亚洲，现世界各地都广为栽培。

[习性]　喜温暖和阳光充足的环境，不耐寒，冬季需保持干燥，忌水涝，要求排水良好的沙质土壤。

[繁殖]　常用扦插繁殖。

[观赏特性及用途]　仙人掌姿态独特，花色鲜艳，常作盆栽观赏。一些仙人掌的果实还可食用，茎肉可作药用。多刺的种类在南方常作攀篱。

（二十三）千屈菜科

草本、灌木或乔木。叶对生或轮生，稀为互生。托叶小或缺。花两性，一般辐射对称，成顶生或腋生总状、圆锥或聚伞花序。萼筒管状，常有棱，萼片 4 或 8 枚，稀为 16 枚。花瓣与萼片同数，覆瓦状排列，有时缺。雄蕊插生萼筒上，常为花瓣的 2 倍，有时缺少或较多。

子房上位，2～6 室，稀为 1 室；花柱 1，柱头全裂或稍 2 裂；胚珠多数，生中轴胎座上，蒴果。种子无胚乳。

本科 24 属约 475 种。分布于热带及温带，尤以热带美洲最多。我国 10 属约 30 种，常见种类有紫薇、大花紫薇等。

紫薇（痒痒树、百日红）

[形态]　落叶灌木或小乔木，高可达 7m，树冠不整齐，枝干屈曲光滑，树皮秋冬块状脱落。小枝略呈四棱形。叶对生或近于对生，椭圆形，全缘，先端尖，基部阔圆，叶表平滑无毛，叶背沿中肋有毛。花圆锥状丛生于枝顶，花瓣皱缩，鲜红、粉红或白色。花期 7～9 月。朔果广椭圆形，11～12 月成熟（见图 3-53）。

图 3-53　紫薇

[分布]　产于亚洲南部及澳洲北部，我国长江流域、华东、华中、华南和西南各省均有分布。

[习性]　喜光，耐半阴。喜温暖湿润气候，有一定的耐寒力。喜肥沃深厚排水良好的土壤，耐旱怕涝。萌芽力、萌蘖性强，耐修剪、易整形。

[繁殖]　播种、扦插、压条等方法繁殖。

[观赏特性及用途]　紫薇树姿优美，树皮光滑洁净，盛夏开花，花色艳丽，花期长，是夏季优良的园林树木。最宜植于庭园及建筑物前，也宜栽于池畔、路边及草坪等处。

（二十四）桃金娘科

常绿乔木或灌木。具芳香油。单叶，对生或互生，全缘，具透明油腺点，无托叶。花两性，整齐，单生或集生成花序，萼 4～5 裂，花瓣 4～5 片；雄蕊多数，分离或成簇与花瓣对生，花丝细长，子房下位，1～10 室，每室 1 至多数胚珠，中轴胎座，花柱 1。浆果、蒴果，稀核果或坚果；种子多有棱，无胚乳。

本科约 75 属 3 000 种，浆果类主产热带美洲，蒴果类主产澳洲。我国有 8 属约 65 种，引入 6 属 50 余种，常见种类有蓝桉、柠檬桉、大叶桉、百千层、红千层、番石榴、蒲桃等。

大叶桉

[形态]　乔木，高 25～30m。树干挺直，树皮暗褐色，粗糙纵裂，不剥落。小枝淡红色，略下垂。叶革质，卵状长椭圆形至广披针形，长 8～18cm，宽 3～7.5cm，先端渐尖或渐长尖，基部圆形，侧脉多而细，与中脉近成直角；叶柄 1～2cm。花 4～12 朵成伞形花序，总梗粗

而扁，花径 1.5～2cm。蒴果碗状，径 0.8～1cm。花期为 4～5 月和 8～9 月；花后约 3 个月果熟（见图 3-54）。

[分布]　原产澳大利亚。我国西部和南部有栽培。

[习性]　性喜充分阳光，喜温暖而略湿润的气候，能耐-5℃左右的低温；喜肥沃湿润的酸性或微酸性土壤。

[繁殖]　一般用播种繁殖，也可用扦插繁殖。

[观赏特性及用途]　树干高大挺直，树姿优美，在华南地区可作行道树、庭园树，也是重要的造林树种和沿海地区防风林树种，又是蜜源植物。叶及小枝可提取芳香油；叶供药用。

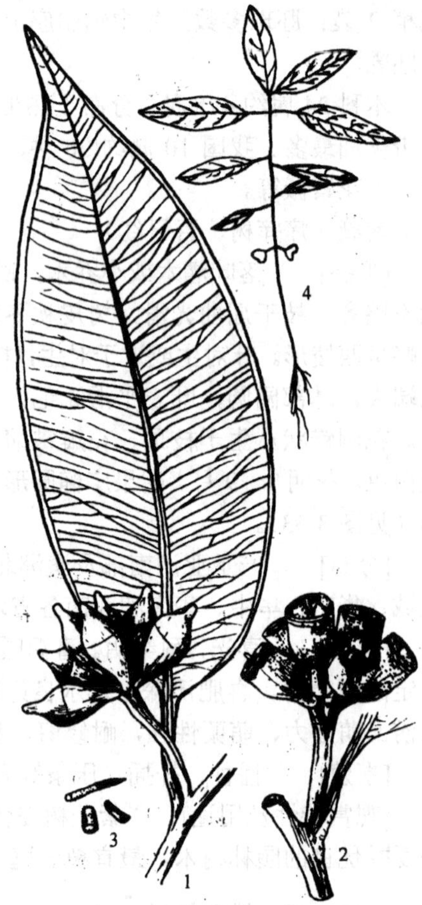

图 3-54　大叶桉

1——花枝；2——果序；3——种子；4——幼苗

（二十五）杜鹃花科

常绿或落叶，灌木或小乔木。单叶互生，稀对生或轮生，无托叶。花两性，辐射对称或两侧对称，单生或成总状、伞状、圆锥花序；花萼 4～5 裂，宿存；花冠裂片与花萼同数，在花芽中覆瓦状或啮合状排列，呈轮状、钟状、漏斗状或坛状；雄蕊为花冠裂片数的 2 倍或同数；花药 2 室，常有尾状附属物，孔裂，生于花盘基部，子房上位或下位，2～5 室，每室多数胚珠；花柱单一，柱头不裂。蒴果、浆果或核果；种子微小，多数，有胚乳。

本科约 75 属 1 350 种。主要分布于亚洲东部和非洲南部的亚寒带、温带及热带高山地区。我国约 20 属 700 多种，常见种类有杜鹃、满山红、白花杜鹃、蓝荆子、照山白、马缨杜鹃、锦绣杜鹃、大树杜鹃、灯笼花、马醉木等。

杜鹃（映山红）

[形态]　落叶灌木，高 3m；分枝多，枝细直，老枝灰黄色，无毛，幼枝有棕色扁平的糙状毛。叶纸质，卵状椭圆形或椭圆状披针形，长 3～5cm，叶表毛较稀，叶背较密。花 2～6 朵簇生枝端，花鲜红色、深红色。花期 4～6 月，果熟期 10 月（见图 3-55）。

[分布]　分布于我国长江流域和珠江流域各省，东至台湾西至四川、云南等。

[习性]　喜酸性土，忌碱性和粘质土壤；喜半荫，稍耐寒，喜凉爽湿润、通风良好的气候，惧烈日暴晒。

[繁殖] 扦插为主，亦可播种、压条、嫁接及分株繁殖。

[观赏特性及用途] 花茂色艳，花径大而艳丽，宜成片种植，园林中常设杜鹃专类园。是室内摆花的好材料。

（二十六）木樨科

常绿或落叶灌木、乔木或藤本。单叶，3 出复叶或羽状复叶，对生，稀为互生或轮生，无托叶。花两性，稀单性，辐射对称，成腋生或顶生的总状、聚伞或圆锥花序；花被两轮，稀无花瓣；萼通常 4 裂，稀有无萼片者；花冠合瓣，通常 4 裂，覆瓦状排列；雄蕊 2 枚，分离；花药 2 室，纵裂；心皮 2 个，合生；子房上位，2 室，中轴胎座，每室通常 2 个胚珠，倒生，花柱 1 或缺，柱头 1～2 个。果为浆果、核果、蒴果或翅果。种子具直胚，胚乳有或缺。

本科有 29 属约 600 种，广泛分布于温带和热带。我国有 12 属约 180 种，南北各省均有分布，常见种类有白蜡、水曲柳、绒毛白蜡、连翘、金钟花、暴马丁香、紫丁香、流苏树、女贞、小叶女贞、桂花、茉莉、迎春、素方花、探春等。

1．白蜡树

[形态] 落叶乔木，高达 15m。复叶；小叶 5～9 枚，卵圆形，叶基常不对称，缘有锯齿，叶表无毛，背面沿脉有柔毛。圆锥花序顶生或侧生于当年枝条上，无花瓣，花萼钟状，翅果倒披针形。花期 3～5 月，果熟期 9～10 月（见图 3-56）。

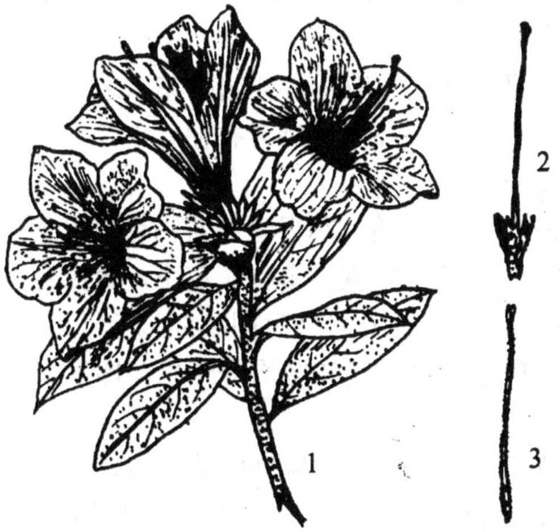

图 3-55 杜鹃

1——花枝；2——去花瓣及雌蕊之花；3——雄蕊

图 3-56 白蜡树

1——果枝；2——雄花枝；3——雄花

[分布]　北自我国东北中南部，南达广东、广西，西至甘肃均有分布。

[习性]　喜光，稍耐阴；喜温暖湿润气候，颇耐寒；喜湿耐涝、耐干旱；对土壤要求不严；抗烟尘及二氧化硫等有害气体。

[繁殖]　播种或扦插繁殖。

[观赏特性及用途]　树形端正，树干通直，枝叶繁茂而鲜绿，秋叶橙黄，是优良的行道树或遮荫树。材质优良；枝叶可放养白蜡虫，用于制取白蜡等。

2．连翘

[形态]　落叶灌木，株高约3m。枝干丛生，小枝黄色，拱形下垂，中空。叶对生，单叶或3小叶，卵形或卵状椭圆形，缘具齿。花黄色，1～3朵生于叶腋。花期3～4月，先花后叶。

[分布]　原产中国北部、中部及东北各省，全国各地均有栽培。

[习性]　喜光，耐寒，耐干旱瘠薄，怕涝，适生于深厚肥沃的钙质土壤中。

[繁殖]　播种或扦插法繁殖。

[观赏特性及用途]　连翘为北方早春的主要观花灌木，黄花满枝，明亮艳丽。适于角隅、路缘、山石旁孤植或丛植。

3．紫丁香

[形态]　灌木或小乔木，高5m。小枝粗壮无毛、灰色。叶广卵形，通常宽大于长，先端短渐尖，基部心形，单叶对生，全缘，光滑；花紫色；蒴果长圆形；花期在4～5月，果熟期9～10月（见图3-57）。

[分布]　分布于吉林、辽宁、内蒙古、河北、山东、陕西、甘肃、四川等省。

[习性]　喜光，稍耐阴；耐寒、耐旱，忌地湿；喜湿润、肥沃、排水良好的土壤。

[繁殖]　播种、扦插、嫁接、分株、压条繁殖。

[观赏特性及用途]　枝叶茂密，花美而香，是我国北方应用最普遍的花木之一，宜栽植于庭园、路边、草坪一角、墙角、窗前等。种子可入药，花可提制芳香油。

4．桂花（木樨、岩桂）

[形态]　为常绿灌木或小乔木，株高约15m，树皮粗糙，灰褐色或灰白色。叶对生，椭圆形、卵形至披针形，全缘或上半部疏生细锯齿。花簇生叶腋，伞状，花小，黄白色，极芳香。通常可连续开花两次，前后相隔15天左右。花期9～10月（见图3-58）。

[分布]　中国西南部、四川、云南、广西、广东和湖北等省区均有野生，印度、尼泊尔、柬埔寨也有分布。

[习性]　喜光，但在幼苗期要求有一定的庇荫。喜温暖和通风良好的环境，不耐寒。适生于土层深厚、排水良好的土壤，富含腐殖质的偏酸性沙质壤土，忌碱性土和积水。

[繁殖]　多用嫁接繁殖，压条、扦插也可。嫁接可用小叶女贞等作砧木。

[观赏特性及用途]　桂花终年常绿，花期正值仲秋，有“独占三秋压群芳”的美誉，

园林中常作孤植、对植，也可成丛成片栽植。为盆栽观赏的好材料。

图 3-57　紫丁香

图 3-58　桂花

1——花枝；2——果枝；3——花冠展开；

4——雄蕊；5——去花冠及雄蕊之花

5．女贞

[形态]　常绿乔木。树皮灰色，枝具皮孔。叶革质，宽卵形至卵状披针形，长 6～12cm，全缘。圆锥花序顶生。核果圆形，蓝黑色。花期 6 月，果熟期 11～12 月（见图 3-59）。

[分布]　产长江流域以南各省区，甘肃南部及华北南部多有栽培。

[习性]　喜光，稍耐阴；喜温暖，不耐寒；喜湿润，不耐干旱；适生于湿润土壤；抗二氧化碳、氯气和氟化氢等有毒气体。

[繁殖]　播种、扦插繁殖。

[观赏特性及用途]　终年常绿，夏日开白花，是长江流域常见的绿化树种，常于庭园栽植或作绿篱树种。果、枝、叶、种子、根皆可入药。

（二十七）唇形科

草本或灌木，常含芳香油。茎直立，四棱形。叶为单叶对生或轮生。花生于叶腋，成轮伞花序或聚伞花序，然后再排列成总状、圆锥状、头状或穗状花序。花两性，少单性，左右对称，稀近辐射对称；萼 5 裂，少 4 裂，宿存；花冠唇形，5 裂，少 4 裂。雄蕊 4 个，2 长 2 短，为二强雄蕊，有时雄蕊 2 个。雌蕊由 2 个心皮构成，裂为 4 室，每室有 1 个胚珠，花柱 1 生于子房的基部，花盘明显。子房上位，果实为 4 个小坚果。种子无胚乳或少数种子有胚乳。

本科植物有 220 属 3 500 余种，主要分布在地中海地区和中亚地区。我国有 99 属 800 余种，分布于全国各地，常见种类有一串红、丹参、留兰香、薄荷、益母草、鼠尾草、芝麻花、半枝莲等。

一串红（西洋红、墙下红）

[形态]　多年生草本，常作一、二年生栽培，株高 30～80cm，方茎直立，光滑。叶对生，卵形，边缘有锯齿。轮伞状总状花序着生于枝顶，唇形花冠，花冠、花萼同色，花萼宿存。变种有白色、粉色、紫色等，花期 7 月至霜降。小坚果，果熟期为 10～11 月（见图 3-60）。

图 3-59　女贞

图 3-60　一串红

[分布]　原产巴西，我国各地广泛栽培。

[习性]　喜温暖、湿润、阳光充足的环境，适应性较强，不耐寒，对土壤要求一般，较肥沃即可。

[繁殖]　以播种繁殖为主，也可用于扦插繁殖。

[观赏特性及用途]　常用作花坛、花境的主体材料，在北方地区常作盆栽观赏。

（二十八）玄参科

一年生或多年生草本，少为灌木及乔木。叶多对生，少为互生或轮生，无托叶。花序总状、穗状或聚伞状，或组成圆锥花序；花两性，多为两侧对称；花萼 4～5 裂，花冠合瓣，4～

5（8）裂，通常成2唇形，裂片在芽中覆瓦状排列；雄蕊4个，2强，着生在花筒上。蒴果，2瓣裂，种子多数，具胚乳。

本科约190属3 000种以上，我国有57属642种，常见种类有泡桐、毛泡桐等。

毛泡桐

[形态]　落叶乔木，高达20m，树皮褐灰色；叶全缘或具3～5浅裂，叶柄常有粘性腺毛；聚伞圆锥花序的侧枝不发达，小聚伞花序具有3～5朵花，花萼浅钟状，密被星状绒毛，5裂至中部，花冠紫色漏斗状钟形；蒴果卵圆形，外果皮革质；花期5～6月，果期8～9月（见图3-61）。

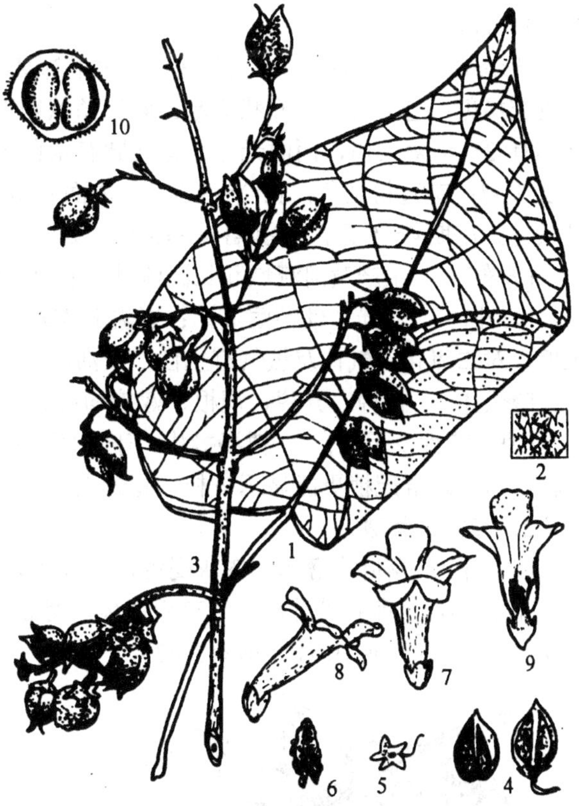

图3-61　毛泡桐

1——叶；2——叶下面放大，示毛；3——果序；4——果瓣；5——果萼；6——种子；7、8——花；9——花纵剖面；10—子房横剖面

[分布]　辽宁南部、河北、河南、山东、江苏、安徽、湖北、江西都有栽培。

[习性]　强阳性树种，不耐庇荫。对温度适应范围较宽。根系近肉质；怕积水而较耐旱；不耐盐碱，喜肥。对二氧化碳、氯气、氟化氢气体抗性较强。

[繁殖]　通常用埋根、播种、埋干、留根等方法。生产上多用埋根法。

[观赏特性及用途]　树干端直，树冠宽大，叶大荫浓，花大而美，宜作行道树、庭荫树及四旁绿化。

（二十九）紫葳科

常绿或落叶乔木、灌木或木质藤本，稀为草本。叶对生，稀互生，单叶或羽状复叶，也有掌状复叶；无托叶。花两性，大而美丽，近两侧对称。花集生为顶生或腋生的总状、聚伞或圆锥花序，少有单生或丛生，具苞片和小苞片，花萼筒状或钟状；花冠钟状、漏斗状或管状，具4～5裂，常为2唇形；雄蕊4～5个，很少5个都发育，且与花冠裂片同数而互生，着生于花冠管上；子房上位，基部具花盘，1或2室，胚珠多数侧膜胎座；花柱细长，柱头2裂。蒴果；种子多数，侧扁具翅。

本科约 120 属 650 种，主要分布在热带地区。我国约有 22 属 49 种，南北各省均有分布，常见种有梓树、楸树、黄金树、凌霄等。

1．楸树

[形态]　落叶乔木，高可达 30m。树干耸直，主枝开阔伸展，多弯曲；小枝向上抱团长；树皮灰褐色；老年树干上瘤状突起。叶三角状卵形，长 6～16cm，顶端尾尖，全缘，有时近基部有 3～5 对尖齿，两面无毛，背面脉有紫色腺斑。总状花序伞房状排列，顶生。萼片顶端 2 尖裂；花冠粉红色，长 2～3.5cm，内面有紫红色斑点。蒴果长 25～50cm；种子扁平，具长毛。花期 4～5 月，果熟期 9～10 月（见图 3-62）。

[分布]　主产黄河流域和长江流域。北京、河北、内蒙古、安徽、浙江等地也有分布。

[习性]　喜光，幼苗耐庇荫；喜温暖湿润气候，不耐严寒；不耐干旱和水湿；喜肥沃土壤。对二氧化硫气体及氯气有抗性；吸滞灰尘、粉尘能力较高。

[繁殖]　播种、分蘖、埋根、嫁接均可。

[观赏特性及用途]　树姿挺拔，干直荫浓；花紫白相间，艳丽悦目，宜作庭荫树及行道树，与建筑群配植更能显示古朴、苍劲之树姿。

2．凌霄（紫葳）

[形态]　落叶大藤木。树灰褐色，条状细纵裂。小枝紫褐色。1 回奇数羽状复叶，小叶 7～9 枚，卵形至卵状披针形，缘有粗锯齿，两面无毛。花大鲜红色。蒴果狭长，先端钝。花期 7～9 月，果熟期 10 月（见图 3-63）。

图 3-62　楸树

图 3-63　凌霄

[分布]　原产于我国中部、长江中下游、江苏、江西、湖南、湖北等地山谷河边。

[习性]　　喜光，略耐阴。喜温暖湿润气候，有一定的耐寒力。喜肥沃土壤，耐干旱，较耐湿，萌蘖性、萌芽力都很强，耐修剪，根系发达生长快。

[繁殖]　　扦插、压条繁殖成活率很高。

[观赏特性及用途]　　干枝虬曲多姿，翠叶团团如盖，花大色艳，为庭园中棚架、花门的良好绿化材料，是理想的垂直绿化树种。

（三十）忍冬科

通常为落叶灌木，稀小乔木。单叶或羽状复叶，对生，通常为托叶。花两性，辐射对称或两侧对称，常成聚伞花序；花萼 5 裂或 3～4 裂；花冠 4～5 裂，有时成 2 唇形。雄蕊与花冠裂片同数且互生；雌蕊由 2～5 个心皮合生；子房下位，1～5 室，每室具胚珠 1 至多数，中轴胎座。果为浆果、核果或蒴果；种子具胚乳。

本科约 15 属 450 种，分布于温带地区。我国有 12 属 207 种，广泛分布于全国各地区，常见种类有锦带花、海仙花、猥实、糯米条、金银花、金银木、天目琼花等。

锦带花（文官花）

[形态]　　落叶灌木，高 3m。干皮灰色。幼枝有 2 棱，上被柔毛。叶椭圆或倒卵状椭圆形，先端渐尖，基部圆或楔形，上面疏有柔毛，下面毛密。花由玫瑰红色渐变为浅红色。花期 4～6 月，果熟期 10 月（见图 3-64）。

图 3-64　锦带花

[分布]　　原产于我国东北，华北，南至山东、江苏北部。

[习性]　　喜光，耐半荫。耐寒，耐旱，喜腐殖质多、排水良好的土壤，忌积水，耐瘠薄。萌芽力、萌蘖性都很强。生长快。

[繁殖]　　常用扦插、分株、压条法繁殖。为选育新品种可采用播种繁殖。

[观赏特性及用途]　　锦带花枝叶繁密，色艳丽，花期长，是东北、华北地区重要的花灌木。可丛植于草坪、园路叉口。

（三十一）菊科

草本稀木本，有的具乳汁。单叶互生，稀对生，无托叶。头状花序，下边有一至多层总苞片；每个头状花序有的全为舌状花，有的全为管状花，有的外围的花为舌状花、中央为管状花。花两性或单性，萼片常变成冠毛状或鳞片状；花瓣 5 片，合生；雄蕊 5 枚，花药聚合为聚花雄蕊，雌蕊由2个心皮合生，柱头2裂，子房下位，1室，瘦果，种子无胚乳。

本科约有1 000属25 000～30 000种，主要分布于北温带。我国有230属2 300多种，全国各地均有分布，常见的种类有野菊、菊花、向日葵、蒲公英、翠菊、金盏菊、波斯菊、蛇目菊、矢车菊、雏菊、非洲菊、万寿菊、大丽花等。

菊花

[形态]　多年生草本花卉，株高60～150cm，茎直立多分枝，小枝绿色或带灰褐，被灰色柔毛。单叶互生，有柄，边缘有缺刻纹锯齿，托叶有或无，叶表有腺毛，分泌一种菊叶香气，头状花序单生或数个聚生茎顶，花序直径为2～30cm，花序边缘为舌状花，中心为筒状花，花色丰富，有黄、白、红、紫、灰、绿等色。花期一般在10～12月，也有夏季、冬季及四季开花等不同生态型。瘦果细小褐色（见图3-65）。

图3-65　菊花

[习性]　菊花原产我国。适应性很强，喜凉，较耐寒，生长适温18～21℃，最高32℃，最低10℃，地下根茎耐温极限一般为-10℃。喜充足阳光，但也稍耐阴。较耐干，最忌积涝。喜地势高燥、土层深厚、富含腐殖质、疏松肥沃而排水良好的沙壤土，在微酸性到中性的土中均能生长。菊花为短日照花卉。对二氧化硫和氯气等有毒气体有一定抗性。

[繁殖]　以扦插为主，也可用播种、嫁接、分株的方法繁殖。

[观赏特性及用途]　菊花是“十大名花”之一，品种繁多，色彩丰富，形态各异，有极高的观赏价值。盆栽标本菊可进行室内布置，切花可瓶插或制成花束、花篮，还有大立菊、悬崖菊、塔菊、孔菊、盆景等各种造型。此外，大面积栽培地被菊，有很好的宏观观赏效果。

二、单子叶植物

单子叶植物种子的胚，常具1顶生子叶，茎内的维管束无形成层和次生组织，不能增粗生长。叶脉常为平行脉或弧形脉，一般主根不发达，常为须根系。

（一）禾本科

一年生或多年生草本，有时为木本。地上茎通称秆，秆有显著而实心的节与通常中空的节间。单叶互生，排列2列，秆上的叶鞘通常狭长，叶片全缘；叶鞘与叶片间常有呈膜质或纤毛状的叶舌；叶片基部两侧有时还有叶耳。花序顶生或腋生，由多数小穗排成穗状、总状、头状或圆锥花序；小穗有小花 1 至多朵，排列在小穗轴上，基部有 1～2 片不孕的苞片（称为颖）。花通常两性，由外稃和内稃包被着，每小花有 2～3 片透明的小鳞片（称为鳞被）；雄蕊 1～6 枚，通常 3 枚；雌蕊 1 枚。子房 1 室，花柱通常 2 裂，柱头呈羽毛状。颖果，少数为浆果。

本科有竹亚科、禾亚科两个亚科约 600 属 6 000 多种，广布于世界各地。我国约 190 余属 1 200 多种，常见种类有：竹亚科的毛竹、早园竹、刚竹、桂竹、孝顺竹、罗汉竹、黄槽竹、方竹、佛肚竹、箬竹、斑竹、紫竹；禾亚科的野牛草、结缕草、狗牙根、羊茅草、早熟禾、多年生黑麦草、匍茎翦股颖等。

1. 毛竹（楠竹）

[形态] 大型竹，秆高达 20m 以上，径 12～25cm，节间短，壁厚，新秆密被白粉和细柔毛，分枝以下仅箨环微隆起，秆环不明显，箨环被一圈脱落性毛。秆箨密生棕褐色毛及黑褐色斑点；箨耳小，肩毛发达；箨舌宽短，弓形，两侧下延；箨叶绿色，长三角形至披针形。叶片相对较细小，长 4～11cm，宽 0.5～1.2cm。笋期 3 月底 4 月初（见图 3-66）。

图 3-66 毛竹

1、2——笋箨背腹面；3——叶枝；4——花枝

[分布] 原产中国秦岭、汉水流域及长江流域以南海拔 1 000m 以下广大酸性山地。分布很广，东起台湾，西至云南东北部，南自广东和广西中部，北至安徽北部、河南南部，其中浙江、江西、湖南为分布中心。

[习性] 喜温暖湿润的气候，要求年平均温度 15～20℃，耐极端最低温度-16.7℃，年降水量 800～1 000mm 比较适宜；喜空气相对湿度大；喜肥沃、深厚、排水良好的酸性沙壤土，干燥的沙荒石砾地、盐碱地和排水不良的低洼地均不利生长。

[繁殖] 可用播种、分株、埋鞭等法繁殖。

[观赏特性及用途] 秆高叶翠，四季常青，秀丽挺拔，值霜雪而不凋，历四季而常茂，颇为娇艳，雅俗共赏。自古以来常植于庭园曲径、池畔、溪间、山坡、石际、天井、景门，

以至室内盆栽观赏。与松、梅共植，誉为“岁寒三友”，可点缀园林。在风景区大面积种植，谷深林茂、云雾缭绕，竹林中有小径穿越，曲折、幽静、深邃，可形成“一径万竿绿参天”的景观。

2．结缕草

[形态]　多年生草本。具根状茎。秆直立，高达 15cm。叶鞘无毛；叶舌短似纤毛状，叶形为条状披针形；叶片长 2～5cm，宽约 5mm。总状花序，长 2～6cm，小穗柄可长于小穗并常弯曲，小穗卵圆形，两侧压扁，含 1 小花；第一颖短，第二颖革质，边缘下部连结，包内外稃。花果期为春夏季（见图 3-67）。

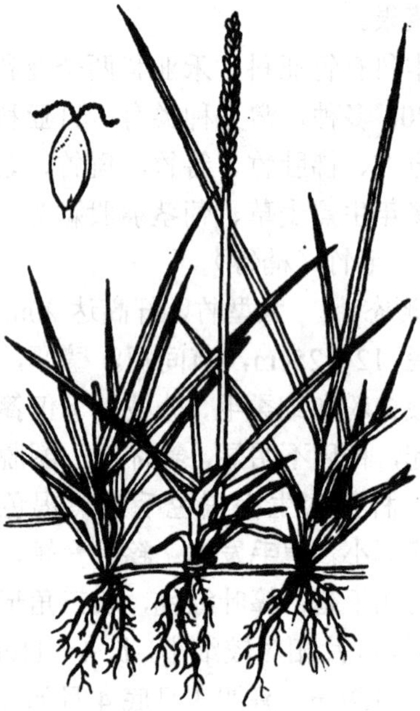

图 3-67　结缕草

[分布]　我国东北至华东一带，朝鲜及日本也有。

[习性]　本种抗旱性强，也耐寒、耐阴，枝叶密集又耐践踏。根系深，为良好的固土植物。冬季霜后枯萎。

[繁殖]　播种繁殖。

[观赏特性及用途]　结缕草耐干旱又耐阴，草形低矮，有弹性，耐践踏，且与杂草竞争力强，绿色期可达 210 天左右，4 月即可返青，因此是铺种运动场草坪的优良材料，也可在公园内人流频繁践踏处铺种，供游人休息、娱乐之用。

（二）百合科

多年生草本，少为木本，常具根状茎、鳞茎。单叶互生、对生、基生，少为轮生，叶有时退化为膜质鳞片，花序常为总状或聚伞状。花两性，辐射对称，少单性。花被花瓣状，排列为两轮共 6 枚，离生或合生；雄蕊与花被同数，通常 6 枚，排成两轮；雌蕊由 3 个心皮合生，子房上位，3 室。蒴果或浆果。种子有胚乳。

本科植物约有 200 多属 2 800 多种，广泛分布于世界各地，以温带和亚热带最多。我国有 61 属 600 多种，全国均有分布，以西南地区为最多。

本科植物常见的种类有麝香百合、百合、玉竹、文竹、贝母、吊兰、一叶兰、山丹、卷丹、玉簪、萱草、芦荟、风信子、凤尾兰、绿兰、朱蕉、郁金香等。

1．麝香百合

[形态]　多年生草本，株高 50～100cm，鳞茎扁球形，乳白色，高约 2.5～5cm。叶散生，窄披针形，长 15cm 左右。花数朵顶生，具淡绿色长花筒，花被 6 片，前部外翻呈喇叭

状，乳白色，全长 10～18cm，花柱细长，花丝和柱头均伸出花被之外，花期 6～7 月。蒴果，果熟期 9 月中、下旬，内有多数扁平膜质状种子，排列紧密（见图 3-68）。

图 3-68 麝香百合

[习性] 原产我国台湾和琉球群岛（日本托管，但主权不属于日本），在原产地多生长在海边的珊瑚岩上。喜温暖而不耐寒，要求强烈的光照条件，如光照弱，会减少开花，喜微酸性、腐殖质丰富、排水良好的粘质土壤，在干燥的石灰质土壤中生长不良。

[繁殖] 以分栽鳞茎、培植株芽等方法繁殖为主，也可以用鳞片扦插和播种繁殖。

[观赏特性及用途] 麝香百合花朵硕大，皎洁无暇，香气宜人，端庄素雅。主要作切花用，也用以布置花坛、花境、点缀庭园。也可作盆栽。

2．凤尾兰

[形态] 灌木或小乔木。干短，有时分枝，高可达 5m。叶密集，螺旋状排列茎端，质坚硬，有白粉，剑形，长 40～70cm，顶端硬尖，边缘光滑；老叶有时具疏丝。圆锥花序高 1m 多，花大而下垂，果椭圆状卵形，不开裂。花期 6～10 月。

[分布] 原产于北美东部及东南部。现我国长江流域各地普遍栽植。

[习性] 喜光，亦耐阴。适应性强，能耐干旱、寒冷。据苏联记载，−15℃时仍能正常生长无冻害。除盐碱地外，各种土壤都能生长，耐干旱瘠薄、耐湿。生长快。耐烟尘，对多种有害气体抗性强。茎易产生不定芽。萌芽力强。

[繁殖] 扦插或分株繁殖，地上茎切成片状养于浅盆中，可发育出芽来作桩景。

[观赏特性及用途] 花大、树美、叶绿，是良好的庭园观赏树木，常植于花坛中央、建筑前、草坪中、路旁，或栽作绿篱用。

（三）石蒜科

草本，具鳞茎，叶基生，细长，全缘。花两性，辐射对称或两侧对称，单生或数朵排成顶生，伞形花序，具佛焰状总苞。花被瓣状，6 枚，分离或基部连合成筒，具副花冠或无。雄蕊 6 枚 2 轮，花丝基部常连合成筒，或花丝间有鳞片，子房上位或下位，3 室，蒴果或肉质不开裂，种子有胚乳。

本科植物有 90 属 1 200 种，分布于温带地区。我国约有 6 属 90 多种，分布于南北各省。

常见种类有水仙、石蒜、晚香玉、葱兰、韭莲、雪钟花、雪滴花、大花君子兰、朱顶红等。

水仙

[形态]　多年生草本，鳞茎卵球状，径 5～8cm，由鳞茎盘及肥厚的肉质鳞片组成，鳞茎盘上着生芽，鳞茎外被褐色干膜质薄皮。须根白色，细长。每芽有 4～9 片叶子，叶扁平带状，先端钝圆，面上有霜粉。每球一般抽花 1～7 支或更多，花梗扁筒状，高 20～30cm，伞形花序，着花 7～11 朵，花被基部连合为筒，裂片 6 枚，白色，中心部位有副花冠一轮，鲜黄色，浅杯状，芳香浓郁，花期 12 月至次年 3 月。蒴果，种子空瘪（见图 3-69）。

图 3-69　水仙

[分布]　原产于我国，在浙江、福建、台湾等地有野生。

[习性]　水仙是秋植球根花卉，冬季生长，早春开花，6 月上、中旬，地上部分枯萎进入休眠期。水仙生长要求冬季温暖而湿润的气候，尤以冬无严寒、夏无酷暑、春秋多雨的地方为好。喜阳光充足，也耐半阴。要求疏松而又湿润，含有大量腐殖质和充足肥料的土壤。

[繁殖]　水仙为三倍体植物，具有高度不孕性，靠分栽小鳞茎来繁殖。

[观赏特性及用途]　水仙是我国传统的冬季室内盆栽花卉，既宜案头供养，也宜床前点缀。江南温暖地区，也可露地栽植，散植于庭园一角，或布置于花台、草地，清雅宜人。水仙也是良好的切花材料。

（四）鸢尾科

多年生草本，有根状茎、球茎或鳞茎。叶常聚生在茎基部，剑形或线形，常沿中脉对折成 2 裂。花两性，辐射对称或两侧对称，花被 6 片，花瓣状，2 轮，茎部常合生，成管状。雄蕊 3 枚，雌蕊子房下位，中轴胎座，胚珠多数，柱头 3 裂，常呈花瓣状，或分裂，为聚伞花序，果实为蒴果。

本科植物约有 60 属 1 500 种，分布于世界各地，我国原有 2 属，引入栽培 7 属 50 余种，全国各地均有分布。常见种类有唐菖蒲、马蔺、鸢尾、射干、小苍兰等。

鸢尾

[形态]　多年生草本，地下具根状茎，粗壮。叶剑形，基部重叠互抱成二列，长 30～50cm，宽 3～4cm，革质。花梗从叶丛中抽出，单一或二分枝，高与叶等长，每梗顶部着花 1～4 朵，花被片 6，外轮 3 片较大，外弯或下垂，花柱花瓣状，覆盖着雄蕊，花蓝紫色，花期 5

月。蒴果长圆形，具 6 棱，种子黑褐色（见图 3-70）。

[习性]　我国西南、陕西、江浙各地及日本、缅甸皆有分布。耐寒力强，根状茎，在我国大部分地区可安全越冬，要求阳光充足，但也耐阴，喜含腐殖质丰富、排水良好的沙壤土。

[繁殖]　以分栽根茎繁殖为主。

[观赏特性及用途]　花大，剑叶刚劲挺拔，观赏价值较高。常用以布置在花坛、花境、水池湖畔。种类及花色十分丰富，生境特点也各不一样，可作专类园栽培。亦可作切花及地被植物。根茎可药用。

图 3-70　鸢尾

（五）兰科

多年生草本，稀为亚灌木或藤本。有陆生、附生或腐生。陆生或腐生的种类具须根、根茎或块茎；附生的具气生根。茎直立、悬垂或攀援，通常在基部或者全部膨大为 1 节至多节的假鳞茎，叶通常互生，极少对生或轮生。花顶生或腋生，单花或各种花序。花两性，少单性，两侧对称，花被 6 枚，离生或部分合生。单被花，中央 1 萼有时凹陷与花瓣紧贴在一起，形成盔状。两片侧萼略歪斜，有的合生为一体，生于蕊柱基部上，形成萼囊。内轮有 3 枚花被片，中央一片为唇瓣。雄蕊 1～2 枚，稀 2～3 枚，与雌蕊合生成蕊柱，花粉粒块状具柄。雌蕊 3 心皮 1 室，合生，子房下位，侧膜胎座，侧生胚珠多数。蒴果，种子细小，无胚乳。

本科约有 1 000 属 20 000 种，广泛分布于世界各地，主要产于热带地区。我国有 166 属 1 019 种，全国各地均有分布，以云南、台湾和海南岛最多。常见的种类有春兰、蕙兰、建兰、墨兰、白芨、兜兰等。

1．春兰（草兰、山兰）

[形态]　根肉质白色。叶狭线形，长 20～25cm，叶缘粗糙，叶脉明显。在春分前后，根际抽花茎，花顶生，单一或双生，香气浓郁，花期 3 月中、下旬（见图 3-71）。

2．蕙兰（夏兰）

[形态]　根肉质淡黄。叶比春兰直而粗长，约 25～30cm。总状花序，着花 6～10 朵，淡黄色，唇瓣绿白色，具紫红色斑点，香气稍逊于春兰，花期 4～5 月（见图 3-72）。

3．建兰（秋兰）

[形态]　根肉质肥厚筒状，叶宽而光亮，深绿，直立性强。总状花序，着花 6～10 朵，花淡黄色或白色，香味甚浓，花期 7～9 月（见图 3-73）。

4．墨兰（报岁兰）

[形态]　叶宽而长，深绿色，有光泽，叶脉多而明显。花茎粗而直立，着花 5～10 朵，

花瓣多具紫褐色条纹，盛开时花瓣反卷，有清香，花期12月至次年1月（见图3-74）。

图3-71　春兰

图3-72　蕙兰

图3-73　建兰

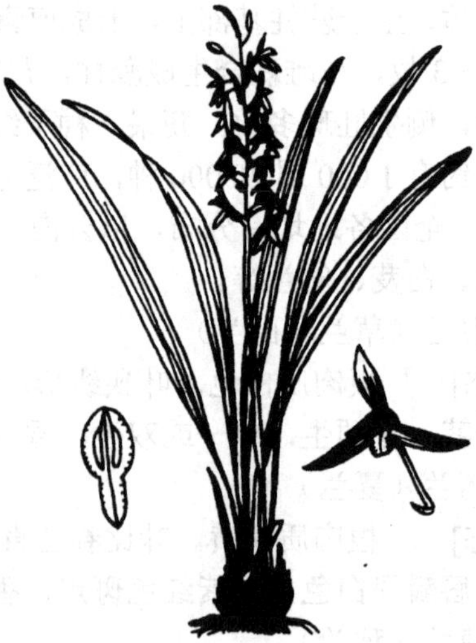

图3-74　墨兰

（六）天南星科

多年生草本。一般具乳状汁液，具块茎或根状茎，有时茎皮厚实似木质，直立或攀援，少数水生。叶多为基生，花细小无柄，为肉穗花序，外有佛焰花苞，呈佛焰花序。花两性或单性，雌雄同株，雌花着生在花序下端，雄花位于上部。两性花有花被 4～8 片，单性花无花被，雄蕊 1 至多数，雌蕊 1 至多心皮，1 至多室，子房上位。浆果，种子有胚乳。

本科植物约有 115 属 2 000 余种，我国有 31 属 200 余种，常见的种类有龟背竹、广东万年青、花叶万年青、绿萝、马蹄莲、春羽、火鹤花、花叶芋等。

龟背竹

[形态]　常绿攀援状藤本，株高 7～8m，茎上长出多数深褐色的气生根，下垂。叶二列状互生，幼叶心脏形无孔，全缘，长大后呈广卵形叶，羽状分裂，在叶脉间往往有长椭圆形或菱形的缺刻状孔洞，叶片较厚，革质，为暗绿色，叶柄较长，1/2 左右呈鞘状。肉穗状花序，先端紫色具佛焰苞，呈黄白色，花期 11 月（见图 3-75）。

图 3-75　龟背竹

[习性]　原产于中美洲的墨西哥等热带雨林地区。喜温暖、湿润和庇荫环境，忌阳光暴晒和干燥，不耐寒，冬季夜间温度不得低于 5℃，土壤以疏松、肥沃的腐叶土为好。

[繁殖]　常用扦插繁殖。

[观赏特性及用途]　盆栽观赏，适用于室内、展览大厅及地铁中摆设和点缀。在南方庭园中可散置于池旁、溪沟和石隙中。

（七）棕榈科

常绿乔木和灌木，也有藤本的。茎粗壮或柔弱，有时成攀援状，有刺或无刺。叶互生或丛生于茎顶，掌状或羽状分裂，少为全缘。叶柄基部常扩大成纤维状的鞘。花小，辐射对称，两性或单性，排成圆锥或穗状花序；佛焰苞 1 至多数，包围花梗和花序的分枝；花室有 1 胚珠。果实为浆果或核果，种子具丰富的胚乳。

本科约 217 属 2 500 种，分布于热带地区。我国有 16 属 61 种，主要分布于南部各省，常见种类有棕榈、蒲葵、散尾葵、鱼尾葵、棕竹、椰树等。

棕榈（棕树、山棕）

[形态]　常绿乔木，树干圆柱形，高达 10m，干径达 24cm。叶簇竖于干顶，近圆形，径 50～70cm，掌状裂深至中下部；叶柄长 40～100cm，两侧细齿明显。雌雄异株，圆锥状肉穗花序腋生，花小而黄色。核果肾状球形，径约 1cm，蓝墨色，被白粉。花期 4～5 月，10～11 月果熟（见图 3-76）。

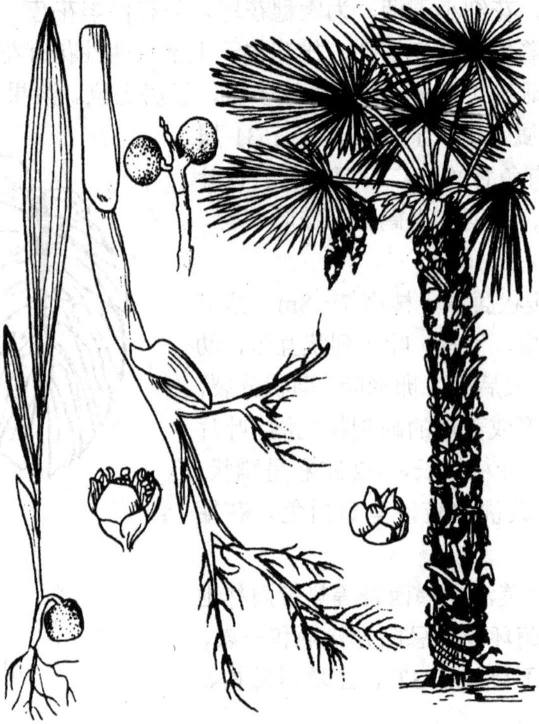

图 3-76　棕榈

[分布]　在我国分布很广，北起陕西南部，南到广东、广西和云南，西达西藏边界，东至上海和浙江。

[习性]　棕榈是本科中最耐寒的植物，在上海可耐-8℃的低温，但喜温暖湿润气候。有较强的耐阴能力。喜排水良好、湿润肥沃的中性、石灰性、微酸性的粘质壤土，耐轻盐碱土，也耐一定干燥与水湿。喜肥，抗烟尘，对有毒气体（二氧化硫和氟化氢）抗性强，有很强的吸毒能力。根系浅，须根发达，生长缓慢。

[繁殖]　播种繁殖。

[观赏特性及用途]　挺拔秀丽，一派南国风光，是工厂绿化的优良树种，可列植、丛植或成片栽植；也常用盆栽或桶栽作室内或建筑前装饰及布置会场之用。

习题

列举 10 种居住区常见的园林植物，并对其进行描述。

第四章　园林绿地规划设计

【本章内容提要】

园林绿地系统规划是城市总体规划的一个重要组成部分，是对城市总体规划的深化和细化。本章主要从园林绿地规划系统的目的、内容、形式、指标等方面介绍园林绿地规划的相关知识。对园林景观要素设计进行详细讲解，介绍园林造景的基础知识、园林植物的种植设计等。

【本章学习目标】

掌握园林绿地规划的三种主要形式；掌握园林绿地规划的控制指标及计算方法；掌握园林景观的主要要素；了解主要园林景观要素的设计方法；了解园林绿地设计的基本要求；掌握园林植物种植的基本形式。

第一节　城市绿地系统规划的目的与主要内容

从规划层次的从属关系而言，城市绿地系统规划是城市总体规划的一个重要组成部分，它属于城市总体规划的专业规划，是对城市总体规划的深化和细化。城市绿地系统规划，就是在城市规划用地范围内，根据各种不同功能用途的园林绿地，进行合理布置，使园林绿地能够改善城市小气候条件，改善人们的生产、生活环境条件，创造出清洁、卫生、美丽的城市。

城市绿地系统规划是园林绿化建设的依据，其指导思想应是以绿为主、绿美结合，充分发挥绿色植物改善环境、健全生态、卫生防护和有益人们身心健康等方面的综合功能。这项工作要从绿地系统建设的实际情况出发，按照因地制宜、适地适树的原则，从大环境绿化的全局着手，做到点、线、面结合，平面、立体结合，乔、灌、花、草结合，自然植物群落与人工植物群落相结合。实现生态效益、社会效益、经济效益的统一，绿化、净化、美化的和谐统一。

一、城市绿地系统规划的目的

在城市规划用地范围内进行园林绿地系统规划，其主要目的体现在以下几个方面。

（一）明确园林绿地建设的任务和要求

城市绿地系统规划，重点需要解决的是在规划中给出的全市绿地系统规划的原则、目标以及规划城市绿地类型、定额指标、空间布局结构和各类绿地规划、树种规划及实施规划的措施等重大内容。随着以上主要内容在规划方案中的确定，实际上也就明确了一个城市在近期以及未来一段时间内在绿地建设各方面所面临的主要任务、所需要解决的关键问题以及实施措施等。

（二）保障城市各项绿化建设措施得以顺利地实施

城市绿地系统规划方案一旦获得批准，即具有法律效力，方案中提出的各项绿化建设措施同时也就有了相应的法律保证。这在制度上保证了城市绿化建设活动的顺利开展。

（三）保护和改善城市生态环境

保护环境是我国的国策。经济建设与生态环境相协调，走可持续发展的道路，是关系到我国现代化建设事业全局的重大战略问题。在保护和改善城市环境的诸多措施中，除了降低城市中心区人口密度、控制和治理各种污染物等措施外，加强城市绿地系统规划的编制和建设是改善城市生态环境的一项重要的必不可少的举措。目前，全国城市人均公园绿地面积还不到 $7m^2$，离世界先进发达国家的平均水平还有较大差距。这就要求我们不但要加强公园绿地、生产和防护绿地、附属绿地的建设，与此同时，还应加强城市外围地区生态绿地系统的规划与建设，为城市构筑一道靓丽的“生态防护墙”。

（四）塑造富有特色的城市形象

城市的风貌和形象，是城市物质文明和精神文明的重要体现。每个城市都应根据自身的地域、自然、民族、历史、文化特点，塑造有特色的城市形象。

城市形象的塑造贯穿在城市规划的各个阶段，主要通过城市设计的手段来实现。城市绿地系统规划作为总体规划中一项重要的专项规划，在城市特色形象的塑造方面，具有独特的地位和作用。纵观国内外，一些富有生态特色的城市，其形象的塑造在很大程度上归因于城市绿地系统规划编制的前瞻性和合理性以及城市绿化的大力建设。如风景优美的大连和青岛，魅力十足的深圳和珠海等城市，无一不印证了这一点。

二、城市绿地系统规划的主要内容

根据国家《城市绿地系统规划编制纲要（试行）》建城［2002］240 号，城市绿地系统规划应该包括以下主要内容。

（一）城市概况及现状分析

城市概况包括自然条件、社会条件、环境状况和城市基本概况等；绿地现状与分析包括各类绿地现状统计分析、城市绿地发展优势与动力、存在的主要问题与制约因素等。

（二）规划总则

规划总则包括规划编制的意义、依据、期限、范围与规模、规划的指导思想与原则、规划目标与规划指标。

（三）规划目标与规划指标

规划目标与规划指标包括城市绿地系统的发展目标和相关指标。

（四）市域绿地系统规划

市域绿地系统规划主要阐明市域绿地系统规划结构与布局和分类发展规划，构筑以中心城区为核心，覆盖整个市域，城乡一体化的绿地系统。

（五）城市绿地系统规划结构布局与分区规划

1）布局原则

城市绿地系统规划应置于城市总体规划之中，按照国家和地方有关城市园林绿化的法规，贯彻为生产服务、为生活服务的总方针，布局原则应遵守城市绿地规划的基本原则。

2）布局形式

（1）点状绿地布局。这种模式多出现在旧城改造过程中，这样可以做到均匀分布，与居住区的结合较为密切，居民可以方便使用，但对构成城市整体的艺术风貌作用不大，对改善城市小气候的作用也不大。

（2）环状绿地布局。一般出现在城市较为外围的地区，多与城市环状交通线同时布置，绝大部分以防护绿带、郊区森林和风景游览绿地等形式出现，在改善城市生态和体现城市艺术风貌等方面均有一定的作用。

（3）带状绿地分布。带状绿地多与城市河湖水系、主要道路、高压走廊、古城墙、带状山体等结合布局，形成纵横交错地带、环状地带与放射状地带交织的绿带网，比较容易体现出城市的艺术风貌。

（4）楔形绿地布局。一般与城市的放射交通线、河流水系、起伏山体等要素结合布局，同时，还应考虑与城市的主导风向一致，便于城市外围气流的进入。优点是城市通风效果好，也便于城市艺术风貌的体现。

（5）组合式绿地布局。组合式绿地布局就是将以上几种布局方式加以综合利用，进行新的组合，形成如点网状等布局模式，它将以上基本模式的诸多优点进行综合，相比优势较为明显，主要体现在以下几个方面。

① 可以很好地与城市的各个要素如工业用地、住宅用地、道路系统、山水地形、植被条件等进行结合，尽可能地利用原有的水文地质条件、名山大川、名胜古迹，形成独特的绿地系统布局。

② 可以做到点、线、面的有机结合，便于组成完整的城市绿地体系。

③ 可以使居住区获得最大的绿地接触面，方便居民休憩娱乐，改善城市生态环境，改善城市小气候。

④ 有助于丰富和体现城市总体和布局地区的艺术风貌。

（六）城市绿地分类规划

城市绿地分类应该按照国家《城市绿地分类标准》（GJJ/T 85—2002）执行，包括公园绿地（G_1）规划、生产绿地（G_2）规划、防护绿地（G_3）规划、附属绿地（G_4）规划及其他绿地（G_5）规划。分述各类绿地的规划原则、规划内容（要点）和规划指标并确定相应的基调树种、骨干树种和一般树种的种类。

（七）树种规划

树种规划主要阐述树种规划的基本原则；确定城市所处的植物地理位置（包括植被气候区域与地带、地带性植被类型、建群种、地带性土壤与非地带性土壤类型）；确定相关技术经济指标；基调树种、骨干树种和一般树种的选定；市花、市树的选择与建议等。

（八）生物（重点是植物）多样性保护与建设规划

生物多样性保护与建设规划包括生物多样性的总体现状分析、保护与建设的目标与指标、生物多样性保护的层次与规划（含物种、基因、生态系统、景观多样性规划）、生物多样性保护的措施与生态管理对策、珍稀濒危植物的保护与对策等。

（九）分期建设规划

城市绿地系统规划分期建设可分为近、中、远三期。应根据城市绿地自身发展规律与特点来安排各期规划目标和重点项目。近期规划应提出规划目标与重点，具体建设项目、规模和投资估算；中、远期建设规划的主要内容应包括建设项目、规划和投资估算等。

（十）实施规划的措施建议

分别按法规性、行政性、技术性、经济性和政策性等措施进行论述。

第二节　园林绿地规划的形式和指标

一、园林绿地规划的形式

园林绿地规划是对绿化地带、绿化面积及绿化品种等作出的选择、安排和规定。绿化地带包括公园、花园、道路两侧、街区周围（包括住宅区、公共建筑区、工业区等）及郊区、农村的荒山、丘陵、沟壑等空地。在这些地带，选择合适的植物栽种，会给人以安宁、悦目的感觉。因此做好园林绿地规划，逐步提高人均绿地面积，是改善生态环境状况的一项有力措施。园林绿地规划的形式主要有规则式、自然式和综合式三种。

（一）规则式绿化

规则式绿化又叫整形式、对称式。这种绿地规划一般在平缓的地形中进行布置。绿化常与整形的水池、喷泉、壁泉、雕像融为一体。规则式庭园绿化景观常给人以庄严、雄伟、整齐之感，它适用于大型机关、学校、工厂等规则式庭园的前庭布置。

主要建筑四旁绿化布置与附属建筑一样，多为左右对称布置。主要道路两旁的树木也依轴线成行或对称排列。

在主要干道的交叉处或观赏视线的集中处，常设立喷水池、雕塑，或陈放盆花、盆树、饰瓶等。

园中的花卉布置也多以立体花坛、花丛花坛、模纹花坛的形式出现。

对一些孤植树的外形进行人工修剪，借以创造绿柱、绿墙、绿门、绿亭、绿厅、动物形象和各种几何形象。常用绿篱墙来分隔空间。

（二）自然式绿化

自然式绿化也叫不规则式绿化。自然式的庭园景观，富有诗情画意，给人以幽静的感受，此种形式常用于地形自然起伏的庭园之中。

庭园中的主要建筑、道路的分布，草坪、花木、假山、小桥、流水、池沼等都采用自然的形式布置，尽量顺应自然规律，依山就势，浓缩大自然的美景于庭园有限的空间中。在树木、花草的配置方面，常与自然地形、人工山丘、自然水面融为一体。水体多以池沼、溪流、瀑布的形式出现，驳岸以自然山石堆砌或做成自然倾斜坡度。树木在建筑四周作不对称布局，路旁的树木布局随道路自然起伏蜿蜒。庭园的转角处常设有各种花台，配置四季花木。

庭园中树木的造型不做规则修剪，有时加工成自然古树的外形，以体现树形的仓青古雅。在庭园中常用树丛、假山、石峰来分隔空间。

（三）综合式绿化

具有规则式和自然式两种特点的庭园绿化为综合式绿化。在大型庭园中，往往在主体建筑近处采用规则对称式的形式进行绿化，而在远离主体建筑之处则采用自然式进行绿化，以便与大自然融为一体。

二、园林绿地规划控制指标

城市绿量控制指标由三部分内容组成：城市规模与城市绿地总量控制、专用绿地绿量控制和绿地建设标准控制。

（一）城市绿地指标的计算

1．城市园林绿地总面积（hm^2）

城市园林绿地总面积即城市各类园林绿地面积的总和。

城市园林绿地总面积=公共绿地+居住区绿地+单位附属绿地+防护绿地+生产绿地+风景林地

2．城市人均公共绿地面积（m^2/人）

城市人均公共绿地面积是指城市中每个居民平均占有的公共绿地面积。

城市人均公共绿地面积=（市区公共绿地总面积/城市非农业人口数）×100%

城市人均公共绿地面积是衡量城市绿化水平的主要指标。《国务院关于加强城市建设的通知》中要求：到 2005 年，全国城市规划人均公共绿地面积达到 $8m^2$ 以上；到 2010 年，人均公共绿地面积达到 $10m^2$ 以上。据《2012 年中国国土绿化状况公报》数据统计，城市人均公共绿地面积为 $11.8m^2$，比 2011 年增加 $0.6m^2$。

3．城市绿地率

城市绿地率是衡量城市规划的重要指标，是指城市中各类园林绿化用地总面积占城市总用地面积的百分比，表示了全市绿地总面积的大小。

城市绿地率=（城市园林绿化用地总面积/城市用地总面积）×100%

疗养学界认为，当绿地面积达 50%以上才有舒适的修养环境。国家建设部有关文件规定，城乡新建区绿化用地应不低于总用地面积的 30%；旧城改建区绿化用地应不低于总用地面积的 25%，一般城市的绿地率应考虑在 40%～60%比较好。

4．城市绿化覆盖率

城市绿化覆盖率是衡量城市绿化水平的主要指标之一，是指市区各类绿地的植物覆盖面积占市区用地面积的百分比，它随着时间的推移、树冠的大小而变化。

城市绿化覆盖率=（市区各类绿地植物覆盖面积/市区用地面积）×100%

绿化覆盖面积包括各类绿地的实际绿化种植覆盖面积、街道绿化覆盖面积、屋顶绿化覆盖面积以及零散树木的覆盖面积，须注意乔木下的灌木投影面积、草坪面积不得计入在内，以免重复。

（二）控制指标

1．城市规模与城市绿地率

对不同人口规模的城市提出不同的总量控制要求，使城市能够保持与其规模相适应的生态环境质量（见表 4-1）。

表 4-1 城市规模与城市绿地率

城市人口规模（万人）	城市人均建设用地指标（m^2/人）	绿地占建设用地比例（%）	城市人均绿地面积（m^2/人）
>1 000	60.1～75.0	≥8	≥5
1 000～100	75.0～90.0	≥10	≥7
100～50	90.0～100.0	≥12	≥8
50～20	100.0～105.0	≥15	≥9
<20	105.0～120.0	≥20	≥10

2．城市建设用地分类与绿量控制

专用绿地不列入城市用地分类中的绿地类，而从属于各类用地中，其对应的建设用地中的绿地率，国家尚没有一个明确的控制指标体系，根据多年城市绿地建设的实践，形成了一套城市建设分类用地的绿量控制指标（见表 4-2）。

表 4-2 城市建设用地分类与绿量控制指标

类别及代号			类别名称	绿量控制（绿地率不小于）（%）
大类	中类	小类		
R	R1	R11	住宅用地	40
		R12	公共服务设施用地	30
		R13	道路用地	25
		R14	绿地	80
	R2	R21	住宅用地	30
		R22	公共服务设施用地	25
		R23	道路用地	15
		R24	绿地	70
	R3	R31	住宅用地	25
		R32	公共服务设施用地	20
		R33	道路用地	10
		R34	绿地	60
	R4	R41	住宅用地	20
		R42	公共服务设施用地	10
		R43	道路用地	5
		R44	绿地	50

续表

类别及代号			类别名称	绿量控制（绿地率不小于）（%）
大类	中类	小类		
C	C1	C11	市属办公用地	50
		C12	非市属办公用地	40
	C2	C21	商业用地	10
		C22	金融保险业用地	25
		C23	贸易咨询用地	30
		C24	服务业用地	20
		C25	旅馆业用地	40
		C26	市场用地	20
	C3	C31	文化娱乐用地	30
		C32	新闻出版用地	40
		C33	文化艺术团体用地	30
		C34	图书展览用地	50
		C35	影剧院用地	20
		C36	游乐用地	40
	C4	C41	体育训练用地	40
		C42	体育场馆用地	30
	C5	C51	医院用地	40
		C52	卫生防疫用地	30
		C53	休疗养用地	60
	C6	C61	高等学校用地	35
		C62	中等专业学校用地	25
		C63	成人与业余学校用地	20
		C64	特殊学校用地	20
		C65	科研设计用地	30
	C7		文物古迹用地	70
	C8		其他公共设施用地	50
M	M1		一类工业用地	25
	M2		二类工业用地	30
	M3		三类工业用地	35
W	W1		普通仓库用地	20
	W2		危险品仓库用地	30
	W3		堆场用地	108
S	S1	S11	主干路用地	25
		S12	次干路用地	20
		S13	支路用地	15
		S14	其他道路用地	10

续表

类别及代号			类别名称	绿量控制（绿地率不小于）（%）
大类	中类	小类		
S	S2	S21	交通广场用地	70
		S22	游憩集会广场用地	30
	S3	S31	机动车停车场库用地	20
		S32	非机动车停车场库用地	30
G	G1	G11	公园	70
		G12	街头绿地	60
	G2	G21	园林生产绿地	90
		G22	防护绿地	95

3．国家园林城市绿地指标控制标准

国家园林城市绿地指标控制标准（见表 4-3）。

表 4-3　国家园林城市绿地指标控制标准　单位：%

类别名称	绿地控制
城市绿化覆盖率	≥35
建成区绿地率	≥30
人均绿地	≥6
公署内绿化面积及绿地面积	≥70
城市街道绿化普及率	≥95
改造旧居住区绿地率	≥25
市内绿化达标单位	≥50
市内绿化优秀单位	≥20
全市生产绿地面积与城市建成区面积比	≥2
城市各项绿化美化工程苗木供给率	≥80
树木成活率	≥85

4．居住区、居住小区绿地设置规定

居住区、居住小区绿地设置规定（见表 4-4）。

表 4-4　居住区、居住小区绿地设置规定

	人均指标（m^2/人）	最小规模（m^2）
居住区级	≥1.5	≥15 000
小区级	≥1	4 000～6 000
组团级	≥0.5	500～1 000

5．防护绿地控制要求

城市内河、湖泊及铁路的防护林带宽度不小于30m；高速公路、快速路两侧林带宽度为30～50m；城市垃圾处理场和污水处理厂的下风向应建设宽度350～800m的卫生防护林带；续用水源保护区中，以及保护区林带宽度为200m；二级为2 000m（含一级200m林带）。

第三节　园林绿地设计的基本要求

一、园林绿地设计的指导思想

（一）以绿为主，绿中求美

人类追求绿色，获取绿色是一种生命的本能。环境要充满绿色、清新和美丽宜人，在绿地设计中就应采取各种手段，尽一切可能创造更多的绿色空间。

在当今人类呼唤生态文明的时代，绿化水平的高低正成为城镇、地区和单位文明程度的标志之一。园林绿地设计应以绿为主。绿的含义绝不仅仅是简单的栽几株树木，而是要创造一个丰富的、多元化的，体现一种自然美、艺术美、生活美、园林美、社会美的境界。

美存在于大自然中，美的绿地是通过园林绿化工作者巧妙构思，将自然美与人工的艺术美相结合的产物。在以绿色树木、草坪为主的色调中，点缀四时花开的灌木和花卉，能使绿地呈现春花烂漫、夏荫浓郁、秋色绚丽、冬景苍翠的动人美景。

（二）因地制宜，突出特色

园林绿地设计的目的是巧妙利用自然，将地形、花草、树木、园路、场地、园林小品、水体和自然环境等有机地组织在绿地之中，使之呈现出一个有明有暗、有动有静、有声有色、有虚有实、有隐有现、有开有合、有远有近、有情有义，极富感染力的绿地空间。

由于园林绿地面积有大小，且受经济条件、地理位置、周围环境、人文因素、管理能力等因素的制约。因此，园林绿地设计的内容、水平、手法等不能强求一致，应根据各自的实际条件因地制宜、进行绿化和美化、设置园林小品等，这样才能创造出实用、优美、清洁并为使用者喜爱和依恋的环境。

（三）经济实用，景观长久

园林绿地是创造良好的环境，不求奢华，要朴素大方。因此，要以最少的投资创造最大、最美的空间。切忌大动土方，如挖湖、堆土等，刻意造景；要充分利用原有地形，尽量借景来丰富绿地景观。

树木的品质应就地取材，多采用乡土树种，以减少运输费用，还可提高栽植成活率。注意选用抗性强、适应性强和便于管理的树木，适当点缀应时花卉，创造一个四季常青、三季有花、冬暖夏凉、清洁、舒适、美观和高雅的环境。

同时还要注意乔木和灌木、常绿树种和落叶树种、快长树种和慢长树种的配置比例，确保绿化景观的持久性。

二、绿地规划设计的园林艺术

（一）园林美及其特征

1．什么是园林美

园林是人类社会实践的产物，是造园思想的物化形态。园林美是指应用自然形态的物质材料，依照美的规律来改造、改善和创造环境，使之符合时代社会审美要求的一种艺术创造活动。园林美是园林思想内容的外部表现方式，是园林思想内容通过艺术的造园手法，用一定的造园素材表现出来，符合时代和社会审美要求的园林外部表现形式。

园林美是一种艺术美，是自然与人工、现实与艺术相结合的，融哲学、心理学、伦理学、文学等于一体的综合性的艺术美。园林美与其他美之间有共性，都是艺术家对社会生活形象化、情感化、审美化的结果。园林美又是一种特殊的人造美，它源于自然又高于自然，是在特定的有限整体生态环境里，按照客观规律和自然审美观念创造出来的艺术美，揭示了人对自然的征服又保持和谐一致的本质。

2．园林美的特征

园林艺术是一种实用与审美相结合的艺术。园林的审美功能往往超过了它的实用功能，它是以渲染环境、烘托氛围、兼以游赏为目的的。园林美具有着诸多方面的特征。

（1）多样性。园林艺术风格，由于受时代、民族、地域、环境等因素的影响，又因造园者的社会实践以及审美意识、经验、修养、理想、意趣等的差异，园林美呈现出异彩纷呈、美不胜收的风姿。园林美从其内容与形式统一风格上，反映出时代和民族的特性，从而使园林美呈现出丰富多彩的多样性。

我国园林追求诗情画意、优美典雅的意境；北方皇家园林金碧辉煌，气势恢宏；江南园林清秀典雅，婀娜多姿；岭南园林精巧玲珑，绚丽明净；西藏园林则具有幽秘的宗教气氛和粗犷的原野风光。园林美不仅包括植物、建筑、山水等物质因素，还包括历史、文化等社会因素，是一种高级的综合性艺术美。我国园林与绘画为缘，把建筑自然化，表现出形象的天然韵律之美。

（2）阶段性。园林中的审美客体以活体为主，这些花草树木及鸟鱼虫兽式的园林艺术充满盎然生机。审美客体具有生长、变化、成熟、衰老等过程，如春日的园林，大地回春、万物复苏，树木绽出新芽，园林中生机勃勃；夏日的园林草木繁盛茂密、树荫浓郁、色彩纷呈；秋日的园林呈现出金黄色的韵律，枫叶红遍，一派成熟景象；冬日的园林寒风凛冽、景色萧条、色彩单调，但树木的冬芽又孕育着春的生机。

（3）客观性。园林主要以其外在的形式美诉诸人的视觉感官，引起人们的审美愉悦。

一是园林的形态美，体现在园林要素的个体形态上，也体现在园林的总体布局上。

二是园林的色彩美，对园林要素色彩上的巧妙搭配，园林色彩美的基调，随着时间的变化、季节的更替、气候的不同，园林的色彩美极富变化，使人获得丰富的色彩美的享受。

三是园林的节奏美，主要是通过空间上的高低、远近、疏密、聚散；形质上的大小、粗细、软硬、轻重；色彩上的浓淡、深浅、明暗、冷暖等变化而表现出来的。

此外，雨打芭蕉、风起松涛、水波拍岸、鸟鸣林梢，也会通过声音的强弱、快慢、长短以及音色的变化给人以节奏美的享受。

3．园林美的构成特点

园林美的构成分为自然因素和人工因素两类。

（1）自然因素。园林中的自然因素构成一个相对完整的生态系统，是园林美接近自然美的物质基础，也是欣赏者对园林产生兴趣并引发想象的重要内容，一旦生态系统遭到破坏，园林便不复存在。

另外，还有一种加工了的自然因素，是指那些取自自然，通过加工完全或根本改变了面貌（结构），从而与整个生态系统不一致的因素，如盆景、人工喷泉、花坛等，可这种加工了的自然因素只有纳入生态环境中才能获得园林艺术的审美意义。如园区中的花坛主要起小品式的点缀作用，不会起到主景作用，也不会构成生态环境中的主导因素，因而其数量、质量、立体分布都有一定的限制，要与特殊的生态系统相协调，还要与每个景点特殊而规模有限的空间审美情趣相协调。

（2）人工因素。园林中的建筑、小品等都属于人工因素，实用艺术品到了园林中，实用性除了受本身艺术性制约外，还受到总的景观和各景点的审美性制约，从而产生出新的审美意义。

建筑艺术的美，主要表现在优美的几何造型、科学的力学原理、合理的材料配置以及建筑物各部分的比例尺度、色彩搭配、空间布局、审美情趣、审美理想的和谐统一。

建筑艺术作为一种空间造型艺术，它的审美特性常常直接表现在它自身所具有的造型美以及和周围环境的和谐关系。建筑艺术通过综合运用空间、形体、比例、尺度、质地、色彩、装饰等建筑语言，根据对比、同一、均衡、节奏韵律等造型规律，创造出可视的三维空间形象，属于空间造型艺术。

建筑艺术的审美特征首先集中体现在建筑的造型上，不同的建筑形式，给人不同的审美感受：或是形式美的愉悦，或是精神的震撼，或崇高，或优美，或独特，或怪诞。建筑的形体几何造型不同，给人的审美感受也不同：圆形柔和，菱形锐利，方形刚正，正三角形产生稳定感。

色彩是构成建筑美不可缺少的形式美的因素，色彩具有强烈的表情性和象征性。红、黄、绿是我国古建筑的主色调，从中华民族的传统审美观点看，红色代表喜庆，欢乐；黄色表示富丽、堂皇、高贵庄重；绿色表示生机旺盛、富有朝气。

建筑是一种固定的工程形态，它一旦建成，就成为整体环境机体的一部分，成为周围建筑物和生活环境的一部分，因而处理好建筑物与周围环境的关系，是构成它的审美属性的重要条件。环境的和谐美，是指将建筑艺术与周围自然风景有机结合，使建筑美与自然美和谐地融为一体。多个单体建筑，按照形式美的法则，组成一个错落有致、和谐统一的建筑群，这是群体组合的和谐之美。单个建筑或建筑群周围环境，草木葱茏、鸟语花香，能使建筑物更增添生机盎然的幽深美。建筑与自然环境、人文环境的有机融合，不仅可以突出建筑的造型美，而且还具有建立人与自然、人与社会和谐关系的精神功能，在更深的层次上展现出它的审美特性。

4．园林美的表现要素

园林美的表现要素较多，如整体布局、主题形式、造园意境、章法韵律、点缀与装饰，还有植物、色彩、光、点、线、面等。综合起来，园林美表现在以下几个方面。

（1）整体布局美。通过规划设计，合理处理园林空间、景观序列以及造园要素的配置，使之产生园林整体布局美。

（2）主题形式美。园林的主题形式美，反映了园林的个性特征，它渗透着种种客观环境因素，也反映了设计者的表现意图。主题形式美与造园者的人格因素、审美理想、审美素养有密切关系。如北京颐和园万寿山前高阁凌空、殿宇壮观、气势非凡，结构严谨对称，表现出一种庄严肃穆的气氛。其后山却是小径盘旋，山脚下小河迂回曲折，河边苏州街沿街一系列建筑与整个环境融合，反映了一派江南水乡风貌。可见根据需要而表现了设计者两种不同主题的形式美，都收到了较好的效果。

（3）章法韵律美。园林中的韵律使得园林空间充满了生机勃勃的动势，从而表现出园林艺术中的生动章法，表现出园林空间的内在自然秩序，反映了自然科学的内在合理性和自然美。

空间因其规模的大小和内在秩序的不同，在审美效应上存在着较大的差异。一个人在狭小的空间中会感到压抑烦躁和郁闷，而在空空荡荡的环境中会因感到自身微不足道而产生一种卑微恐惧的感觉。组成空间的生动韵律与章法能赋予园林一定的生气与活跃感，同时又能吸引游赏者的注意力，表现出一定的情趣和速度感，并且可以创造出园林的远景、中景和近景，加深园林内涵的深度与广度。

（4）意境美。追求意境美是中国园林的一个显著特点。园林的意境是按自然山水的内在规律，用写意的方法创造出来的，它可通过规划布局产生意境美，也可通过审美主体的接收形成意境美。

意境的基本特征是以有形表现无形、以物质表现精神、以有限表现无限、以实境表现虚境，使有限的具体性显贵和想象中无限丰富的形象相统一，这样寓情于景就使景物倾注了人格灵性，产生情景交融的感人艺术效果。运用不同的材料，通过美学规律剪取自然界的四季、昼夜、光景、鸟虫等混合成听觉、视觉、嗅觉、触觉等结合的效果，唤起人们的共鸣、联想和感受，产生出意境。

（5）点缀装饰美。以匾额、楹联作为点缀与装饰来构成园林美是必不可少的要素，能深化园林美的审美情趣，给人以游牧骋怀的美感。如济南大明湖的“四面荷花三面柳，一城山色半城湖”等。

（二）园林绿地设计的艺术特征

1．整体性

园林绿地是在一定的空间里，依照园林艺术原则进行创作，形成保留着自然因素之美的生活境域，它具有整体环境的美感。

园林艺术的基本单元是景象，景象是由自然要素（山水、植物、动物等）和人工要素（建筑、小品等）组成的。这些要素需组成整体才能构成园林，园林又把这些艺术要素组成了具有独立存在价值的艺术整体，如园林建筑就不同于一般建筑。在园林艺术中分别形成了对地形、水景、植物配置、园林色彩以及园林布局的不同艺术要求。

园林艺术的整体效果是与实践紧密联系在一起的。园林环境的意识感染力还存在于园林空间的序列流程，园林环境有明确的气势、高潮和结尾。一般在运动中的游人停在某处观赏，只是运动的暂停。在这个时空组织的过程中，时间与空间可以相互转化，因而园林是一种多维空间的时空艺术。

园林绿地通过整体环境的创造，使园林艺术的审美享受成为一种五官协同的审美活动。园林绿地空间环境的多变和转换，通过五官把多种多样的美的信息交混协调起来，引起全身心的审美感受。

2．追求自然

园林艺术同其他艺术一样受到美学思想的影响。道家学说和儒家学说作为中国传统文化的两大支柱，共同塑造中国人的世界观、人生观、文化心理结构、艺术理想和审美情趣。中国园林崇尚人的内在，形成人格化的自然山水园，其特点是在“天人合一”观念的主导下，在尊重、崇尚自然的前提下改造自然，创造和谐的园林，也就是源于自然，高于自然，把自然美与人工美巧妙地结合起来，达到“虽由人作，宛如天开”的境地。

源于自然而又高于自然是中国园林创作的宗旨，其目的在于求得一个概括、精练、典型而又不失其自然生态的山水环境。园林绿地不是一般的利用或简单的模仿自然，而是有意识地加以改造、调整、加工，从而表现出一个典型化的自然，这种典型化的自然又具有一定的抽象性，它不受地段的限制，能做到小中见大，也可大中见小，给人们传递自然生态的信息。

3．追求意境

中国古典园林通过综合运用各类艺术语言（空间组合、比例、尺度、色彩、质感、体型）造成鲜明的艺术形象，引起人们的共鸣和联想，进而形成一种意境。所谓意境，实质上是造园主内心情感、哲理体验及其形象联想的最大限度的凝聚物，又是欣赏者在联想与想象的空间中最大限度地再创造过程。

现代园林绿地给景物以艺术的比拟和象征，赋予景物“观念形态”的意义，给它以意趣和情感，可是绿地更富有诗情画意。如园林绿地选石的八个标准就蕴含着不同的审美情趣：透（玲珑多孔，比拟耳聪目明的意态）、瘦（细削却显示出棱角分明、不屈不挠的风骨）、皱（起伏多变，呈现出风姿绰约的情韵）、漏（暗喻血脉通畅的活力）、清（表示阴柔之美）、丑（表示奇突）、顽（表示阳刚之气）、拙（有浑朴的气质）；园林绿地中的花草树木往往寄寓着某种思想感情，例如，垂柳被喻为对故土的依依恋情、松柏比喻君子坚贞等。

4．有限时空与无限时空的结合

园林艺术既是空间艺术，又是时间艺术。园林风景以三维的空间形象呈现在大地上，其画面是流动变化的。天象因素变化万千，晨昏四时，一年四季，循环更替，决定了园林艺术形象的不同面貌。掌握这些自然规律，经过巧妙构思，设计出在时间流动和气象变化过程中的不同景物。园林绿地有一定的空间位置，但又不局限于这个有限的范围，构成景观的自然天象是无限的，而园林绿地洁净，不仅丰富了绿地景物，也扩大了园林绿化空间。

园林艺术这种时间特性是任何一种时间艺术都不能与之相比拟的。园林绿地设计借助于山、水、花木、建筑甚至园林小品等各种物质要素，经过精心构思立意，按意境的设置，通过对景、借景、聚景、纳景等手段来安排景致，就能很好地创造“第二自然”的时空意境。

5．多种艺术的融合

园林艺术是比较特殊的综合艺术，它一方面要在一定的范围内真实、集中地创造出山水风景供人们游赏；另一方面又是抒发主观情感、观念和思想的一种手段。运用各种手段综合性地创造和追求统一美的艺术手法，是园林绿地艺术的特色和传统。

（三）园林绿地设计应处理好的几种关系

园林绿化是一项系统工程，除遵循一般园林绿化规律外，更要因地、因时、因人地进行变化处理，园林绿地规划设计应处理好以下四种关系。

1．绿化、硬化与其他用地

为体现出“人本”思想，要在充分保证建筑用地的同时，增加绿化面积，减少硬化面积。广义的建筑论和空间论都强调对空间的塑造，因而可以把绿化以外的空间活动称为硬化。

硬化与绿化应该是相互促进，而不是相对立的。空间的硬化中可以有绿化，绿化中也可以有硬化，二者都是创造宜人空间的手段。例如，我们用绿篱代替围墙，既起到建筑（硬化）的隔离作用，又起到绿化效果，在绿地中间作适当的雕塑、小品等也同绿化一样是为了创造舒适的环境。

2．平面绿化与立体绿化

平面绿化主要指基于地面上进行的绿化，是园林绿化的主导形式。由于用地条件的限制，还要充分利用立体绿化等形式来增加绿量，营造舒适的环境。例如，一段围墙，可以用绿篱来代替，也可以通过精心设计建成建筑材料与绿化材料相结合的复合体，也可以利用攀援植物进行垂直绿化。总之，在设计时要综合运用多种方式，扩大植物用量。

3. 多维设计与多维管理

园林绿地是以植物为主的环境，在空间处理上要把握好“生境”与“画境”的关系，环境的设计是三维设计，在三维空间中塑造环境。

首先，要满足植物生长所需要的环境要求，处理好乔、灌、草之间的层次及比例关系，使植物在生长环境上形成一种和谐的物质能量交换，促进植物群落的健康发展。

其次，要运用景观学理论，对空间合理安排，根据功能布置的需要赋予不同空间以功能意义和感情色彩，营造出具有园区特色的“画境”空间。

由于植物是园林的主要素材，因而在营造生态优、景观美的空间环境时，要始终注意植物是活体、是可以生长延续的，要利用不同植物品种、不同观赏特性、不同观赏时节等特点，打破单调的空间环境，创造出宜人的环境。在进行三维空间设计时，也要考虑到植物这一主体的生长变化特点，从时空的思维空间出发进行环境设计。在管理中，更要把握准园林的“多维”特性，使园林绿地成为持续变化的美的环境。

4. 绿化与文化

园林绿地是“形”，而园林文化是“神”，园林绿地除了美化环境、改善生态外，更应体现出园区特点，通过形神兼备的设计，使其人文特点、行业特点通过绿化的外部表现得以体现出来。园林文化可以借助园林艺术和植物本身的“比德”来传递。

第四节　园林景观要素设计

一、园林假山

园林假山，是相对于自然形成的“真山”而言的。假山的材料有两种：一种是自然的山石材料，仅仅是在人工砌叠时，以水泥作胶结，以混凝土作基础而成；还有一种是以水泥混合砂浆、钢丝网或低碱度玻璃纤维水泥（GRC）作材料，采用人工塑料翻模成型的假山，又称“塑山”、“塑石”。

山石是天然之物，有自然的纹理、轮廓、造型，质地纯净，朴实无华，属于无生命的建材一类。因此，山石是自然环境与建筑空间的一种过渡，一种中间体。“无园不石”，但只能作局部景点点缀、题诗、寄托和补充。

（一）假山材料的天然石材种类

1. 湖石石灰岩

青黑、白、灰为主的石灰岩。质地细腻，易被水和二氧化碳溶蚀，表面产生很多皱纹涡洞，宛若天然抽象图案。

2．黄石

灰、白、浅黄等颜色不一的细砂岩。材质较硬，因风化冲刷所造成的崩落沿节理面分解，形成许多不规则多面体，石面轮廓分明，锋芒毕露。

3．石英

呈青灰、黑灰色等，常夹有白色方解石条纹的石灰岩。产于广东英德一带。因受水溶融、风化，表面涡洞互套、皱褶繁密。

4．斧劈石

浅灰、深灰、黑、土黄等颜色的沉积岩。产于江苏常州一带。具竖线条的丝状、条状、片状纹理，又称“剑石”，外形挺拔有力，但易风化剥落。

5．石笋石

浅灰绿、土红色，带有燕巢状凹陷的竹叶状灰岩。产于浙江常山、江西玉山一带。形状越长越好看，往往三面已风化，背面犹如人工刀斧痕迹。

6．千层石沉积岩

铁灰色中带有层层浅灰色，变化自然多姿，产于江苏、浙江、安徽一带，沉积岩中有多种类型、色彩。

（二）园林山石的用法

1．孤赏石

常选古朴秀丽、形神兼备的湖石、斧劈石、石笋石等置于庭园主要位置，供人观赏。这些孤赏石除了本身具有瘦、透、漏、皱、丑的观赏价值外，又因历年流传，极具人文价值，往往成为园林中的一景。

2．峭壁石

常用英石、湖石、斧劈石等配以植物、浮雕、流水。常布置于庭园粉墙、宾馆大厅，成为一幅占地少但又熠熠生辉的山水画。

3．散点石

以黄石、湖石、英石、千层石、斧劈石、石笋石、花岗石等，三三两两、三五成群，散置于路旁、林下、山麓、台阶边缘、建筑物角隅，配合地形，植以花木，有时成为自然的几凳，有时成为盆栽的底座，有时又成为局部高差、材质变化的过渡，是一种非常自然的点缀和提示，这是山石在园林中最为广泛的应用。

4．驳岸石

常用黄石、湖石、千层石，或沿水面，或沿高差变化的山麓堆叠，高低错落，前后变化，起驳岸作用，也作挡土墙，同时使之自然、美观。

5．山石洞穴

以黄石、湖石、露头石等堆叠成为独立或傍土半独立的山石，俗称“石抱土”。一般高三五米，最高的可达数十米，并常在山脚设计花坛、池塘、水帘、洞壑。这是一般人心目中的“假山”，经常在园林绿地中出现，但不宜推广。

6．山石瀑布

以园林绿地地形为依据，堆放黄石、湖石、花岗石、千层石，引水由上而下，形成瀑布跌水。这种做法俗称“土抱石”，是目前最常见的做法。

（三）置石

园林中可以用山石零星布置，作独立或附属的造景布置，称为置石或点石。置石用料不多，体量较小而分散，且结构简单，所以与假山相比，容易实现，正因为置石篇幅不大，这就要求造景的目的性更加明确，格局严谨，手法洗练，只要安置有情，就能点石成景，别有韵姿，给人以“片山多致、寸石生情”的感受。

其布置形式可分为特置、散置和群置。

1．特置

特置是指由玲珑、奇巧或古拙的单块山石立置而言，常置于园中作为局部构图中心或作小景，可设基座，也可半埋于土中以显露自然。位置多设在园门入口、路旁、小径的尽头，佳树之下等处，作对景、障景、点景之用。

2．散置

散置即所谓“攒三聚五”、“散漫理之”的布置形式，布局要求将大小不等的山石零星布置，有聚有散、有立有卧、主次分明、顾盼呼应，从而使之成为一个有机整体，看起来毫无零乱散漫或整齐划一的呆板感觉。散点的石姿没有特置的严格，它的布局无定式，通常布置在廊间、粉墙前、山脚、水畔等处，亦可就势落石。

3．群置

群置是指几块山石成组地排列在一起，作为一个群体来体现，其设计手法及位置布局与散置基本相同，其设计手法及位置布局与散置基本相同，只是群置所占空间比散置大，堆数也可增多，但就其布置的特征而言，仍属散置范畴，只不过是以多代少、以大代小而已。

用山石可散点护坡，代替桌凳、建筑基础，抱角镶隅，窗框门框，门前蹲配，墙面装饰，花台边缘，结合水景、配合雕塑等。

（四）堆叠山石设计注意事项

1．山石的用料和做法

山石的用料和做法，实际上表示一种类型的地质构造存在。在被土层、沙砾、植被覆盖的情况下，人们只能感受到山林的外形和走向。如覆盖物除去，则“山骨”尽出。因此，山石的选用要符合总体规划的要求，与整个地形、地貌相协调。例如，在规划一个荒漠园时，就不宜用湖石，因为那里水不多，很难找到喀斯特现象。

在同一地域，不要多种类的山石混用，否则，在堆叠时，不易做到质、色、纹、面、体、姿的协调一致。

2．山石的堆叠造型

山石的堆叠造型，有传统的十大手法：安、接、跨、悬、斗、卡、连、垂、剑、拼。从现在的假山来看，更注重的是崇尚自然，朴实无华。尤其是采用千层石、花岗石的地方，要求是整体效果，而不是孤石观赏。

整体造型，既要符合自然规律，在情理之中，又要高度概括提升，在意料之外。设计者的胸中要有波澜壮阔、万里江山，才能塑造那崇山峻岭、危岩奇峰、层峦叠嶂、细流飞瀑。

3．假山的基础

孤赏石、山石洞壑由于荷重集中，要做可靠的基础。过去常用直径 12～15cm 的木桩，按 20～30cm 间距梅花点打夯至持力层，上覆盖实石板为基础。现在只要土质硬实，无流沙、淤泥、杂质松土，一般用砼板较省时省工，达到 $8t/m^2$ 以上即可。

为节省驳岸石的投资，一般在水下和泥下 10～20cm 用毛石砌筑。

为减少剑石入土长度和安全起见，四周必须以砼包裹固定。

山石瀑布如造于老土上，可在素土、碎石夯实上，捣筑一层钢砼作基础。如造于新堆土山之上，则要防止因沉降而产生裂隙，因漏水而水土冲刷，逐渐变形失真，产生危险。

4．真假料配合造型设计

真材（天然石材）、假料（GRC 等）配合的造型设计，是一种创新。在施工困难的转折、倒挂处，在人接触不到的地方，使用人造假山，往往可以少占空间，减轻荷重，而整体效果好。

二、园林池岸

（一）石驳岸

现代园林自然水体的边岸，多数是以石砌驳，以重力保持稳定，防止水土坍塌流失，对池岸基本要求是在外力作用下不推移、倾覆和破坏，因此池河驳岸的设计要经力学计算。在自然景观为主的池河驳岸往往不砌出水面，而在水平面以下 5～10cm 用乱石为材，其以上用景观石为料，以达到既节约又美观的目的。特别要注意的是，景观不能形同锁链，机械环绕水面，而应是断断续续、忽隐忽现摆布；坡缓处的地面可自然延伸入水，坡陡处的边岸转折之处，可三三两两、三五成群布置景观石。

在设计较平（达 1/5～1/6）的缓坡时，在水位线上下，种植耐湿固土地被和水生植物，或布置沙砾卵石，能够达到源于自然又高于自然的园林意境。

（二）竹木驳岸

以树干、毛竹为桩，夯于岸边及摆篱垒土成驳，价廉而富于田园风光。为了持久耐用，现在常以钢砼为芯，外粉饰仿竹木形状来代替。

（三）溪流

（1）溪流的形态应根据环境条件、水量、流速、水深、水面宽和所用材料进行合理的设计。溪流分为可涉入式和不可涉入式两种。可涉入式溪流的水深应小于0.3m，以防止儿童溺水，同时水底应作防滑处理。可供儿童嬉水的溪流，应安装水循环和过滤装置。不可涉入的溪流宜种养适应当地气候条件的水生动植物，增强观赏性和趣味性。

（2）溪流的坡度应根据地理条件及排水要求而定。普通溪流的坡度宜为0.5%，急流处为3%左右，缓流处不超过1%。溪流宽度宜在1～2m，水深一般为0.3～1m，超过0.4m时，应在溪流边采取防护措施（如石栏、木栏、矮墙等）。为了使绿地环境景观在视觉上更为开阔，可适当增大宽度或使溪流蜿蜒曲折。溪流水岸，宜采用散石和块石，并与水生或湿地植物的配置相结合，减少人工造景的痕迹。

（四）驳岸设计应注意问题

（1）一块绿地、一个公园的水体，应服从总体要求，有一个统一的构思；池岸是自然，抑或是规则，是隐是现，有无栏杆小径等，都要以整体的地域位置、风格面貌而定。大型绿地的不同区域，也可有不同的要求。

（2）几种池岸做法，可以相互配合使用，应注意的是交接处如何过渡。如水库的池岸，此岸近广场建筑而规则，彼岸近丘陵丛林而自然，也不失为一种变化和对比。

（3）池岸要考虑安全因素。一般近岸处水宜浅（0.4～0.6m），水的面底为缓坡（1/3～1/5），以求节约和安全。人流密集的地方，应在设计中考虑如何防止落水。

（4）水面使用功能的不同，如观赏鱼、植荷莲、划舟艇、显倒影、喷水、游泳、溜冰等，也会使景观和水深浅、水波浪不尽相同，而影响池岸设计。

（5）选材既关系到景观，也决定造价，从经济上也要多加考虑。

三、园林水池

（一）喷水池

从工程造价，水体的过滤、更换，设备的维修和安全角度看，喷水池一般设计为浅水池。浅池设计时要注意管线设备的隐蔽，同时也要注意水浅时，吸热大，易生藻类的处理。

1. 喷头和水下照明

一般的喷头安装、水下照明布置，要求水深50～60cm。如果采用进口设备，还可浅些。小于40cm，水下灯就不易安装。浅水盆或池，水深最浅要≥10cm。

2. 泵和泵坑

当采用立式潜水泵做动力时，可于局部加深，形成泵坑。要保证泵的进水口有≥50cm

的水深。因此，设计时尽量选用小型的、进水口在下方的潜力泵，在可能的时候，最好采用卧式潜力泵。

3．喷水池射流顶点至池沿的宽度

喷水池一般要大于射流的高度，即成45°，以防水溅。水池周围地面要有坡度和粗糙度。

4．喷水池的池底池壁

池底和池壁的颜色，过去常用白、浅蓝等浅色，以显水情。现在有用深色，甚至全黑的设计。选用深色，喷泉宜用泡沫型喷头，对比之下，更为分明。同样道理，不喷射也要有某项对比色，如雕塑、花钵等，以免过于沉闷。

复杂的喷水池，池内各种管线错综复杂。这种状况，在喷射时并不为人注意，停喷时就会反映出来。如果水池维修断水，冬季放空水，更是大煞风景。因此，有的喷水池在池内散铺卵石，但又不利清洁打扫；可以设计于水面下铺放一层玻璃板，只留出灯光和喷嘴的地位，或者在池底做凹槽；实在无法解决，就做"旱喷泉"。

池壁池底要易于清洁。池底要做出≥0.005 坡度并设置清污口。在北方池壁，最好有一点向外倾角度，池口最好有反边，一是可以防风吹灰尘杂物和雨水倒灌，二是减少喷射的波涌。

（二）静水池

1．水体倒影

平静的水面，产生倒影，如同镜子一般，俗语"平静如镜"，以这种观赏效果为目的的水体，称"镜池"。

设计是按照入射角等于反射角的光学原理，找到观赏倒影的最佳地点。也可以反过来，按观赏倒影的要求，来设计水体的大小、形状和位置。按照这个道理，要使水体反射效果好，必须水体的水平面高而边岸低，水面积大且暴露，外形简洁。反过来，也可理解为被倒影的物体轮廓清晰、地位低、视距近。

水体须深岸的静水池，水面倒影明显。要做到这点，有两种办法：一是加大水深，二是加深水池底面和边岸的颜色。同时要考虑色深易生苔藻等副作用。

2．水中造型

这种设计要求首先是水质要清澈、透明，池底不能留有杂质；其次是水深要控制好，过深则不明显或折射变形；图案绘画色彩要鲜艳夺目，边界分明；再次是可配合其他水景，如观赏鱼、水生植物、喷泉等。

水中造型，也可应用到喷水池中，因为喷水池在停喷时绝大多数是静水池。这时，喷泉的喷嘴可以设计为花或鱼的造型，喷水池的池底，可安排绘画，甚至不再是平面，而是按照立体造型的要求，设计为折面、曲面。

（三）景观桥

（1）桥在自然水景和人工水景中都起到不可缺少的景观作用，其功能作用主要有：形成交通跨越点；横向分割河流和水面空间；形成地区标志物和视线集合点；眺望河流和水面的良好观景场所，其独特的造型具有自身的艺术价值。

（2）景观桥分为钢制桥、混凝土桥、拱桥、原木桥、锯材木桥、仿木桥、吊桥等。园林绿地一般以木桥、仿木桥和石拱桥为主，体量不宜过大，应追求自然简洁，精工细作。

（四）木栈道

（1）临水木栈道为人们提供了行走、休息、观景和交流的多功能场所。由于木板材料具有一定的弹性和粗朴的质感，因此行走其上比一般石铺砖砌的栈道更为舒适。多用于要求较高的绿地环境中。

（2）木栈道由表面平铺的面板（或密集排列的木条）和木方架空层两部分组成。木面板常用桉木、柚木、冷杉木、松木等木材，其厚度要求根据下部木架空层的支撑点间距而定，一般厚为 3～5cm，宽为 10～20cm，板与板之间宜留出 3～5cm 宽的缝隙。不应采用企口拼接方式。面板不应直接铺在地面上，下部要有至少 2cm 的架空层，以避免雨水的浸泡，保持木材底部的干燥通风。设在水面上的架空层其木方的断面选用要经计算确定。

（3）木栈道所用木料必须进行严格的防腐和干燥处理。为了保持木质的本色和增强耐久性，用材在使用前应浸泡在透明的防腐液中 6～15 天，然后进行烘干或自然干燥，使含水量不大于 8%，以确保在长期使用中不产生变形。个别地区由于条件所限，也可采用涂刷桐油和防腐剂的方式进行防腐处理。

（4）连接和固定木材和木方的金属配件（如螺栓、支架等）应采用不锈钢或镀锌材料制作。

四、瀑布

瀑布按其跌落形式分为滑落式、阶梯式、幕布式、丝带式等多种，并模仿自然景观，采用天然石材或仿石材设置瀑布的背景和引导水的流向（如景石、分流石、承瀑石等），考虑到观赏效果，不宜采用平整饰面的白色花岗石作为落水墙体。为了确保瀑布沿墙体、山体平稳滑落，应对落水口处山石作卷边处理，或对墙面作坡面处理。

（一）水量

人工瀑布的水量较大，通常采用循环水。瀑布水量越大，越接近大自然，能量的消耗也大。瀑布跌落的过程中，水体和空气摩擦碰撞，逐渐成水滴分散，因此瀑布设计需要有一定的厚度，才能保持水型。资料显示，随着瀑布跌落高度增加，水流厚度、水量也要相应增加。为了增加水量，往往把喷泉的造水口设在喷泉下水池，而喷涌出来的水流入上水池，二池之间形成瀑布。

（二）溢水口

中国式的山石瀑布，一般瀑布口 1～3m 宽，可以用一块仔细打磨的石板、砼板作溢水口。溢水口设计时要融为山石的一部分，流瀑时好看，不流时也自然。

溢水口再长，也无法解决接缝的问题，要用高标号水泥抹灰造型，再仔细磨光（即高级彩色水磨石），极适于溢水口平面为曲折多变的设计。如果是喷水池等平面形状较规则的溢水口，且长度大，要在抹灰面上包覆不锈钢板、杜邦板、铝合金板、复合钢板等新型材料，并在接缝处仔细打平、上胶至光滑无纹。

溢水口异形处理成曲线、锯齿状、圆孔和多个溢水池交叉跌水等，使水流呈不同形状跌落，显出另一种趣味。

（三）下水池

瀑布跌落到下水面，会产生水声和水溅。如果有意识地加以利用，可产生更好的效果。如在落水处放块“受水”会增加溅水；放个水车，会有动态。把瀑布的墙面内凹，暗面可衬托水色，可以聚声、反射，也可以减少瀑布水流与墙面之间产生的负压。

为了防止水溅，一般下水池的宽度要大于瀑布高度的 2/3。为了水体循环，瀑布的进水口宜选择在最下面水池的远端。从规划上考虑，要为水系的循环创造条件，做到“流水不腐”的要求。

（四）涩水

水体如果沿着墙面滑落，是和瀑布同样原理的另一种水景观，称为“涩水”。涩水的墙面，由光滑到粗糙而至台阶形状，倾斜角度也由大至小，出现各种不同的景观趣味。

室外的设计，涩水面最好坐北朝南，在阳光照射下，平静、滚动、跳跃的流水会显现万般生机。如果光线弱的地方、室内，要考虑人工照明由下水池、侧墙向涩水方向照射，或采用透明墙材由室内面照射。否则易为人忽略，尤其是光滑的墙面动感不足。

涩水面如果是台阶式、一步一步往下流淌跌落，这时台阶的长和宽要与水量配合，取得跳跃或贴墙等各种不同的最佳效果。上下各个台阶之间，也可不尽相同，堆叠出如螺旋形、放射形的台阶、各个不同高差台阶的搭配等，使水姿有聚有散，有急有缓。

涩水面如果是平面，最好和地面有 5°～10° 的倾斜。流水表面的粗糙程度各有不同，水量有大有小，从初显潮湿至流淌飞瀑，要按总体设计要求而定。

另外一种设计，是水沿着透明尼龙丝缓流，无声而下，尼龙丝可以组成各种形状，如同一条放大的琴弦。这种设计要求水质保持清洁，才不致污染尼龙丝。

五、园林栏杆

栏杆是一种长方形的、连续的构筑物，常按单元来划分设计。栏杆的构图要单元好看；

更要整体美观，在长距离内连续地重复，产生韵律美感。

栏杆在绿地中起分隔、导向的作用，使绿地边界明确清晰。设计好的栏杆，很具装饰意义，栏杆不是主要的园林景观构成，但是量大、长向的建筑小品，对园林的造价和景色有不少影响。

（一）栏杆的高度

低栏 0.2～0.3m，中栏 0.8～0.9m，高栏 1.1～1.3m，要因地按需选择。“防君子不防小人”的导向型和生态型间隔。不可以栏杆的高度来代替管理，使绿地空间截然被分开来。能用自然的、空间的办法，达到分隔的目的时，少用栏杆。如用绿篱、水面、山石、自然地形变化等。

一般来讲，草坪、花坛边缘用低栏，明确边界，也是一种很好的装饰和点缀；在限制入内的空间、人流拥挤的大门、游乐场等用中栏，强调导向；在高低悬殊的地面、动物笼舍、外围墙等，用高栏起分隔作用。

（二）栏杆的构图

栏杆的构图要服从环境的要求。例如，桥栏、平曲桥的栏杆有时仅是二道横线，与水的平桥造型呼应，而拱桥的栏杆，是循着桥身呈拱形的。栏杆色彩的隐现选择，也是同样的道理，绝不可喧宾夺主。

栏杆的构图除了美观，也和造价关系密切，要疏密相间、用料恰当，每单元节约一点，总体相当可观。

（三）栏杆的设计要求

低栏要防坐防踏，因此低栏的外形有时做成波浪形的，有时直杆朝上，只要造型好看，构造牢固，杆件之间的距离大些也无妨，这样既省造价又易养护。

中栏须防钻，净空不宜超过 14cm，构图的优美是关键。但在危险、临空的地方，尤其要注意儿童的安全问题。此外，中栏的上槛要考虑作为扶手使用，凭栏遥望，也是一种享受。

（四）栏杆的用料

用作栏杆的材料有石、木、竹、砼、铁、钢、不锈钢等，现在最常用的是型钢与铸铁、铸铝的组合。

（1）竹木栏杆。这种栏杆的特点是自然、质朴、价廉，但是使用期不长，真材实料要经防腐处理，或者采用“仿”真的办法。

（2）砼栏杆。砼栏杆构件较为拙笨，使用不多；有时作栏杆柱，但无论什么栏杆，总离不了用砼作基础材料。

（3）铸铁、铸铝栏杆。这种栏杆可以做出各种花型构件，美观通透。缺点是性脆，断了不易修复，因此常常用型钢作为框架，取两者的优点而用之。还有一种锻铁制品，杆件的外形和界面可以有多种变化，做工也精致，优雅美观，只是价格不菲，可在局部或室内使用。

（五）栏杆的构件

除了构图的需要，栏杆杆件本身的选材、构造也很有考究。一是要充分利用杆件的截面高度，提高强度又利于施工；二是杆件的形状要合理，两点之间，直线距离最近，杆件也最稳定，多几个曲折，就要放大杆件的尺寸，才能获得同样的强度；三是栏杆受力传递的方向要直接明确。只有了解一些力学知识，才能在设计中把艺术和技术统一起来，设计出好看、耐用，又便宜的栏杆来。

六、园林围墙

园林围墙有两种类型：一是作为绿地周边分隔的围墙；二是绿地内划分空间、组织景色、安排导游而布置的围墙。这种情况在中国传统园林中是经常见到的。

（一）园林围墙设计要求

随着社会的进步，人们物质水平提高，“破墙透绿”的例子比比皆是。这说明对围墙的要求正在起变化，涉及园林围墙时要尽量做到以下几点。

（1）能不设围墙的地方，尽量不设，让人接近自然，爱护绿化。

（2）能利用空间的办法、自然的材料达到隔离的目的，尽量利用。如高差的地面、水体的两侧、绿篱树丛，都可以达到隔而不分的目的。

（3）要设置围墙的地方，能低尽量低，能透尽量透，只有少量须掩饰的隐私处，采用封闭的围墙。

（4）围墙处于绿地之中时，应设计成为园景的一部分，由围墙向景墙转化。把空间的分隔与景色的渗透联系统一起来，有而似无，才是高超的设计。

（二）园林围墙的种类

1．竹木围墙

竹篱笆是过去最常见的围墙，现已难得用到。有人设想过种一排竹子而加以编织，成为“活”的围墙（篱），这是最符合生态学要求的墙垣了。

2．砖墙

墙柱间距 3～4m，中间开各式漏花窗，既节约又易施工和管养，缺点是较为闭塞。

3．混凝土围墙

一是以预制花格砖砌墙，花型富有变化但易爬越；二是混凝土预制成片状，可透绿也易管、养。混凝土墙的优点是一劳永逸，缺点是不够通透。

4．金属围墙

以型钢为材，表面光洁，性韧易弯不易折断，缺点是每 2～3 年要油漆一次。

以铸铁为材，可作各种花型，优点是不易锈蚀且价不高，缺点是性脆且光滑度不够。

现在往往把几种材料结合起来，取其长而补其短。混凝土往往用作墙柱、勒脚墙。取型钢为透空部分框架，用铸铁为花饰构件。

（三）园林围墙的设置

围墙是长形构造物，长度方向要按要求设置伸缩缝，按转折和门的位置来布置柱，调整因地面标高变化的立面。利用砖、混凝土围墙的平面凹凸、金属围墙构件的前后交错位置，实际上等于加大围墙横向断面的尺寸，可以免去墙柱，使围墙更自然通透。

七、园亭和廊

园亭是指园林绿地中精致精巧的小型建筑物，可分为两类：工人休憩观赏的亭和具有实用功能的票亭、售货亭等。

（一）园亭的位置选择

建亭地位要从两方面考虑：一是由内向外好看，二是由外向内好看。园亭要建在风景好的地方，使入内歇足休息的人有景可赏，同时要考虑建亭后成为一处园林美景，园亭在这里往往可以起到画龙点睛的作用。

（二）园亭的设计构思

1．园亭的形式

选择所设计的园亭的形式：是传统，或是现代；是中式，或是欧式；是自然野趣，或是奢华富贵。

2．环境文化因素

同种款式中，平面、立面、装修的大小、形样、繁简也有很大的不同，需要斟酌。例如，同样是植物园内的中国古典园亭，牡丹园和槭树园不同。这是因为它们所在的环境气质不同而异。同样是欧式古典园亭，高尔夫球场和私宅庭园的大小有很大不同，这是因为它们所在环境的开阔郁闭不同而异。

3．标新立异

重于创造，古为今用，洋为我用，才可以取得好的效果。如以四片实墙，边框采用中国古典园亭的外轮廓，组成虚拟的亭，是一种创造。只有深入考虑形式、功能和用材等这些细节，才能标新立异，不落俗套。

（三）园亭的平立面

园亭体量小、平面严谨。自点状伞亭起，三角、正方、长方、六角、八角以至圆形、海棠形、扇形，由简单到复杂，基本上都是规则几何形体，或再加以组合变形。根据这个道理，可构思其他形状，也可以和其他园林建筑（如花架、长廊、水榭）组合成一组建筑。

园亭的平面组成比较单纯，除柱子、坐凳（椅）、栏杆，有时也有一段墙体、桌、碑、井、镜、匾等。园亭的平面布置，一种是一个出入口，终点式的；还有一种是两个出入口，穿过式的。

园亭的立面，可以分成几种类型。这是决定园亭风格款式的主要因素。如中国古典、西洋古典传统式样。中国传统园亭柱子有木和石两种，用真材或砼仿制，但屋盖变化多，如以砼代木，则所费工、料均不合算，效果也不甚理想。西洋传统型式，各种规格的玻璃钢、GRC柱式、檐口，可在结构外套用。

（四）园亭的新式样

1．平顶、斜坡、曲线式样

这种式样要注意的是园亭平面和组成均要简洁，要增强观赏功能，只有在屋面上的变化要多一些。如做成折板、弧形、波浪形，或者用新型建材、瓦、板材；或者强调某一部分构件和装修，来丰富园亭外立面。

2．仿自然、野趣式样

目前多用竹、松木、棕榈等植物材料或木结构，石材或仿石结构，用茅草作顶也特别有表现力。

3．帐幕式样

以其自然柔和的曲线，应用日渐增多。

（五）廊

廊以有顶盖为主，可分为单层廊、双层廊和多层廊。廊具有引导人流、引导视线、连接景观节点和供人休息的功能，其造型和长度也形成了自身有韵律感的连续景观效果。廊与景墙、花墙相结合增加观赏价值和文化内涵。

廊的宽度和高度设定应按人的尺度比例关系加以控制，避免过宽过高，一般高度宜在2.2～2.5m，宽度宜在1.8～2.5m。建筑与建筑之间的连廊尺度控制必须与主体建筑相适应。

柱廊是以柱构成的廊式空间，是一个既有开放性，又有限定性的空间，能增加环境景观的层次感。柱廊一般无顶盖或在柱头上加设装饰构架，柱子的排列产生效果，柱间距较大，纵列间距4～6m为宜，横列间距6～8m为宜，柱廊多用于广场、居住区主入口处。

八、园林花架和棚架

花架有两方面的作用：一方面供人歇足休息和欣赏风景，另一方面为攀援植物生长创造条件。因此可以说花架是接近于自然的园林小品。一组花钵，一座攀援棚架，一片供植物攀附的花格墙，一个用花架板作出挑的口，甚至是沿高层建筑的屋顶花园，餐厅、舞池的葡萄天棚，往往物简而意深，起到画龙点睛的作用，创造室内室外，建筑与自然相互渗透、浑然一体的效果。

（一）设计花架要点

花架要在绿荫掩映下或在落叶之后要好看和好用，因此花架要作为一件艺术品，而不单作构筑物来设计，应注意比例尺寸、选材和必要的装饰。要根据攀援植物的特点、环境来构思花架的形体；根据攀援植物的生物学特性，来设计花架的构造、材料等。

花架体型不宜太大，尽量接近自然。太大了不易做得轻巧，太高了不易荫蔽而显空旷。

花架的四周，一般都较为通透开畅，除了作支撑的墙、柱，没有围墙门窗。花架的上下（铺地和檐口）两个平面，也并不一定要对称和相似，可以自由伸缩交叉，相互引伸，使花架置身于园林之内，融汇于自然之中，不受阻隔。

（二）攀援植物的配置

一般情况下，一个花架配置一种攀援植物，配置 2～3 种互相补充的也可以。各种攀援植物的观赏价值和生长要求不尽相同，设计花架前要有所了解。

1．紫藤花架

紫藤枝粗叶茂，老态龙钟，适宜于观赏。紫藤花架，要采用能负重的永久性材料，设计显古朴、简练的造型。

2．葡萄架

葡萄浆果有许多耐人深思的寓言、童话，可作为构思参考。种植葡萄，要求有充分的通风、光照条件，还要翻藤修剪，因此要考虑合理的种植间距。

3．猕猴桃棚架

猕猴桃属有 30 余种，为野生藤本果树，广泛生长于长江流域以南的森林、灌丛和路边，枝叶左旋攀援而上。设计此棚架的花架板，最好是双向的，或者在单向花架板上再放临时“石竹”，以适应猕猴桃只旋而无吸盘的特点。整体造型，以粗犷乡土为宜。

4．茎干草质的攀援植物

如葫芦、茑萝、牵牛等，往往要借助于牵绳而上，因此种植池要近，在花架柱梁板之间也要有支撑和固定，方可爬满全棚。

（三）常见花架类型

1．双柱花架

以攀援植物作顶的休憩廊。值得注意的是，供植物攀援的花架板，其平面排列可等距（一般 50cm 左右），也可不等距，板间嵌入花架砧，取得光影和虚实变化；其立面也不一定是直线的，可以是曲线、折线，甚至由顶面延伸至两侧地面，如“滚地龙”一般。

2．单柱花架

当花架宽度缩小，两柱接近而成一柱时，花架板变成中部支撑两端外悬。为了整体的稳定和美观，单柱花架在平面上宜做成曲线或折线型。

（四）棚架

棚架有分隔空间、连接景点和引导视线的作用，由于棚架顶部由植物覆盖而产生庇护作用，同时减少太阳对人的热辐射。有遮雨功能的棚架，可局部采用玻璃和透光塑料覆盖。适用于棚架的植物多为藤本植物。

棚架形式可分为门式、悬臂式和组合式。棚架高宜 2.2～2.5m，宽宜 2.5～4m，长度宜 5～10m，立柱间距 2.4～2.7m。

棚架下应设置供休息用的椅凳。

九、园路

园路是指园林绿地中的道路、广场等各种铺装地坪。它是园林不可缺少的构成要素，是园林的骨架、网络。园路的规划布置，往往反映不同的园林面貌和风格。

（一）园路的功能

园路和多数城市道路不同之处，在于除了组织交通和运输外，还有景观上的要求。即组织游览线路，提供休憩地面等。园路、广场的铺装、线型、色彩等本身也是园林景观的一部分。总之，园路引导游人到景区，沿路组织游人休憩观景，园路本身也成为观赏对象。

（二）园路的类型和尺度

一般绿地的园路分为以下几种。

（1）主要园路。联系全园，必须考虑通行、生产、救护、消防、游览车辆。宽 7～8m。

（2）次要道路。沟通各景点、建筑，通轻型车辆及人力车。宽 3～4m。

（3）休闲小径、健康步道。双人行走 1.2～1.5m，单人 0.6～1m。健康步道是近年来最为流行的足底按摩健身方式。通过行走卵石路上按摩足底穴位达到健身目的。

（4）林荫道、滨江道和各种广场。根据实际情况确定。

（三）园路设计要点

1．园路的方式

园路有自由、曲线的方式，也有规则、直线的方式，能够形成两种不同的园林风格。在设计时采用一种方式为主的同时，也可以用另一种方式作为补充。不管采取什么式样，园路忌讳断头路、回头路。除非有一个明显的终点景观和建筑。

2．园路的对称性

园路并不一定是中轴对称、两边景观平行一成不变的，园路也可以是不对称的。

3．园路的断面变化

园路可以根据功能需要采用断面变化的形式。如转折处加宽路面，坐凳和坐椅处外延便捷；路旁设置过路亭；还有园路和小广场相结合等。这样宽窄不一、曲折相济，能使园路多变，能生动起来，做到一条路上休闲和停留，人行和运动相结合，各得其所。

4．园路的转弯曲折

为了延长游览路线，增加游览趣味，提高绿地的利用率，园路往往设计成蜿蜒起伏的状态。当一马平川而依据不足时，就必须人为地创造一些条件来配合园路的转折和起伏。例如，在转折处布置一些山石、树木，或者地势升降，做到曲之有理，路在绿地中。但是园路不能三步一弯、五步一曲。为曲而曲，脱离绿地而存在是不合理的。

5．园路的交叉设计要注意的事项

（1）避免多路交叉。这样会导致路况复杂，导向不明。

（2）尽量靠近正交。锐角如果过小，车辆便不易转弯，人行也要穿绿地。

（3）做到主次分明。在宽度、铺装、走向上应有明显区别。

（4）要有景色和特点。尤其三岔路口，可形成对景，给人视觉上的享受。

6．园路的坡度

园路在山坡时，坡度≥6%，要顺着等高线作盘山路状，考虑自行车时坡度为≤8%，汽车≤15%；如果考虑人力三轮车，坡度还要小，为≤3%。

人行坡度≥10%时，要考虑设计台阶。园路和等高线斜交，来回曲折，可增加观赏点和观赏面。

（四）园路的铺装

园路建议采用砂、石、木、预制品等块料作为面层铺装。这是上可透气、下可渗水的园林—生态—环保道路。之所以如此建议，是基于下面几点考虑。

（1）符合绿地生态要求。可透气渗水，也有利于树木的生长，同时减少沟渠外排水量，增加地下水补充。

（2）与园林景观相协调。自然、野趣，少留人工痕迹。尤其是郊区人工森林这种类型绿地，宜粗犷自然为宜。

（3）园林绿地建设是一个长期过程，要不断补充完善。这种路面铺装适于分期建设，甚至临时放置过路沟管，抬高局部路面，也极容易，不必如刚性路面那样开肠剖肚。

（4）园林绿地除建设期间外，远路车流频率不能过高，重型车也不宜过多。

（5）是我国园林传统做法的继承和延伸。

（五）园路与种植

（1）与园路、广场有关的绿化形式有：中心绿岛、回车岛等；行道树；花钵、花树坛、树阵；道旁绿化等。

（2）最好的绿化效果，应该是林荫夹道。郊区大面积绿化，行道树可以和两旁绿化种植结合在一起，自由进出，不按间距，灵活种植，实现人在林中走的意境。一定距离在局部稍作浓密布置，形成障景，使人有“山重水复疑无路，柳暗花明又一村”的意境。园中的车行道，绿化的布置要符合行车视距、转弯半径等要求。特别是不要沿路边种植浓密树丛，以防人穿行时出现事故。

（3）要考虑把“绿”引伸到园路、广场中，使之相互交叉渗透，才比较理想。可设计点状路面，如旱汀步、间隔铺砌；使用空心砌块，目前使用最多的是植草砖，可是绿地占铺地砌面 2/3 以上；也可在园路、广场中嵌入花钵、花树坛、树阵。

（4）园路和绿地的高低关系。园路常是浅埋于绿地之内，隐藏于绿丛之中的，尤其是山麓边坡外，园路一经暴露便会留下人工痕迹，极不美观。因此设计要求路比“绿”低，但不一定是比“土”低。由此带来的是汇水问题，这是在园路两侧，距路 1m 左右，要安排很浅的明沟和降雨时汇水泻入的雨水口，天晴时便成为草地的一种起伏变化。

十、园灯

在白天，园灯是具有装饰效果的建筑小品，在地形、道路、绿化的配合下，可以组成一幅非常优美动人的园景。夜晚，园灯的作用更是多方面的。

（一）园灯的布置

园灯一般沿园路布置，按照园林绿地的特点和交通的要求，选择造型赋予特色，照明效果好的柱灯（庭园灯、道灯、路灯）或草坪灯。定位时既要考虑夜色的照明效果，也要考虑白天的园林景观效果，沿路连续布置。一般柱灯保持 25～30m 的间距，草坪灯保持 6～10m 的间距，设计应具有强烈的导向性。

喷水池、雕像、入口、广场、花坛、亭台楼阁等局部或重点的照明，要创造不同的环境气氛，形成夜景中的高潮。园林广场空间常用有足够高度和亮度、装饰性强的柱灯，广场地面可预埋地灯，树下预埋小型聚光灯；入口、雕像、亭台楼阁除了“张灯结彩”外，还常以大型聚光灯照射，游乐场所、商场以霓虹灯招徕顾客；喷水池有专用的水下灯；古典园林中有宫灯、走马灯、孔明灯、石灯笼等。这些灯中其中一部分是固定设施，一部分是节假日临时设施，以便在不同时候达到不同的效果。园林供电管网设计，要预算接线点，预算耗电量。除了“点”、“线”上的灯，为了游人休憩和管理上的需要，绿地各处还要保持一定的照度，间距因地形起伏、树丛的疏密程度有所不同。按照经验，大致每亩地 1 盏灯，达到朦胧的照度，约为道路上的 1/5 即可。

（二）园灯的选择

在重要的近景场所，园灯造型可稍复杂、堂皇，并以多个组合灯头提高亮度及气势。在“面”上，造型以简洁大方，配光合理，以创造休憩环境并力求高效。一般园林柱灯高 3～5m，正处于一般灌木之上、乔木之下的空间。广场、入口等处可稍高，一般为 7～11m。足灯型（草坪灯、花坛灯）不耀眼、照射效果也好，但易损坏，多在专用绿地和公共绿地的封闭空间中使用，其灯具设计有的模仿自然，也有的具有简洁抽象的现代造型。

一般庭园柱灯的构造，由灯头、灯干及灯座三部分组成。园灯造型的美感，也是由这三部分比例匀称、色彩调和、富于独创来体现的。过去往往线条较为繁复细腻，现在则强调朴素、大方和整体感，以及与环境的协调性。

1．灯座

灯干的下段为园灯的基础，其地下电缆往往穿过基础接至灯座接线盒中，再沿灯柱上升至灯头。如果是单灯头时，灯座一般要预留 20cm×15cm 的接线盒位置，因此灯座处的截面面积往往较大，因接近地面，造型也需较稳重。

2．灯柱

灯干的上段，可选择钢筋混凝土、铸铁管、钢管、不锈钢、玻璃钢等多种材料。中部穿行电线，外表有加工成各种线条花纹的，也有上下不等截面的。

3．灯头

灯头集中表现园灯的面貌和光色，有单灯头、多灯头、规则式、自然式等多种多样的外形和各种各样的灯泡。选择时要考究照明实效、防水防尘，灯头形式和灯色要符合总体设计要求。目前灯具厂生产有多种庭园柱灯、草坪灯供选用。自行设计的灯头，要考虑到加工数量的限制和以后养护管理所需零件的配套。

（三）园灯的控制

园灯的控制一般要做到全园的统一。面积较大时可分片控制，路灯往往交叉分成 2～3 路控制。

第五节　园林植物的应用

园林植物种类繁多，姿态色彩各异，能够构成丰富多彩的景观，给人们带来愉悦的享受，植物造景就是通过合理地配植乔木、灌木、藤本及草本植物来创造景观，充分发挥植物本身形体、线条、色彩等自然美，织成一幅幅美丽动人的画面，供人们欣赏。

在山水地形、园林建筑、园林植物这三个园林要素中，植物是唯一有生命力的有机体，随着气候、环境变化不断生长、开花、结果，每个生命阶段都有不同的观赏特性，使植物景观富于变化。植物能够软化建筑生硬的线条，减弱园林中的人工痕迹，使园林环境更加贴近自然，富有生机。

一、园林植物造景基础知识

（一）园林植物造景的生态原理

每种植物对其生态环境都有特定的要求，在利用植物进行造景时必须先满足它的生态要求，给予其适宜的生长环境，保证其正常生长发育。植物只有在生长健壮的前提下才能充分展示其观赏特性。所以，满足植物的生态要求是营造优美的植物景观的前提条件。

1．适地适树

由于所处的地域不同，各地园林的气候、水土等环境条件是多种多样的，就同一地区而言，园林中的不同区域的地理条件也不相同，植物造景首先要选择生态习性与立地条件相适应的植物，这就是“适地适树”。例如，有些植物喜欢光线充足，特别是大部分观花植物在隐蔽处开花往往不良，所以喜光的植物最好种在建筑物不遮光的地方。园林中有些荫蔽处，如建筑背面、树荫下，就需选择对光线要求不严的种类或耐阴植物。大多数植物对土壤中含水量要求适中，既不能太干，也不能太湿，少数种类则对此要求不严。园林中水体的自然驳岸边需选用能耐水湿的种类，在土壤干旱贫瘠处则要选用抗性较强、能耐瘠薄土壤环境的种类。目前，很多城市中由于工业的迅速发展和防护措施的不完善，造成比较严重的大气污染，与自然界相比，多了一些对植物生长不利的成分，如二氧化硫、氧化物、氟化物、光化学烟雾等，所以，在工矿区、城市道路边等处，则需选用抗污染性强或能够吸收有害气体的植物种类。

2．考虑植物种间的关系

在利用植物造景时，往往会遇到植物根系竞争的问题。当两种或几种同是乔木或同是草本的植物种植在一起时，其根系处在土壤的同一深度上，就会发生对土壤中养分的竞争现象，生长快的植物吸收到的营养和水分比生长慢的植物多，所以生长势会愈来愈强，而生长慢的植物的生长势则会受到影响。因此，在配植时一般多采用乔、灌、草多层次结合，使其根系分布在土壤的不同深度；同种植物配植要安排合理的株行距，以减弱植物根系的这种竞争现象。

有些植物会分泌某些化学物质，影响其他种植物的正常生长，在不同种植物配植时，一定要考虑到这个因素。例如，刺槐、丁香两种植物的花香会抑制邻近植物的生长，配植时可将两种植物各自丛植、片植；榆树与栎树、白桦与松、松与云杉之间具有对抗性，在风景林人工栽培群落配植时尽量不要放在一起；核桃叶分泌大量核桃醌对苹果有毒害作用，不宜配植在一起；有一种梨桧锈病是在圆柏（或侧柏）与梨（或苹果）这两种寄主中完成的，梨、苹果若与圆柏、侧柏种植在一起，则易得梨桧锈病，故应避免。

（二）植物造景的美学原理

在满足了植物的生态要求后，配植植物时还要遵循艺术创作通行的一些美学原则，结合植物特有的美，创造出令人赏心悦目的植物景观。

1．多样与统一的原则

植物造景统一的原则是指选择的植物在形态、体量、色彩等方面有一定程度的相似性或一致性；变化是指应用不同植物种类或同种植物不同年龄的植株，形成在形态、体量、色彩上的差异。一般来讲，统一感强的植物景观能体现整齐、庄严、肃穆的气氛，但过分统一会显得呆板、郁闷、单调，所以园林中常要统一中求变化。变化丰富的植物景观生动活泼，但变化也要有度，过分的变化易产生杂乱的感觉，所以变化中要有统一。

植物造景时的变化统一是与园林环境相联系的。例如，面积小的绿地中植物种类不宜过多，否则会杂乱无章。在面积较大的园林绿地中，植物种类则应适当增加，避免景观单调乏味。再如，在纪念性园林中植物色彩、体量差异不宜太大，整齐有致的植物景观能有力地烘托纪念性园林的转眼肃穆；而在休闲性绿地中，色彩宜丰富一些，给人以精神愉悦的感受。

2．对比与调和的原则

对比与调和是艺术构图的重要手段之一。植物造景时要有对比，使景观丰富多彩，同时又要有调和，以便突出主题，不失园林的基本风格。

（1）形象的对比与调和。在植物造景中，乔木的高大和灌木的矮宽、尖塔形树冠与卵形树冠有着明显的对比，但都是植物，其本身又是调和的。

（2）体量的对比与调和。在各种植物中，有着体量上的很大差别。如假槟榔与散尾葵、蒲葵与棕竹配植在一起，能突出假槟榔和蒲葵的高大，而它们的姿态又都是调和的。

（3）色彩的对比与调和。植物色彩差异明显的就是对比，如绿与红、白与黑；差异不大的就有调和效果，如植物叶色从淡绿到墨绿，色调有深有浅，但差异不十分明显。运用色彩对比可获得鲜明而吸引人的良好效果，植物造景时就常用“万绿丛中一点红”的对比手法来创造主景。运用色彩调和则可获得宁静、稳定与舒适优美的环境。

（4）明暗的对比与调和。园林绿地中的明暗使人产生不同的感受。明处开朗活泼，暗处幽静柔和；明处适于活动，暗处适于休息。园林中很容易利用植物来构成有明有暗的景观，既能互相沟通又能形成丰富多变的环境。

（5）虚实的对比与调和。树木有高矮之分，树冠为实，冠下为虚；园林空间中林木葱茏是实，虚中有实，才使园林空间有层次感，有丰富的变化。

（6）高低的对比与调和。园林景观很讲究高低对比、错落有致，除行道树之外，忌讳高低一律。利用植物的高低不同，组织成有序列的景观，但又不能是均匀的波形曲线，而应该形成自然优美的天际线。另外，利用高耸的乔木和低矮的灌木整形绿篱种植在一个局部环境之中，垂直向上的绿柱体和横向延伸的绿条，会形成鲜明的对比，产生强烈的艺术效果。

3．韵律与节奏的原则

在园林中利用植物单体有规律的重复，有间歇的变化，可以在序列重复中产生节奏，在节奏变化中产生韵律。如路旁的行道树用一种或两种以上植物的重复出现形成韵律。韵律可分为如下几种：一种树等距离排列称为“简单韵律”，比较单调而装饰效果不大。两种树木，尤其是一种乔木与一种花灌木相间排列，或带状花坛中不同花色分段交替重复，会产生活泼的“交替韵律”。人工修剪的绿篱可以修剪成各种形式的变化，如方形起伏的城垛状、弧形起伏的波浪状、平直加上尖塔形或球形等形式，形成“形状韵律”。又如利用春色叶或秋色叶的植物在不同季节的叶色变化形成韵律，称为“季相韵律”。

4．主体与从属的原则

在植物造景中，一般而言，乔木是主体，灌木、草本是从属的。乔木或丛植的灌木通常置于园林的重要地段配置成主景，在主景两侧或周边配植小灌木或草本，形成配景。

5．均衡与稳定的原则

园林是由植物、山水及建筑等组成的，它们表现出不同的重量感。在平面上，表示轻重关系适当的就是均衡；在立面上表示轻重关系适当的则为稳定。在一般情况下，园林景观不可能是绝对对称均衡的，但仍要从体形、数目、色彩、质地、线条等各方面权衡比较，以求得总体景观效果的均衡。这叫做不对称均衡，也称为自然均衡。不对称均衡赋予景观以自然生动的感觉。

从立面上看，一处景物下部量大而上部量小，被认为是稳定的。园林是人造的仿自然景观，为取得环境的最佳效果，一般应是稳定的。因此，在那些干细而长，枝叶集生顶部的乔木下应配置中木、下木使形体加重，使之成为稳定的景观。

6．比例与尺度的原则

比例是指园林中的景物在体形上具有适当的关系，其中，既有景物本身各部分之间长、宽、厚的比例关系，又有景物之间个体与整体之间的比例关系，这两种关系并不一定用数字来表示，而是属于人们感觉上、经验上的审美概念。尺度包括比例关系，还有匀称、协调、平衡的审美要求。

二、园林植物的种植设计

园林植物是指园林中作为观赏、组景、分隔空间；装饰、庇荫、防护、覆盖地面等用途的植物，包括木本植物和草本植物，园林植物要有体型美和色彩美，适应当地的气候和土壤条件。园林植物种植设计就是根据园林布局要求，按植物的生态习性，合理地配植园林中的各种植物（包括乔木、灌木、藤木、花卉、草皮和地被植物等），以发挥它们的园林功能和观赏特性，园林植物种植设计是园林设计的重要环节。

（一）园林树木种植的基本形式

园林树木种植的基本形式，就是指园林绿化工作中搭配园林树木的样式。又称作园林树木的配置方式。总的来说，有规则式和自然式两大类。

1．规则式配置

树木按一定的几何图形栽植，又称为整形式配置。这种配置方式以行列式或对称式为主，即有一定的株行距，按固定方式排列，因此显得整齐、严谨、庄重、端正。有的需要进行整形修剪，模拟立体几何图形、建筑形体或各种动物形态等。这种配置方式如处理不当则显得单调呆板。

（1）中心植。指单一树木在中心或在轴线上的栽植方式。在广场、花坛等中心地点或主建筑物、出入口形成的轴线上栽植。可种植树形整齐、轮廓严正、生长缓慢、四季常青的观赏树木。中心植包括单株或单丛种植。树种多采用如桧柏、云杉、雪松、整形大叶黄杨、苏铁等。主要功能是观赏，且构成主景。

中心植的周围要求有开阔的空间。这一空间不仅要求保证树木充分体现出其特色，而且要留有合适的观赏视距，以便于观赏。

（2）对植。两株或两丛相同的树木在一定轴线关系下，左右对称的种植方式。常在建筑物门前、大门入口等处，用两株树形整齐美观的相同树种，左右相对的种植，使之对称呼应。对植的树种，不仅要求是外形整齐美观，而且还要求两株是同一树种且其形状、体量、风格特点均大体一致。通常多用常绿树种，亦可用落叶树，如桧柏、龙柏、云杉、水杉、海桐、桂花、龙爪槐、垂柳、榆叶梅、连翘、迎春等。对植一般不作为主景处理，只作配景布置。灌木作对植时，可抬高栽植地，以避免灌丛太小的不足。对植要与邻近建筑物的形体、色彩有所变化，且要协调一致。

（3）列植。将乔灌木按一定的直线或缓弯线以等距离或在一定变化规律下的栽植方式。通常为单行或双行，多用一种树木组成，也可用两种树种间植搭配；也可多行栽植。列植以取得整体效果为主，因此所用树木的树形、体量应大体相同。我国有一株桃树、一株柳树的传统栽植方式，形成桃红柳绿的春景特色，非常成功。列植多用于行道树、林带及水边种植等。

（4）环植。在明显可见的同一视野内，把树木环绕一周的栽植方式。有时仅有一个圆环或椭圆环，有时是半个圆环，有时则是多重圆环等。环植一般处于陪衬地位，多用矮小花灌木或常绿观叶植物，如黄杨、雀舌黄杨等。一般株距很小或密集栽植，形成“环”的效果。

（5）篱植。即绿篱，系灌木密集列植的特殊类型。规则式篱植强调要进行整形修剪，要有一定的几何形状。常用大叶黄杨、黄杨、千头柏、小蜡、小叶女贞等。篱植可起到分割空间等作用。

2．自然式配置

树木栽植不按一定的几何形状，叫自然式配置，又叫不整形配置。这种配置好像树木自然生长在森林原野上形成的自然群落一样，形式不定，因地制宜，力求自然。给人以活泼变化，有居城市而享有园林之乐的感觉。城市园林再现自然，顺乎自然。

1）孤植

孤植是园林中的孤赏树、孤植树。不在中心或轴线上，而是在角落、转折处、关键地方，起到画龙点睛的作用。孤植是为了突出个体美。不论其功能是庇荫与观赏结合，或者主要为了观赏，都要求具有突出的个体美。组成孤植树个体美的主要因素是体形壮伟、树大荫浓，如悬铃木、白皮松、银杏、雪松、毛白杨、橡栎类等；或树冠丰满、花繁色艳，如海棠、玉兰、紫薇、樱花、广玉兰、桂花等，而其中具有浓香者如桂花等，既有色，又有香，更是理想的孤植树。凡作为庇荫与观赏兼用的孤植树，最好选用乡土树种，可望叶茂荫浓，树龄长久。选用孤植树，要有一定的体量、要雄伟壮观。树木的独有风姿特色，往往需要经过一定年代才能体现出来。成年树几十年甚至上百年的大树，树龄越长久的，越格外有价值。孤植包括单株或单丛种植，或者多株多丛而形成单株单丛的种植效果。

2）丛植

丛植按一定构图要求，将三四株至十几株同种或异种树木组成一个树丛的栽植方式，是自然式配置中一个重要的类型。按其功能分：以庇荫为主（兼供观赏）的树丛，可由单一乔木树种组成；以观赏为主的树丛，可采用乔灌木混交且可与宿根花卉相配合。

丛植与孤植的相同点是都要考虑个体美。不同点是丛植要处理好株间和种间关系，还要兼顾集体美。所谓株间关系，是指株间疏密远近等因素，应注意整体上适当密植，使树丛及早郁闭；而局部上疏密有致，以免机械呆板。所谓种间关系，主要指不同乔木树种之间以及乔灌木之间的搭配比较复杂，要全面考虑它们的生物学特性和生态学特性，使之长期相处和好，有利于形成相对稳定的人工栽培群落，以充分发挥其各种功能。

（1）单一树种的丛植。单一树种的丛植必须做到以下四点。

① 统一形态、风格和特色是单一树种的丛植取得整体效果（集体美）的首要条件。若缺乏这种统一性，也就丧失了单一树种丛植的构图意义了。

② 平面上要疏密有致，这是树丛平面上要遵循的主要原则。整体上要适当密植，以促使树丛及早郁闭，但局部上要有疏有密，使树丛树冠正投影外缘有曲折变化，以免过于机械呆板，且注意与周围环境协调并要开辟透景线。

丛植是以不规则的多边形定点进行栽植，或称星火点散式栽植。这样可呈现出自然树丛的外观曲折多变，显得构图生动。

③ 立面上要参差错落，这是树丛立面上要遵循的主要原则。树木在体量上要有大小变化，高矮搭配要协调，层次要鲜明，绝对不可等高等粗过于呆板，但又不要高矮悬殊过大。

④ 要有一定的观赏视距。单一树种的丛植主要在于体现某一特色的整体效果，因此要有让人欣赏这一整体效果的视跑空间。要留出树高 3～4 倍的观赏视距，主要观赏面要更大些。

（2）乔灌木结合的丛植。在自然式布局中应用比较广泛，是应用不同材料取得构景效果的主要类型。它与单一树种丛植的区别在于能够发挥多种植物材料在形体、色彩、姿态等多方面的美，体现树木群落的整体美。在组合中要注意以下几点。

① 要突出主栽树种，要主次有别，树种不宜过多，两三种即可，主栽树种要突出，主栽树种所占比例要大，数量、体量均应占优势，其余是陪衬树种。

② 树种搭配要协调，要做到树种体量上相称、形态上协调、习性上融洽等。

③ 平面上要疏密有致，立面上要错落相宜，切忌呈现出左右对称过于呆板的现象，或将立面划分为若干水平层次过于机械等现象。

3）群植。指二十多株以上到百株以下的乔灌木成群栽植的方式。它与树丛相比，株数增加，面积加大，且与周围园林环境发生较多的关系，而树种内不同树木之间也互为条件，必须从整体发挥美观作用，表现整体美，可作主景或背景。

有时根据需要栽植单一树种（纯林），如在广场、陵墓或其他需要表现庄严、伟大景观处，多用纯林，可栽植桧柏、油松、侧柏等。亦可以两三种或最多四五种乔灌木组成，但要突出主栽树种。要满足树种的习性要求，处理好种间、株间关系。为达到长期相对稳定，可适当密植，以及早达到郁闭。亦可采用复层混交形式，即垂直交形式，从立面上看一个树群有上木、中木、下木等几个层次，以增加城市绿量。

4）林植。在更大范围内成片成带栽植的方式。栽植数量要大，往往是树林，是为了防护功能或某些特定功能的需要进行的。因此林植不强调配置上的艺术性，只是体现总体的绿貌，其林冠线丰富、高低错落；林缘线有收有放、曲折多变。这种种植在小型公园中很少采用，在大型园林中才有。

5）篱植。灌木密集列植的特殊类型。与规则式不同的是，自然式篱植不进行修剪，或形成自然式花篱。即植株不过密，每丛有一定的株距，每株冠丛的轮廓线能隐约可见，而又是浑然一体的观赏效果。

6）附植。应用藤本植物材料依附于建筑物或支架上的栽植方式，即垂直绿化形式。通过附植可使单调的墙体变得生动活泼，形成绿色的挂毯效果，以增加城市绿地面积、增加城市绿量。为解决高层建筑绿化问题，在建筑设计时就应考虑好栽植池的设计，以便日后进行绿化；否则高层绿化就是一句空话。

（二）园林花卉的种植设计

花卉种类繁多、色彩鲜艳、繁殖容易、生育周期短，因此，花卉是园林绿地中经常用作重点装饰和色彩构图的植物材料，常用作强调出入口的装饰、广场的构图中心、公共建筑物附近的陪衬和道路两旁及拐角、树林边的点缀。在烘托气氛、丰富景色方面有独特的效果，也常配合重大节日使用。花卉是一种费钱、费工的种植材料，寿命比较短，观赏期很有限，而且养护管理要求精细，所以在使用时一定要从实际出发，根据人力、物力适当使用。多选用费工少、寿命长、管理粗放的花卉种类，如球根花卉和宿根花卉等。

1．花坛

花坛是在一定范围的畦地上按照整形或半整形的图案栽植观赏植物以表现花卉群体美的园林设施。

1）花坛的几种分类方法

（1）按其形态分类。可分为立体花坛和平面花坛。平面花坛又可按构图形式分为规则式、自然式和混合式。

（2）按观赏季节分类。可分为春花坛、夏花坛、秋花坛和冬花坛。

（3）按栽植材料分类。可分为一、二年生草花花坛、球根花坛、水生花坛、专类花坛（如菊花花坛、翠菊花坛、郁金香花坛）等。

（4）按表现形式分类。可分为花丛花坛、模纹花坛和混合花坛。还有固定花坛和临时花坛。

（5）按花坛的运用方式分类。可分为单体花坛、连续花坛和组群花坛。

2）花坛的几种形式及特点

（1）独立花坛。它具有几何轮廓，作为园林局部构图的一个主体而独立存在。通常布置在建筑广场的中央、道路交叉口及由花架或树墙组织起来的绿化空间的中央。独立花坛的平面外形总是对称的几何形，有的是单面对称的，有的是多面对称的。花坛内没有通路，游人不能进入，所以它的长轴与短轴的比一般不超过3倍，它的面积不能太大。如果面积太大，远处的花卉就模糊不清，失去了艺术的感染力。独立花坛可以设置在平地上，也可以设置在坡地上，独立花坛因其表现内容主题及材料不同，可以有以下几种形式。

① 花丛花坛。它是以观赏草本花卉花朵盛开时，花卉本身华丽的群体为表现主题。选用的花卉必须是开花繁茂，花朵盛开时，达到见花不见叶的效果，图案纹样在花坛中居于从属地位。

② 模纹花坛。又称为“镶嵌花坛”、“毛毯花坛”，其表现主题是应用各种不同色彩的、花叶兼美的植物来组成华丽的图案纹样，最宜居高临下观赏，亦有做成立体造型的，如瓶饰、花篮、人物、宝塔、大象等。

③ 混合花坛。是花丛式花坛与模纹花坛的混合，兼有华丽的色彩和精美的图案。

（2）花坛群。由许多个花坛组成一个不可分割的构图整体，称为花坛群，其排列组合是规则的。单面对称的花坛群，是许多花坛对称排列在中轴线的两侧，这种花坛群的纵轴与横轴交叉的中心，就是花坛群的构图中心，独立花坛可以作为花坛群的构图中心。水池、喷泉、纪念碑或装饰雕塑也常用于构图中心。

花坛群宜布置在大面积的建筑广场中央，大型公共建筑的前方或是规则式园林的构图中心。花坛群内部的铺装场地及道路，是允许游人进入活动的。大规模的铺装花坛群内部还可以设置座椅、花架以供游人休息。

（3）带状花坛。宽度在1m以上，长度为宽度的3倍以上的长形花坛，称为带状花坛。在连续风景构图中，带状花坛可作为主体来运用，可作为观赏花坛的镶边，也可作为道路两侧、建筑物墙基的装饰。

3）花坛的设计要点

（1）花坛布置的形式要和环境求得统一。花坛在园林中不论是作主景还是作配景，都应与周围的环境尽可能地求得协调，如在自然式园林布局中不适合用几何轮廓的独立花坛，即使要用也要采用自然式花坛，尤其忌用数个形式不同的花坛。作为主景的花坛，在各个方面都应突出一些，可以丰富多彩。当构图中心为装饰性喷泉或雕塑时，花坛就是配角，图案和色彩都要居于从属地位，布置要简单，以充分发挥陪衬主体景物的作用，不能喧宾夺主。布置在广场的花坛，其面积要与广场成一定比例，平面轮廓也要和广场的外形统一协调，并应注意交通功能上的要求，不妨碍人流交通和行车拐弯的需要。

（2）花坛的植物选择。选择植物因花坛类型和观赏时期的不同而异，花丛式花坛是以色彩构图为主，故宜应用一、二年生草本花卉，也可以运用一些球根花卉，很少运用木本植物和观叶植物。在观赏花卉中要求开花繁茂、花期一致、花序高矮规格一致、花期较长等特点。模纹花坛以表现图案为主，最好是用生长缓慢的多年生观叶草本植物，也可以少量运用生长缓慢的木本观叶植物。作为毛毯花坛的植物，还要求生长矮小、萌蘖性强、分枝密、叶子小、生长高度可控制在 10cm 左右。不同模纹要选用色彩上有显著差别的植物，以求图案明晰，最常用的是各种五色草和雀舌黄杨。总之，花坛用花宜选择株形整齐、具有多花性、开花整齐而花期长、花色鲜明、能耐干旱、抗病虫害和矮性的品种，常用的有金鱼草、雏菊、金盏菊、翠菊、鸡冠花、石竹、矮牵牛、一串红、万寿菊、三色堇、百日草等。

（3）花坛床地的土壤应符合栽培植物的需要。为了比较突出地表现轮廓变化和避免游人践踏，花坛栽植床一般都高于地面 7～10cm，为便于排水，还可以把花坛中心抬高形成四面坡，一般以 5%的坡度为宜。种植土厚度视植物种类而异，种植一年生草本花卉至少为 20～30cm，多年生花卉及灌木至少为 40cm。为防止花坛土壤因冲刷流出而污染路面，花坛边缘常用一些建筑材料围边，如用砖、卵石、大理石等，可因地制宜，就地取材，形式要简单，色彩要朴素，以突出花卉的色彩美。一般高度为 10～15cm，厚度为 10cm 左右。此外，还可以利用盆栽花卉来布置花坛，优点是比较灵活，不受场合限制。

2．花境

花境是以多年生花卉为主组成的带状地段，花卉布置采用自然式块状混交，表现花卉群体的自然景观。它是园林中从规则式构图到自然式构图的一种过渡的半自然式种植形式。平面轮廓与带状花坛相似，植床两边是平行的直线或是几何规则的曲线。花境的长轴很长，矮小的草本植物花境，宽度可小些，高大的草本植物或灌木，其宽度要大些。花境的构图是沿着长轴的方向演进的连续构图，是竖向和水平的组合景观。花境所选用的植物材料，以能越冬的观花灌木和多年生花卉为主，要求四季美观又能季相交替，一般栽植后 3～5 年不更换。花境表现的主题是观赏植物本身所特有的自然美，以及观赏植物自然组合的群落美，所以构图不着重平面的几何图案，而是植物群落的自然景观。

花境可分为单面观赏和双面观赏两种。单面观赏的花境多布置在道路两侧、建筑、草坪的周围。应把高的花卉种在后面，矮的种在前面。它的高度可以超过游人视线，但也不能超过太多。两侧观赏的花境，多布置在道路中央，高的花卉种在中间，两侧种植矮些的花卉。中间最高的部分不要超过游人视线高度，只有花灌木可以超过。花境在园林中可广泛应用。

（1）建筑物与道路之间的用地上布置花境。布置花境作基础装饰，这种装饰可以使建筑和地面的强烈对比得到缓和，此地段采用单面观赏花境，植物高度宜控制在窗台以下。

（2）在道路用地上布置花境。在此处布置花境有两种形式：一是在道路中央布置两面观赏的花境；二是在道路两侧各布置一列单面观赏的花境，它们必须是对应演进的，成为一个统一的构图。在同一条道路上，也有两种形式并用的。

（3）与植篱配合布置单面观赏的花境。在规则式园林中，整形式绿篱的前方，布置花境可以装饰绿篱单调的基部，绿篱可作为背景，二者交相辉映，互有好处。花境前方配置园路，供游人欣赏。

（4）与花架、游廊配合布置花境。花架、游廊等建筑物，一般都有高出地面30～50cm的台基，台基的立面前方可以布置花境，花境外布置园路，这样，游人沿花架、游廊散步，可以欣赏两侧的花境。同时，花境装饰了台基，游人在园路上观赏花架、游廊，更增添了几分景色。

（5）与围墙与挡土墙配合布置花境。庭园的围墙和阶地的挡土墙，由于立面单调、距离很长，为了绿化这些墙面，可以利用藤本植物作为基础种植，也可以在围墙的前方，布置单面观赏的花境，墙面可以作为花境的背景。阶地挡土墙的正面布置花境，可以使阶地地形变得更加美丽。

3．花台与花池

花台因抬高了植床，缩短了视距，宜选用适于近距离观赏的花卉。不是观赏其图案花纹，而是观赏园林植物的优美姿态，赏其艳丽的繁花，闻其浓郁的香味。因而宜布置得高低参差、错落有致。牡丹、杜鹃、梅花、五针松、蜡梅、红枫、翠柏等，均为我国花台中传统的观赏植物。也可配以山石、树木做成盆景式花台。位于建筑物出入口两侧的小型花台，宜选用一种花卉布置，不宜用高大的花木。

花池是种植床和地面高程相差不多的园林小品设施，它的边缘也用砖石维护，池中常灵活地种以花木或配置山石，这也是中国庭园一种传统的花卉种植形式。

4．花丛

几株至十几株以上花卉种植成丛的形式称为花丛。花丛是花卉的自然式布置形式，从平面轮廓到立面构图都是自然的。同一花丛，可以是一种花卉，也可以是数种混交，但种类宜少而精，忌多而杂。花卉种类常选用多年生、生长健壮的花卉，也可以选用野生花卉和自播繁衍的一、二年生花卉。混交花卉以块状混交为多，要有大小疏密、断续的变化，还要有形态、色彩上的变化，使在同一地段连续出现的花丛之间各有特色，以丰富园林景观。

花丛常布置在树林边缘，自然式道路两旁、草坪四周、疏林草坪之中等处。花丛是花卉诸多配置形式中，配置最为简单、管理最为粗放的一种形式，因此，在大的风景区中，可以广泛地应用，成为花卉的主要布置形式。

习题

1．园林绿地规划的主要形式有几种？各有何特点？
2．园林绿地规划的控制指标有哪几种？怎样计算？
3．园林绿地设计应处理好哪几种关系？
4．园林植物种植的基本形式有哪些？设计时应遵循什么原则？

第五章 园林绿化施工

【本章内容提要】

本章主要介绍园林绿化工程的特点，园林绿化工程的施工原则，施工的主要工序包括园林绿化施工的准备工作、适宜植树季节的确定、树种与苗木的选择等，对园林绿化施工的主要工序进行详细介绍，着重讲解树木的栽培、修剪、树木栽植之后的养护管理等。

【本章学习目标】

了解园林绿化工程的特点、施工原则；了解适宜植树季节的确定依据及各季节植树特点；了解树种和苗木选择的依据；掌握植树工程施工的操作规范；掌握保证树木成活的主要技术措施；掌握树木栽培修剪的原则。

第一节 园林绿化工程概述

一、园林绿化工程的概念

随着人民生活水平的提高以及环境意识的日益加强，环境的绿化美化成为城市建设中重要的一环。园林绿化工程是建设城市园林绿地的工程，泛指园林城市绿地和风景名胜区中涵盖园林建筑工程在内的环境建设工程，包括园林建筑工程、土方工程、假山工程、水景工程、铺地工程、种植工程等。

二、园林绿化工程的特点

1．园林绿化工程是一种综合性的系统工程，需要多部门协同完成

园林绿化工程的建设规模有大有小，有的占地数百公顷，有的虽不大，但涉及的工作内容却十分繁杂。从征地拆迁、清理场地到定点放线、地形塑造、挖池、驳岸、叠石、铺地、植树种草、园林建筑、铺设管道、灯具安装等，可谓工种齐全，面面俱到。工程的进行虽有其程序，但也有可能相互交叉，甚至需要有应急的临时措施，工程涉及的部门既有规划设计，

又有勘测、建筑、施工以及物资供应、苗木供应等部门。因此，一项园林绿化工程往往需要多部门相互协作，共同完成。

2．园林绿化工程形式多样，并有地域性差别

园林绿化工程的空间十分广阔，由于各地的自然环境、地形气候、植被类型、地方文化、人们生活习惯不同，要求园林绿化工程的设计、施工多样化，突出其地域特色，避免雷同。

3．园林绿化工程与人们的生活息息相关

园林绿化的目的不仅仅在于美化环境，还在于园林绿地多数是供人欣赏和使用的，必须给人以美的感受，园林绿地中的建筑、道路、设施要具有安全性和舒适感，并与周围景观相协调。

三、园林绿化工程施工原则

（一）必须符合规划设计要求

植树工程施工是把人们的美好理想（规划、设计、计划）变为现实的具体工作。因为每个规划设计都是设计者根据建设事业发展的需要与可能，按照科学原则、艺术原则形成一定的构思，设计出来的某种美好的意境，融汇了诗情画意和形象、哲理等精神内容。所以，施工人员必须通过设计人员的设计，充分了解设计意图，理解设计要求，熟悉设计图纸，然后，严格按照设计图纸进行施工。如果施工人员发现设计图纸与施工现场实际不符，则应及时向设计人员提出。如需变更设计时，必须求得设计部门的同意，绝不可自行其是。同时不可忽视施工建造过程中的再创造作用，可以在遵从设计原则的基础上不断提高，以取得最佳效果。

这就是人们常说的：按图施工，一切符合设计意图。

（二）施工技术必须符合树木的生活习性

树木除有共同的生理特性外，各种树木都有它本身的习性。不同树种对环境条件的要求和适应能力表现出很大的差异。如再生力和发根力强的树种（如杨、柳、榆、槐、椿、椴、槭、泡桐、枫杨、黄栌等）栽植容易成活，一般都用裸根栽植，苗木的包装、运输可以简单些，栽植技术可以粗放些。而一些常绿树及发根再生力差的树种，栽植时必须带土球，栽植技术必须要求严格。面对不同生活习性的树木，施工人员必须了解其共性与特性，并采取相应的技术措施，才能保证植树成活和工程的高质量完成。

（三）抓住适宜的植树季节

我国幅员辽阔，不同地区的树木适宜的种植期也不相同。同一地区，不同树种由于其生长习性不同，施工当年的气候变化和物候期也有差别。从移植树木成活的基本原理来看，如何确保移植苗木根部缩短离土（水）时间，尽快恢复水分代谢平衡，是移植成活的关键，这

就必须合理安排施工的时间控制与衔接。

1．“三随”

所谓“三随”就是在移植过程中，应做到起、运、栽一条龙，即事先做好一切准备工作，创造好一切必要的条件，于最适宜的时期内，抓紧时间，随掘苗、随运苗、随栽苗，环环扣紧，再加上及时的后期养护、管理工作，这样就可以提高移植成活率。

2．种植顺序

在植树适期内，合理安排不同树种的种植顺序十分重要。原则上讲应该是发芽早的树种应早移植，发芽晚的可以稍后推迟，落叶树春栽宜早，常绿树移栽时间可晚些。

（四）加强经济核算，讲求经济效益

以尽可能少的投入，换取最多的效益。

（五）严格执行植树工程的技术规范和操作规程

规范和操作规程是植树经验的总结，是指导植树施工的技术方面的法规，各项操作程序质量要求、安全作业等都必须符合技术规程的规定。

第二节　园林绿化施工的准备工作

承担绿化施工的单位，在工程开工之前必须做好施工的一切准备工作，以确保施工按期高质量地完成。

一、选择适宜的植树季节

（一）确定适宜植树季节的依据

植树季节应选在适合根系再生和枝叶蒸腾量最小的时期，也就是树木所处物候状况和环境条件最有利于栽植成活而花费人力物力较少的时期。适宜的植树季节取决于树木的种类、生长状况和外界环境条件。确定植树时期的基本原则是要尽量减少栽植对树木正常生长的影响。

在四季分明的温带地区，一般以秋冬落叶后至春季萌芽前的休眠时期最为适宜。就多数地区和大部分树种来说，以晚秋和早春为最好。晚秋是指植株地上部分进入休眠，根系仍能生长的时期；早春是指气温回升、土壤刚解冻，根系已能开始生长，而枝叶尚未萌发之时。在这两个时期内，树体储藏营养丰富，土温适合根系生长，蒸腾较少，容易保持和恢复以水分代谢为主的平衡。至于春植好还是秋植好，则须依不同树种和不同地区条件而定。雨季空

气湿度大，土壤水分条件好，适于某些地区栽植某些树种。具体各地区哪个时期最合适，应根据当年的气候特点、树种类别、任务大小以及技术力量而定。

（二）各植树季节的特点

1．春季植树特点

自春天土壤化冻后至树木发芽前，此期树木仍处于休眠期，蒸发量小，消耗水分少，栽植后容易达到地上、地下部分的生理平衡；多数地区土壤处于化冻返浆期，水分条件充足，有利于成活；土壤已化冻，便于掘苗、刨坑；在冬季严寒地区栽植不耐寒的边缘树种春栽为宜，可免防寒之劳；具肉质根的树木，如山茱萸、木兰、鹅掌楸等须在春季栽植。春季植树适合于大部分地区和几乎所有树种，对成活最为有利，故称春季是植树的黄金季节。但是，在春季干旱、多风的西北和华北北部地区，因为春季很短，气温回升快，季节间的界线很不明显，土壤解冻后，适栽时间很短，树木栽植后根系尚未恢复，而地上部分已经发芽，树木蒸腾量加大，造成了地上、地下水分不平衡的状况，因而影响到栽植成活率。这类地区春季栽植宜早，植后应当进行多次灌水。此外，西南某些地区（如昆明）受印度洋干湿季风影响，冬、春为旱季，土壤水分不足，蒸发量大，春栽成活率往往不高。

2．雨季植树特点

夏季由于气温高，植株生命活动旺盛，一般不适合移植。但如果夏季正值雨季地区，由于供水充足，土温较高，有利根系再生；空气湿度大，地上蒸腾少，在这种条件下也可以移植。江南地区的梅雨季节和北方地区的雨季，适宜栽植常绿树及萌芽能力较强的树种；春旱且秋冬也干旱的西南地区，常绿树尤以雨季栽植为宜。

雨季植树一定要掌握当地历年雨季降雨规律和当年降雨情况，选择春梢停长的树木，抓紧连阴雨时期进行，同时配合其他减少蒸腾的措施（如喷雾、遮荫等）才能保证成活。

3．秋季植树特点

在气候比较温暖或秋季土壤湿度比较稳定的地区，秋季栽植比较适宜，适栽时期可从树木落叶后至土壤封冻前。此期树木进入休眠期，生理代谢转弱，消耗营养物质少，有利于维持生理平衡。由于气温逐渐降低，蒸发量小，土壤水分较稳定；树体内储存营养物质丰富，有利于断根伤口愈合，如果地温尚高，还可能发出新根。经过一冬根系与土壤密切结合，春季发根早，符合树木先生根后发芽的物候顺序。秋季栽植不宜过早，过早树木未落叶，蒸腾作用大，易使苗木干枯，但也不可过迟，否则土壤冻结，栽植困难，而且根系不能完全愈合和萌发新根，易受损失。冬季严寒风大和有冻拔的地区，新栽树木易干梢枯死，故不宜进行秋季植树。

4．冬季植树特点

在冬季土壤基本不冻结的华南、华中和华东等长江流域地区，可以冬植。在北方气温回升早的年份，只要土壤化冻就可以开始栽植部分耐寒树种。在冬季严寒的华北北部、东北大部，由于土壤结冻较深，对当地乡土树种可以利用冻土球移植法进行栽植。中国主要地区植树季节如表 5-1 所示。

表 5-1　　中国主要地区植树季节说明表

地　　区	气候特点	植树季节
华南地区	冬季短期受西伯利亚冷空气南下影响；南部（如广州）没有气候学的冬季，仅个别年份绝对最低气温可达0℃。年降雨量丰富，主要集中在春、夏季，秋季干旱较明显	春栽相应提早，2 月份即可全面开展植树工作。雨季来得早，春季即为雨季，植树成活率较高。秋植宜晚。可冬栽，1 月份则可栽植具深根性的常绿树种（如樟、松等），并与春栽相连接
西南地区	受印度洋季风影响，有明显的干、湿季。冬、春为旱季，夏、秋为雨季。海拔较高，不炎热	春栽成活率不高。其中落叶树可以春栽，但宜尽早，并有充分的灌水条件。常绿树雨季栽植为宜
华中、华东长江流域地区	冬季不长，土壤基本不冻结，除夏季酷热干旱外，其他季节雨量较多，有梅（霉）雨季，空气湿度很大	除干热的夏季以外，其他季节均可栽植。按不同树种可分别进行春栽、梅雨季栽、秋栽和冬栽。春栽主要集中在 2 月上旬至 3 月中下旬，多数落叶树宜早春栽。但对早春开花的梅花、玉兰等应于花后栽；对春季萌芽展叶迟的树种，如枫杨、苦楝、无患子、合欢、乌桕、栾树、喜树、重阳木等，宜于晚春栽；香樟、柑桔、广玉兰、枇杷、桂花等也宜晚春栽。竹类应不迟于出笋前一个月栽为宜。落叶树也可晚秋（10 月中至 11 月中下旬）栽。萌芽早的花木，如杜鹃、月季、蔷薇、珍珠梅等，宜秋季移栽
华北大部与西北南部	冬季时间较长，约有 2～3 个月的土壤封冻期，且少雪多风。春季尤其多风，空气较干燥。夏秋雨水集中	多数树种以春栽为主，有些树种也可雨季栽和秋栽。春栽宜于3 月中旬至 4 月中下旬。易受冻和易干梢的边缘树种，如英桐、梧桐、泡桐、紫荆、紫薇、月季、锦熟黄杨、小叶女贞以及竹类和针叶树类宜春栽。少数萌芽展叶晚的树种，如白蜡、柿子、花椒等宜晚春栽。雨季可植常绿针叶树。杨、柳、榆、槐、香椿、臭椿、牡丹等以秋季为宜（10 月下旬至 12 月上旬）
东北大部、西北北部和华北北部	纬度较高，冬季严寒	春栽成活率较高，可免防寒之劳，宜于 4 月上旬至 4 月下旬前后。亦可秋栽（9 月下旬至 10 月底）。对耐寒力极强的树种，可于冬季进行冻土球移植

二、树种与苗木的选择

科学、慎重地选择树种和苗木，是决定城市绿化工作成败的重要因素。在施工过程中也必须根据各树种的不同特性和施工条件采取不同的技术措施，改进和克服不利的环境条件，以保证栽植成活，充分发挥绿化效益。

（一）园林树木的栽植环境与适地适树

树木的生长受环境的制约和控制，只有在一定的环境条件下才能生长发育，而树木对环境又有改善的作用，因此，适地适树是树种选择的总的原则。

城市绿化是在特定环境下进行的，对环境的了解和认识是正确选择树种的前提，同时还要了解处于各种环境条件下的人们对树种的特殊要求。城市中树木的生长除了受该城市小气候及土壤因素影响外，还在很大程度上受着人为活动的影响。一个城市的兴建、改建、扩建，对自然环境或生态系统影响很大。首先，改变了原有的地形地貌，各种建筑物、道路等代替了原有植物覆盖，既改变了下垫面的性质，也影响了城市的光、热和土壤状况。此外，由于工业的发展，交通、能源燃料和人口集中，二氧化碳含量增高，噪声四起，三废排放，改变了城市大气、水和土壤状况，尤以大气污染影响最大。以上两方面的变化，在一定程度上改变了城市原有的生态系统，使城市具有特有的生态条件，因而在绿化的树种选择方面应充分注意这些特点而做到科学性。

树木的生态习性是长期生长在一定环境条件下所形成的，具有一定的遗传性。主要表现在对环境条件中的温度、光照、土壤、水分等方面的要求。要知道当地的环境是否能适合某一树种，首先就要了解当地的地理位置是否在该树种的分布区之内，或者当地是否有栽培该树种的历史。一般来说，本地区的乡土树种和已在绿化中大量使用的树种是适应本地区生长的。所谓“适地适树”就是把树栽在适合的生态环境条件下，使树木的生态习性和园林栽植地的环境条件相适应，达到树和地的统一，同时具备一定的园林功能效果。

适地适树在园林建设中应包括更多的涵义，除了生态方面的内容以外，还应包括符合园林综合功能的内容。因此，既应该注意乡土树种，又应该注意已成功的外来树种并积极扩大外来树种，在扩大引入外来树种的同时又充分利用乡土树种。在城市的建设发展中，众多的建筑之间形成大量的小气候环境，这些小环境为引种更多树种提供了十分有利的条件，各地的实践证明，很多适应本地的外来树种常常发挥着重要作用。

施工人员在组织施工过程中，必须根据各种植物的不同生态要求和栽植地的具体环境条件，采取不同的技术措施。树种选择虽经过设计人员的精心考虑，但是由于城市条件的复杂性，局部变化很大，当设计人员选定了配置树种，施工时发现某些不适应的部分，可以通过人为措施，如进行深翻、换土及日后养护管理等来改造栽植地环境，创造条件满足其基本生态习性的要求，使其在原来不甚适应的地方进行生长，发挥一定的功能效益。但是，如果人为措施难以达到，则应向设计人员提出更换树种的建议，而不要勉强施工。

（二）园林树木栽植对苗木的选择

苗木的质量好坏直接影响栽植成活和以后的绿化效果，在施工中必须重视对苗木选择。

在确保树种符合设计要求的前提下，对苗木选择有下述要求。

1．对苗木质量的要求

（1）植株健壮。苗干通直圆满，枝条茁壮，组织充实，木质化程度高。相同树龄和高度条件下，干径越粗苗木的质量越好。高径比值（地上部分的高度与地际直径粗度之比）差距越小越好。全株无病虫害和机械损伤。

（2）根系发达。根系发达而完整，主根短直，接近根茎一定范围内有较多的侧根和须根，掘苗后大根系无劈裂。

（3）顶芽健壮。具有完整健壮的顶芽，对针叶树更为重要，顶芽越大，质量越好。

2．对苗木冠形和规格的要求

（1）行道树苗木。树干高度合适，规格准确。杨、柳及快长树胸径应在 4～6cm，国槐、银杏、元宝枫及慢长树胸径在 5～8cm（大规格苗木除外）。分支点高度一致，具有 3～5 个分布均匀、角度适宜的主枝。枝叶茂密，树冠完整。

（2）花灌木。高度在 1m 左右，具主干或分枝 3～6 个，分布匀称，根际有分枝，根系良好，冠形丰满，无病虫及机械损伤。

（3）观赏树（孤植树）。个体姿态优美，具有特色。庭荫树干高 2m 以上；常绿树枝叶茂密，有新枝生长，不烧膛，树冠不残缺；中轴明显的针叶树基部枝条不干枯，圆满端庄。

（4）绿篱。株高大于 50cm，个体一致，基部枝叶丰满；不秃裸，树冠无损伤；球形苗木枝叶茂密，树冠完整、美观。

（5）藤木。植株具 2～3 个多年生主蔓，无枯枝现象。

3．对苗木产地和繁殖方法的选择要求

（1）选择本地产苗木。本地培育的苗木适应当地气候、土质情况，栽植成活率高。外地购苗距栽植地越远（尤其是南方和北方），成活率越没有保证。

（2）选择实生苗。实生苗适应性强，寿命长，对病虫害有较强的抵抗能力，除观花观果等特殊用途外，应选用实生苗。

4．对移植、掘苗和保存情况的要求

（1）选择移植苗。苗木经过多次移植断根，再生后所形成的根系紧凑丰满，移栽易成活。

（2）注意掘苗质量。掘苗伤根过多、根端劈裂以及土球太小、包装不合格等均无法保证成活率。

（3）保存良好。掘苗后不注意保护根系或在运输中风吹日晒，均会造成根系失水而死亡。

5．对合理选择苗龄的要求

幼青年期苗木栽植的成活率较高，工程费用较低。但是由于树体矮小，容易受到不良环境和人为的损害，发挥绿化效果慢。壮年期苗木占据空间和体积最大，发挥绿化功能和经济效益最高，一旦栽植成活会很快发挥绿化效果。但由于树体大，掘苗、运输、栽植操作困难，工程费用高，施工技术要求复杂。衰老更新期的苗木，生长势显著衰退，一旦遭受不良外界环境的影响或病虫袭击很容易死亡。根据城市绿化的需要和环境条件特点，一般绿化工程多需用较大规格的幼青年苗木，移栽较易成活，绿化效果发挥也较快。为提高成活率，尤其应多选用在苗圃经多次移植的大苗。用苗规格应掌握小苗莫用，大树慎用，最宜适龄。

三、施工前的准备工作

承担绿化施工的单位，在工程开工之前，必须做好施工的一切准备工作，以确保施工高质量地按期完成。

（一）了解工程概况

1．工程概况

通过工程主管单位和设计单位，搞清全部工程的主要情况。

2．工程范围和工程量

植树与其他相关工程项目的范围，植树、草坪、花坛的工程量和质量要求以及相应的园林设施工程任务（如土方、道路、给排水、山石等）的范围和工程量。

3．施工期限

包括工程的总进度和始、竣工日期以及各个单项工程的进度或要求将各种苗木栽完的日期。

4．工程投资及设计概算

包括主管部门批准的投资数和设计预算的定额依据，以备编制施工预算计划。

5．设计意图

向设计人员了解设计思想、所达预想目的或意境以及施工完成后近期所要达到的效果。

6．施工现场的地上与地下情况

向有关部门了解地上物的处理要求，地下管线分布现状，设计单位与管线主管部门的配合情况。

7．定点、放线的依据

了解施工现场及附近的水准点以及测量平面位置的导线点，以便作为定点、放线的依据，如不具备上述条件，则需和设计单位协商确定一些固定的地上物，作为定点、放线的依据。

8．工程材料来源

了解各项工程材料来源渠道，其中主要是苗木的出圃地点、时间、质量和规格要求。

9．机械和运输条件

了解施工所需用的机械和运输车辆的来源。

（二）现场踏勘

在了解工程概况后，施工主要负责人员必须亲临现场进行细致的踏勘与调查，搞清以下情况。

（1）各种地上物（如房屋、原有树木、市政或农田设施等）的去留及需保护的地物（如古树名木等）。

（2）现场内外交通、水源、电源情况。

（3）调查邻近建筑物的距离和高度，地下管道深度，上方架空线的高度和走向，以及树木定植点所受阳光的多少、气温和地温、风向和风力等。

（4）了解树木定植地点目前和今后的人流活动以及车辆运行状况（距离、数量等）。

（5）施工期间生活设施的安排。

（6）施工地段的地形、土质调查，以确定整地方案以及是否换土。

（三）制定施工方案

根据工程规划设计所制定的施工计划就是施工方案，又叫“施工组织设计”或“组织施工计划”。

1．施工方案的主要内容

（1）工程概况。

① 工程名称，施工地点等。

② 参加施工的单位、部门。

③ 设计意图。

④ 工程的意义、原则要求以及指导思想。

⑤ 工程的特点以及有利和不利条件。

⑥ 工程的内容、包括的范围、工程项目、任务量、预算投资等。

（2）施工的组织机构。

① 参加施工的单位、部门及负责人。

② 需设立的职能部门及其职责范围和负责人。

③ 明确施工队伍，确定任务范围，任命组织领导人员，并规定有关的制度和要求。

④ 确定义务劳动的来源单位及人数。

（3）施工进度。安排完成任务的时间，包括总进度和单项任务进度。

（4）劳动力计划。根据工程任务量及劳动定额，计算出每道工序所需用的劳力和总劳力，并确定劳力的来源、使用时间及具体的劳动组织形式。

（5）材料工具供应计划。根据工程进度的需要，提出苗木、工具、材料的供应计划，包括用量、规格、型号、使用期限等。

（6）机械运输计划。根据工程需要提出所需要的机械、车辆，日用台班数及具体使用日期。

（7）施工预算。以设计预算为主要依据，根据工程实际情况、质量要求和当时市场价格，编制合理的施工预算。

（8）技术和质量管理措施。

① 施工中除遵守当地统一的技术操作规程外，应提出本项工程的特殊要求及规定。

② 确定质量标准及具体的成活率指标。

③ 进行技术交底、技术培训的方法。

④ 质量检查和验收的办法。

（9）绘制施工现场平面图。对于比较大型的复杂工程，在编制施工方案时，应绘制施工现场平面图。平面图上主要标明施工现场的交通路线、放线的基点、存放各种材料的位置、苗木假植地点以及水源、临时工棚、厕所等。

（10）安全生产制度。建立、健全安全生产组织；制定安全操作规程；制定安全的检查、管理办法。

2．编制施工组织方案的方法

施工方案由施工单位的领导部门或委托生产业务部门负责制定。由负责制定的部门，召集有关单位对施工现场进行现场勘测，根据工程任务和现场情况，研究出一个基本的方案，然后组织专人编写。

3．植树工程的主要技术项目的确定

为确保工程质量，在制定施工方案时，应对植树工程的主要项目确定具体的技术措施和质量要求。

（1）定点和放线。确定具体的定点、放线方法（包括平面和高程），保证栽植位置准确无误，符合设计要求。

（2）挖坑。根据树种、苗木规格，确定树坑的具体规程（直径×深度）。

（3）换土。根据现场踏勘时调查的土质情况，确定是否需要换土。如需换土，应计算并确定客土量，客土的来源以及换土的方法和渣土的处理去向。

（4）掘苗。确定具体树种的掘苗、包装方法。

（5）运苗。确定运苗方法，包括车辆和机械，行车路线，遮盖材料和方法及押运人，长途运苗还要提出具体要求。

（6）假植。确定假植地点、方法、时间、养护管理措施等。

（7）种植。确定不同树种和不同地段的种植顺序，是否施肥（如需施肥，应确定肥料种类、施肥方法及施肥量），苗木根部消毒的要求与方法。

（8）修剪。确定各种苗木的修剪方法（乔木应先修剪后种植，绿篱应先种植后修剪），修剪的高度和形式及要求等。

（9）立支柱。确定是否需要立支柱，立支柱的形式、材料和方法。

（10）灌水。确定灌水的方式、方法、时间、灌水次数和灌水量，封堰或中耕的要求。

（11）清理现场。说明清理现场的要求和措施。

（12）其他有关技术措施。如苗木扶正、遮荫、防治病虫害等的方法和要求。

4．计划表格的编制和填写

在编制施工方案工作中，应尽可能用图表或表格说明问题，这样可以做到既明确又精练，便于落实和检查。目前生产上还没有统一的计划表格式样，各地可依据具体工程要求进行设计。

（1）进度计划。主要说明施工的时间进度，包括施工地点、工程名称、工程项目、工程量、用人工量、施工进度，举例如表5-2所示。

表5-2　工程进度计划表

工程名称　　年　月　日

工程地点	工程项目	工程量	单位	定额	用工	进　度					备注
						×月×日	×月×日	×月×日	×月×日	×月×日	

主管　　审核　　技术员　　制表

（2）工具和材料计划。主要对以下方面进行说明：工程地点；工具和材料的种类、规格及质量要求；工具和材料的需要量和使用时间等，举例如表5-3所示。

表5-3　工程材料工具计划表

工程名称　　年　月　日

工程地点	工程项目	工具材料名称	单　位	规　格	需用量	使用日期	备　注

主管　　审核　　技术员　　制表

（3）苗木供应计划。主要说明苗木名称、规格、数量、出苗地点和供苗日期等，举例如表5-4所示。

表 5-4　　工程用苗计划表

工程名称　　　　年　月　日

苗木名称	规格		数量	单位	出苗地点	供苗日期	备注
	高（m）	干（cm）					

主管　　审核　　技术员　　制表

（4）机械、车辆计划（见表 5-5）。

表 5-5　　机械、车辆计划表

工程名称　　　　年　月　日

工程地点	工程项目	车辆机械名称	型号	台班	使用时间	备注

主管　　审核　　技术员　　制表

（四）施工现场的准备

1．清理障碍物

施工现场内，有碍施工的市政设施、农田设施、房屋及违章建筑等，一律应进行拆除和迁移。对这些障碍物的处理应在现场踏勘的基础上逐项落实，根据有关部门对这些地上物的处理要求，办理各种手续，凡能自行拆除的限期拆除，无力清理的，施工单位应安排力量进行统一清理。此项工作涉及面很广，有时仅靠园林部门很难执行，这就必须依靠领导部门的支持。

2．地形、地势的整理

地形整理是指从土地的平面上，将绿化地区与其他用地界线区划明确，根据绿化设计图纸的要求整理出一定的地形起伏，此项工作可与清除地上障碍物相结合。地形整理应做好土方调度，先挖后垫，以节省投资。地势整理是指绿化地区地面的高低整理，主要解决绿地今后的排水问题。绿地界限划清后，要根据本地区排水的大趋势，将绿化地块适当填高，再整理成一定坡度，使其与本地区排水趋向一致。洼地填土或是去掉大量渣土堆积物后回填土壤时，需要注意对新填土壤分层夯实，并适当增加填土量，否则一经下雨或自行下沉，还会形成低洼坑地，仍然不能自行径流排水。

3．地面土壤的整理

在种植植物的范围内，对地面表层土壤进行整理。一般要求地面至以下 50cm 深的土壤是沙质土壤，以保持水分，疏通空气，不致板结。土质较好的，只需加以平整，不需换土。

如果在建筑遗址、工程弃物、矿渣炉灰地建造绿地，需要清除渣土换上好土。对于树木定植位置上的土壤改良，待定点刨坑后再行解决。

4．接通电源、水源，修通道路

这是保证工程开工的必要条件，也是施工现场准备的重要内容。

5．根据需要，搭建临时工棚

施工现场附近如果没有可利用的房屋，应搭盖工棚、食堂等必要的生活设施。

（五）技术培训

开工之前，对参加施工的全体人员（或骨干）应进行技术培训。学习本地区植树工程的有关技术规程和规范，贯彻落实施工方案，并结合重点项目进行技术练兵。

第三节　绿化工程施工的主要工序

一、定点、放线

定点、放线是根据图纸上的种植设计，按比例放样于栽植施工的地面，将苗木的栽植位置明显地落实标明。为此，必须熟悉绿化设计的施工图纸和图例，一般常用的平面图如图 5-1 所示。

种植设计有规则式和自然式之分。规则式种植的定点、放线可以地面固定设施为准进行，要求做到横平竖直，整齐美观。其中行道树可按道路设计断面图和中心线定点、放线；道路已铺成的可依据距路牙距离定出行位，再按设计确定株距，用白灰点标出来。为有利栽植行保持笔直，可每隔 10 株于株距间钉一木桩作为行位控制标记。如遇与设计不符时（地下管线、地物障碍等），应找设计人员和有关部门协商解决。定点后应由设计人员验点。

自然式的种植设计（多见于公园绿地），如果范围较小，场内有与设计图上相符，位置固定的地物（如建筑物等），可用“交会法”定出种植点，即由两个地物或建筑平面边上的两个点的位置，各到种植点的距离以直线相交汇来定出种植点。如果在地势平坦的较大范围内定点，可用网格法，即按比例绘在设计图上，并在场地上丈量划出等距之方格。从设计图上量出种植点到方格纵横坐标距离，按比例放大到地面，即可定出。对测量基点准确的较大范围的绿地，可用平板仪定点，依据基点将单株位置及片林的范围线按设计图依次定出，并钉木桩标明。

定点时，对孤赏树、列植树应定出单株种植位置，并用白灰点明和钉上木桩，写明树种、挖穴规格；对树丛和自然式片林依图按比例先测出其范围，并用白灰标画出范围线圈。其内，除主景树需精确定点并标明外，其他次要树种可用目测定点，但要注意树种、数量符合设计图。

树种位置要注意层次，以形成中心高、边缘低或由高渐低的倾斜树冠线。树林内注意配置自然，切忌呆板，尤应避免平均分布、距离相等，邻近的几棵不要成机械的几何图形或一条直线。

图 5-1　图例

二、刨坑（挖穴）

刨坑的质量优劣，对植株以后的生长有很大的影响。城市绿化植树必须保证位置准确，符合设计意图。

（一）刨坑规格

树坑一般为圆筒状，栽种绿篱为长方形槽，成片密植的小株灌木，则采用几何形大块浅坑。常用刨坑规格如表 5-6 和表 5-7 所示。

表 5-6　　乔木、灌木、常绿树刨坑规格

乔木胸径（cm）	灌木高度（m）	常绿树高（m）	坑径×坑深（cm）
		1.0～1.2	50×30
	1.2～1.5	1.2～1.5	60×40
3～5	1.5～1.8	1.5～2.0	70×50
5.1～7	1.8～2.0	2.0～2.5	80×60
7.1～10	2.0～2.5	2.5～3.0	100×70
		3.0～3.5	120×80

表 5-7　　绿篱刨槽规格

苗木高度（m）	单行式（坑宽×坑深 cm×cm）	双行式（坑宽×坑深 cm×cm）
1.0～1.2	50×30	80×40
1.2～1.5	60×40	100×40
1.5～2.0	100×50	120×50

确定刨坑规格，必须考虑不同树种的根系分布形态和土球规格。平生根系的土坑要适当加大直径，直生根系的土坑要适当加大深度，如为城市渣土或板结粘土，则要加大刨坑规格。

（二）刨坑操作规范

1．注意坑形和地点

以定植点为圆心，按规格在地面画一圆圈，从周边向下刨坑，按深度垂直刨挖到底，不能刨成上大下小的锅底形（见图 5-2）。在高地、土埂上刨坑，要平整植树点地面后适当深刨；在斜坡、山地上刨坑，要外推土，里削土，坑面要平整；在低洼地坡地刨坑，要适当填土浅刨。

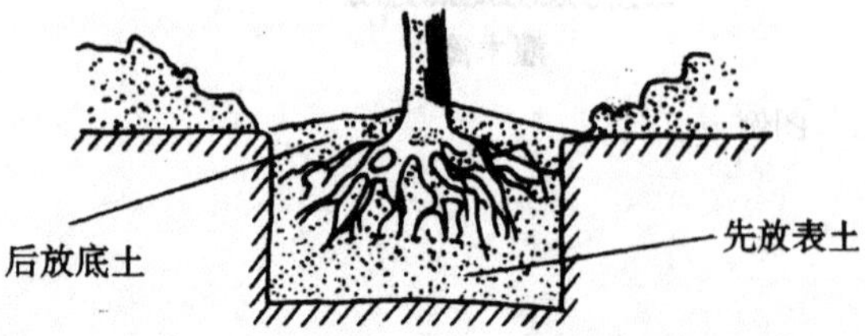

（a）正确的树穴和栽植方法

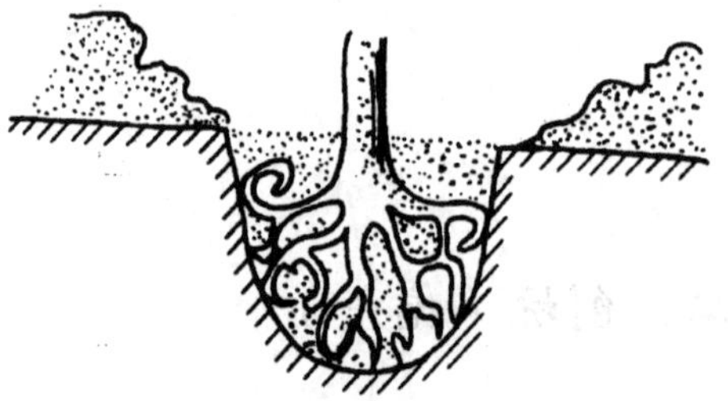
（b）不正确的树穴和栽植方法

图 5-2　刨坑

2．土壤堆放

刨坑时，对质地良好的土壤，要将上部表层土和下部底层土分开堆放，表层土壤在栽种时要填在根部。同时，土壤的堆放要有利于栽种操作，便于换土、运土和行人通行。

3．地下物处理

刨坑时发现电缆、管道等，应停止操作，及时找有关部门配合解决。

三、掘苗

起掘苗木是植树工程施工的关键工序，掘苗质量好坏直接影响植树成活率和最终的绿化成果。正确合理的掘苗方法和时间，认真负责的组织操作，都是保证苗木质量的关键。此外还与掘苗质量与土壤含水情况、工具锋利程度、包装材料适用与否有关，故应于事前做好充分的准备工作。

（一）掘苗方法

1．露根掘苗法（裸根掘苗）

所掘出的苗木，根部不必带土，这种方法称为露根掘苗。露根掘苗适用于大多数阔叶树在休眠期移植。此法保存根系比较完整，便于操作，节省人力、运输和包装材料。但由于根部裸露，容易失水干燥和损伤弱小的须根。

2．带土球掘苗法

将苗木的一定根系范围，连土掘，削成球状，用蒲包、草绳或其他软材料包装起出。由于在土球范围内须根未受损伤，并带有部分原土，移植过程中水分不易损失，对恢复生长有利。但操作较困难，费工，要耗用包装材料；土球笨重，增加运输负担，所耗投资大大高于裸根移植。所以，凡可以用裸根移植成活者，一般不采用带土球移植。但目前移植部分常绿树、竹类和生长季节移植落叶树却不得不用此法。

（二）掘苗规格

掘取苗木时，根部或土球的规格一般参照苗木的干径和高度来确定。落叶乔木掘取根部的直径，常为乔木树干胸径的9～12倍；落叶花冠木掘取根部的直径为苗木高度的1/3左右。分支点高的常绿树，掘取的土球直径为胸径的7～10倍；分支点低的常绿苗木为苗高的1/2～1/3。攀援类苗木的掘取规格，可参照灌木的掘取规格，也可以根据苗木的根际直径和苗木的年龄来确定。各类苗木根系和土球掘取规格如表5-8所示。

表 5-8　　各类苗木根系和土球掘取规格表

树木类别	苗木规格	掘取规格		打包方式
乔木（包括落叶和常绿高分枝单干乔木）	胸径（cm）	根系和土球直径（cm）		
	3～5	50～60		
	5～7	60～70		
	7～10	70～90		
落叶灌木（包括丛生和单干低分枝灌木）	高度（m）	根系直径（cm）		
	1.2～1.5	40～50		
	1.5～1.8	50～60		
	1.8～2.0	60～70		
	2.0～2.5	70～80		
常绿低分枝乔灌木	高度（m）	土球直径（cm）	土球高（cm）	
	1.0～1.2	30	20	单股单轴 6 瓣
	1.2～1.5	40	30	单股单轴 8 瓣
	1.5～2.0	50	40	单股双轴，间隔 8cm
	2.0～2.5	70	50	单股双轴，间隔 8cm
	2.5～3.0	80	60	单股双轴，间隔 8cm
	3.0～3.5	90	70	单股双轴，间隔 8cm

（三）掘前准备

1．选号苗木

为提高栽植成活率，最大限度地满足设计要求，移植前必须对苗木进行严格的选择，此工作称为“选苗”。在选好的苗木上用涂颜色、挂牌拴绳等方法做出明显的标记，称为“号苗”。

2．土地准备

掘苗前要调整好土壤的干湿状况，土质过于干燥应提前灌水浸地；反之土壤过湿，影响掘苗操作，则应设法排水。

3．拢冠

常绿树，尤其是分枝低、侧枝分叉角度大的树种，如桧柏、白皮松、云杉、雪松、龙柏等，掘前要用草绳将树冠松紧适度地围拢。这样，既可避免在掘取、运输、栽植过程中损伤树冠，又便于掘苗操作。

4．工具、材料准备

备好适用的掘苗工具和材料，工具要锋利适用，材料要对路。打包用的蒲包、草绳等要浸水湿透后待用。

（四）露根手工掘苗法及质量要求

落叶乔木以干为圆心，按胸径的 4～6 倍为半径（灌木按株高的 1/3 为半径定根幅）画圆，于圆外用锋利的掘苗工具绕树起苗。垂直挖下至一定深度，切断侧根。然后于一侧向内深挖和适摇苗干，探找深层粗根的方位，并将其切断。如遇难以切断之粗根，应把四周土掏空后用手锯锯断，切忌强按树干和硬切粗根，以免造成根系劈裂。根系全部切断后放倒苗木，轻轻拍打外围土块，对已劈裂之根应进行修剪。掘出的苗木如不能及时运走，应在原穴用湿土将根覆盖，行短期假植；如假植时间长，还要根据土壤干燥程度，设法适量灌水，以保持土壤的湿度。

（五）带土球苗的手工掘苗法及质量要求

挖掘带土球苗木，其总要求是土球规格要符合规定大小；保证土球完好，外形美观，上大下小，土球表面光滑；包装完整，捆扎结实，球底封严，保证土球不裂、不碎、不漏土。具体操作步骤及规范如下。

1．划线

以树干为中心，按要求的土球规格在地面上画一圆圈，标明土球直径的尺寸，作为向下挖掘的依据。

2．去表土

表层土中根系密度很低，一般无利用价值。为减轻土球重量，多带有用根系，挖掘前应将表土去掉一层，其厚度以见有较多的侧生根为准。此步骤也称起宝盖。

3．挖坨

沿地面上划圆的外缘向下垂直挖沟，沟宽 50～80cm，以便于操作为度，所挖之沟上下宽度要基本一致。随挖随修整土球表面，随掘随收，一直挖掘到规定的土球高度。

4．修平

挖至规定深度后，球底暂不挖通。用圆锹将土球表面轻轻铲平，上口稍大，下部渐小，呈红星苹果状（见图 5-3）。

5．掏底

土球四周修整完好以后，再慢慢由底圈向内掏挖。直径小于 50cm 的土球，可以直接将底土掏空，以便于将土球抱到坑外包装；而直径大于 50cm 的土球，则应将底土中心保留一部分，支住土球，以便在坑内进行包装。

6．打包

打包之前应将蒲包、草绳用水浸泡潮湿，以增强包装材料的韧性，减少捆扎时引起脆裂和拉断。小土球（直径在 50cm 以下者）可抱出坑外，先将一个大小合适的蒲包摆在坑边，将土球轻放于蒲包袋正中，然后用湿草绳以树干为起点纵向捆扎，将包装捆紧。土质松散及规格较大的土球，应在坑内打包。先将两个大小合适的湿蒲包从一边剪开直至蒲包底部中心，用其一兜底，另一盖顶。两个蒲包接合处，捆几道草绳使蒲包固定，然后按规定捆纵向草绳，方法是：用浸湿的草绳，先在树干基部横向紧绕几圈并固定牢稳，然后沿土球垂直方向稍斜角（30 度左右）缠捆，随拉随用事先准备好的木锤、砖石块敲击草绳，使之稍嵌入土，捆得更加牢固。每道草绳间相隔 8cm 左右，直至将整个土球捆完。

土球直径小于 40cm 者，用一道草绳捆一遍称“单股单轴”；土球较大者，用一道草绳沿同一方向捆两道，称“单股双轴”；必要时用两根草绳并排捆两道，称“双股双轴”（见图 5-4）。

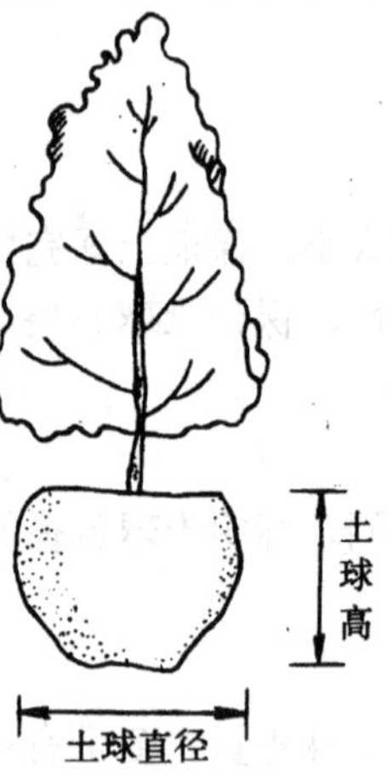

图 5-3　土球型样

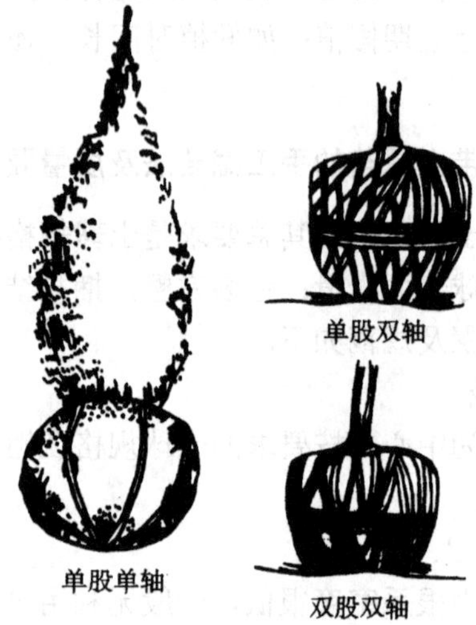

图 5-4　纵向捆扎法

规格较大的土球，于纵向草绳捆好后，还应在土球中腰横向并排捆 3～10 道草绳。操作方法是用一整根草绳在土球中腰部位排紧横绕几道，随绕随用砖头顺势砸紧，然后将腰绳与纵向草绳交叉连接，不使腰绳脱落。凡在坑内打包的土球，于草绳捆好后将树苗顺势推倒，用蒲包将土球底部堵严，并用草绳捆牢。土球封底后，应该立即出坑待运，并随时将掘苗坑填平。

四、运苗与施工地假植

苗木的运输与假植的质量也是影响植树成活的重要环节，实践证明，“随掘随运随栽”对植树成活率最有保障，可以减少树根在空气中暴露的时间，对树木成活大有益处。

（一）运苗

苗木装车前，应该对苗木的种类、规格与质量等进行检查，对已损伤不合要求的苗木应更换或淘汰。装运裸根乔木时，应根系朝前，树梢向后，按顺序安放，不要压得太紧，做到上不超高（以地面车轮到苗最高处不许超过 4m）、梢不拖地（必要时可垫蒲包用绳吊拢）。

车后厢板应铺垫草袋、蒲包等物，以防车板磨损苗木。装后用苫布将树根盖严、捆好；大规格的苗木或珍贵树种，则要每株用一个湿蒲包或蒲包片裹严，以防树根失水。

装运带土球苗，苗高不足 2m 者可立放；苗高 2m 以上的应使土球在前，梢向后，呈斜放或平放，并用木架将树冠架稳。土球直径大于 60cm 的苗木只装一层，小土球可以码放 2～3 层，土球之间必须排码紧密以防摇摆。土球上不准站人和放置重物，严禁装车人员蹬踩树干或土球。

树苗应有专人跟车押运，经常检查苫布是否漏风。短途运苗中途不要休息，长途行车必要时应洒水浸湿树根，休息时应选择荫凉之处停车，防止风吹日晒。苗木运到现场应及时卸车，要求轻拿轻放，对裸根苗不应抽取，更不可整车推下。带土球苗搬运时应搬动土球，不得提拉枝干。稍大的土球可用长而厚的木板从车厢上斜放至地，将土球自木板上顺势慢滑卸下，不可滚卸，以免散球。大树土球苗应用起重机装卸，吊运前先撤去支撑，捆扰树冠。应选用起吊、装卸能力大于树重的机车和适合现场使用的起重机类型。吊装前，用事先打好结的粗绳，将两股分开，捆在土球腰下部，与土球接触的地方垫以木板，然后将粗绳两端扣在吊钩上，轻轻起吊一下，此时树根倾斜，马上用粗绳在树干基部拴系一绳套（称“脖绳”），也扣在吊钩上，即可起吊装卸车（见图 5-5）。

图 5-5 土球苗吊卸

（二）施工地假植

苗木运到施工现场，裸根苗 2 小时以上不能栽植者应先用湿土将苗根埋严，称“假植”。假植场地应距施工现场较近，且交通方便，水源充足，地势高，干燥不积水。假植树木量较多时，应按树种、规格分门别类集中排放，便于假植期间养护管理和日后运输。

1．短期假植

可在栽植处附近选择合适地点，先挖一浅横沟约 2～3m 长，然后立排一行苗木，仅靠苗根再挖一同样的横沟，并用挖出来的土将第一行树根埋严，挖完后再码一行苗，如此循环直至将全部苗木假植完。

2．长期假植

可事先在不影响施工的地方挖好 30～40cm 深、1.5～3m 宽、长度视需要而定的假植沟，将苗木分类排码，码一层苗木，根部埋一层土，一定要将根部埋严，不得裸露。若土质干燥还应适量灌水，保证根部潮湿。

3．土球苗假植

短期假植可选择不影响施工的地方，将苗木码放整齐，四周培土，树冠之间用草绳围拢。假植时间较长者，土球间隔也应填土，并根据需要经常给苗木枝叶喷水。

五、栽培修剪

在树木易地栽植施工过程中，对苗木植株进行修剪，是一个十分重要的技术环节，其目的主要是为了提高成活率和注意培养树形，同时减少自然伤害，并使之达到不同的绿化要求。

（一）修剪时间

树木栽植的修剪时间，依苗木类别而不同。落叶乔木一般都在栽植前进行，若是作行道树、行列树，则要在修剪后再进行调查观测，察看植株的高度和分枝点的离地距离是否按规格要求统一整齐，如有差异，则需进行补差修剪。常绿乔木、灌木和藤本树木均在栽植后进行。用作绿篱的常绿树或灌木，应于栽植后经浇水扶正再进行修剪。

（二）修剪方法

常用方法有两类：一是短截，二是疏枝。短截就是把枝条剪短。凡剪去枝条长度 1/4～1/3 的称为轻短截；剪去枝条长度 1/2 左右的称为中短截；剪去枝条长度 2/3～3/4 的称为重短截。疏枝是把部分枝条从着生的部位齐茬剪去。凡只疏剪病虫枝、枯枝、折伤枝的称为轻疏；在轻疏程度上又疏剪弱枝、重叠交叉枝、下垂枝的称为正常疏；在正常疏的基础上又疏剪部分生长良好枝条的称为强疏。

（三）常见树木种类移植时的修剪方法

1．落叶快长乔木类的修剪

常用的落叶快长乔木有杨属树木和柳属树木，这类苗木生长量大，生长势强，发芽期早，萌发力高，因此对这类苗木都采用强修剪措施。

杨属树木常用的有毛白杨、加拿大杨等。这类苗木分枝点的高度，随定植地点的不同而各有不同。一般绿地内部定植的孤立树或丛生林，分枝点高度可定为 1.8～2.0m；人行便道两侧树木的分枝点高度需定为 2.2～2.3m。若定植在道路中间的隔离带或快车道旁的绿地带，植树位置与快车道有一定的距离，分枝点高度可定为 2.5m；若定植在快车道旁，分枝点高度需定为 2.8～3.2m。杨树苗木分枝点以上的修剪，采用重短截和强疏的方法。保留生长强壮、分布均匀和走向合理的侧枝，其余都进行疏枝。保留的侧枝再进行短剪，留存的枝段一般长度为 30～40cm，并要使下部枝较长，上部枝较短。对主干顶芽在保证中央领导干直立生长的原则下，可根据苗木生长形态而进行适当修剪。对行道树和行列树苗木要统一确定高度规格，使定植后树木高度整齐一致。杨属树木经修剪后的形态如图 5-6 所示。

柳属树木常用的有旱柳、垂柳和馒头柳。这类苗木侧枝发达，树冠宽广，覆盖面积大，修剪也采用重短截和强疏的方法。可选择生长强壮、分布均匀的主侧枝作为主干的继续延伸枝，通常选用 3～4 枝，按分枝点要求的高度短截，其余的主侧枝和次侧枝，可整枝齐茬强疏（见图 5-7）。

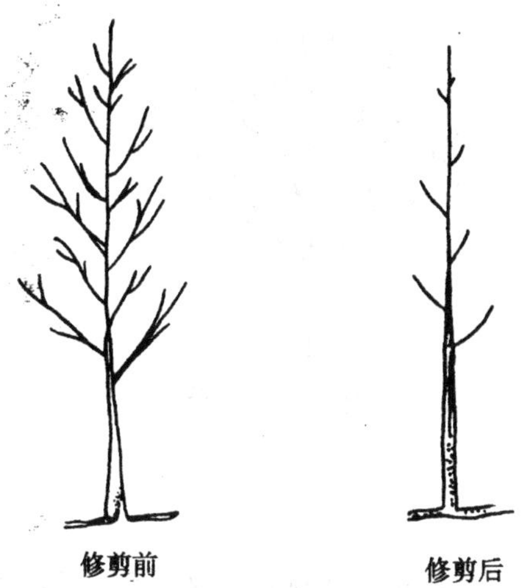

图 5-6　杨属苗木修剪

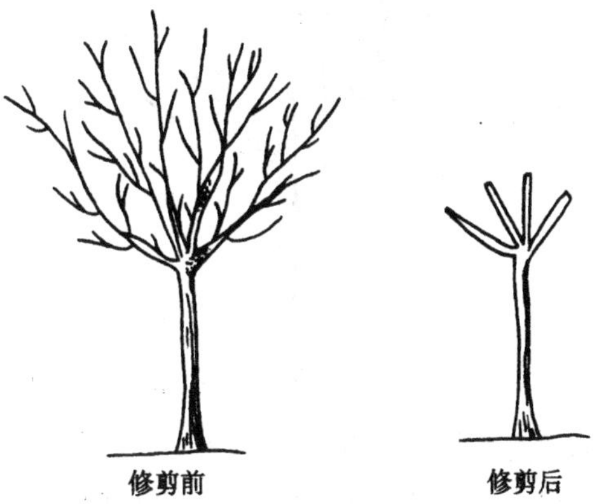

图 5-7　柳属苗木修剪

2．落叶慢长乔木类的修剪

对隐芽和不定芽萌发力强、当年枝条生长量大、生长势强的树种实行强修剪。如国槐、刺槐、元宝枫、栾树等。对这类树种的修剪可参照柳树的修剪方法，采用重短截和强疏。对生长量较小、生长势较弱的树种，如银杏、白蜡、合欢、悬铃木等，可采用中短截或轻短截，正常疏或轻疏。短截和疏枝的总修剪量，要达到苗木原树冠的 1/3～1/2，保留的侧枝应分布均匀自然，主侧枝所留长度要较长，次侧枝所留长度要较短（见图 5-8）。对珍贵树种，如白玉兰、西府海棠等，应采用轻短截和轻疏，原树形基本保持不变。对病虫枝、枯枝、折枝进行疏枝，对弱枝短截。对树枝分布不均匀处，做适当短截，选择侧、腋芽指向缺枝方向，使新枝发育后构成完整树形。

图 5-8　落叶慢长类乔木轻修剪

3．果树类的修剪

绿化常用的果树类苗木有柿、核桃、山里红等。移植时的修剪主要是为植株整形，经常采用中短截和正常疏枝的方法。核桃和柿树的树形，在绿化上常用中直分层形（见图 5-9），山里红的树形为密枝半圆形（见图 5-10）。修剪时要根据苗木的规格大小和所要求达到的树形，先将不符合树形要求的主侧枝和次侧枝齐茬疏剪，再将保留的枝条分层次进行轻短截或中短截。

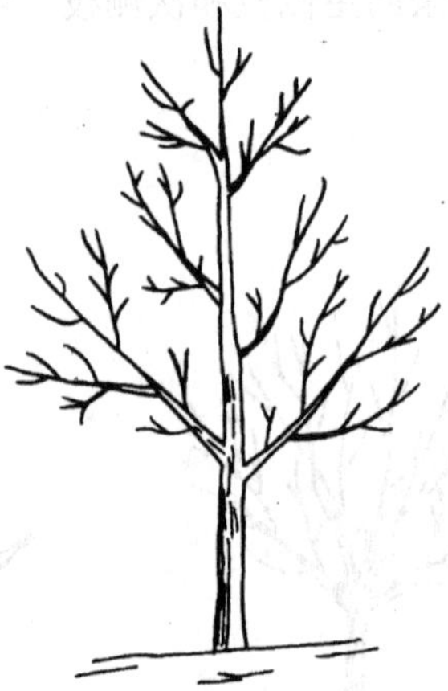

图 5-9　中直分层形

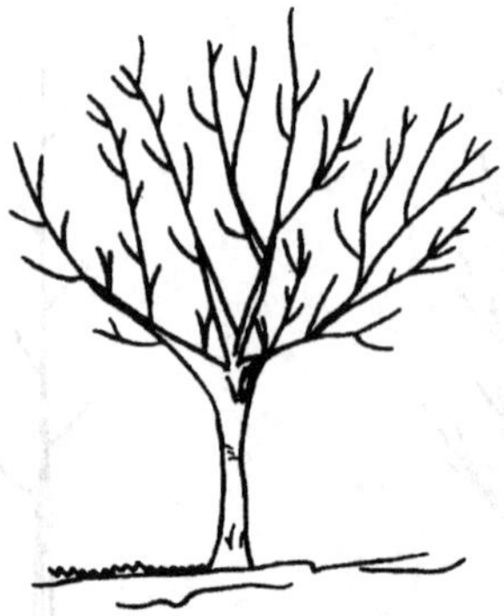

图 5-10　密枝半圆形

4．落叶灌木类的修剪

落叶灌木一般有两类：第一类是低矮小乔木类，如榆叶梅、碧桃等。这类乔木采用中短截和正常疏枝，保持苗木原有分枝点，对侧枝依该树种自然树形进行适当疏枝，对保留枝条进行中短截或轻短截，对较弱枝条则进行重短截（见图 5-11）。第二类落叶灌木是丛生形，植株从基部丛生枝条，如黄刺玫、玫瑰、珍珠梅、连翘等。这类苗木修剪以正常疏枝为主，适当进行短截。疏枝主要是剪去弱枝、病虫危害枝和过密枝，选留分布均匀、生长健壮的根际分蘖枝，对选留枝适当进行短截，这样可推迟萌动和减少开花量，并促使根际在当年萌发新条（见图 5-12）。

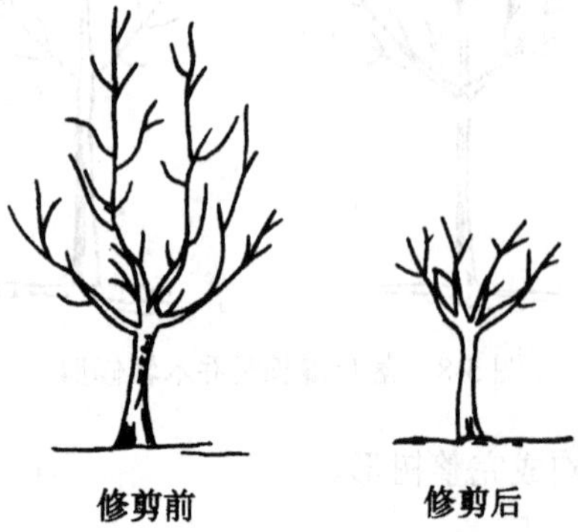

图 5-11　小乔木形灌木修剪

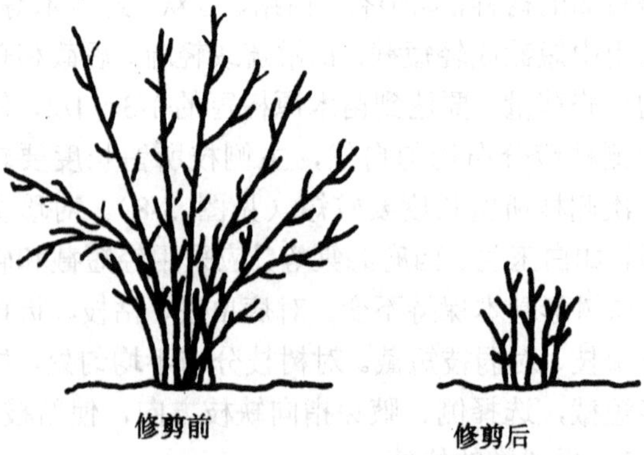

图 5-12　丛生形灌木修剪

5. 常绿树木类的修剪

孤植的常绿树一般不剪，如有折枝可剪去。若需提高分枝点应避免剪口相连，不使造成环状剥皮。作为行道树或离车行道、人行道很近，则需要在树干下部将侧枝全部剪除。侧柏经过短截后的枝条或树干，能萌发出不定芽，再抽条生叶，因此可根据对树冠的要求，进行中短截或重短截。锦熟黄杨、桧柏、侧柏在用于绿篱或进行人工整形时，均可按绿篱规格和几何图形进行短截。

6. 藤本类的修剪

城市绿化中常用的藤本苗木有凌霄、五叶地锦、爬山虎、紫藤、金银花等，一般都在移栽后进行短截修剪，将苗木一年生枝条重短截，促使栽植当年萌发生长势强的新条，以便于攀援。

六、栽植

栽植，是指按设计将苗木种植到位。栽植时机要依据本绿化工程中各种苗木的最适栽种时间进行安排，其他工序依此为准点，保证“适时适树”。

（一）苗木选用

绿化工程中即使是同一种苗木，也要妥善选用。选用的依据有两个方面：一是苗木定植的具体地点，定植后应发挥的绿化效能。例如，定植在绿地内作为孤立树，在道路两旁作为行道树，在建筑群内作为丛生树，在庭园中作为配景树，在广场周围作为对称树等。二是苗木规格的大小及树冠的形状。例如，桧柏苗木的出圃规格只指树的高度，而其树冠形态却有多种，差异很大；再如毛白杨，出圃规格为树干胸径，而还有树冠较开展的雌株和树冠较直立的雄株，且同一胸径规格的苗木，其高度也有差异。其他雌雄异株的树种，也有同样情况，如银杏、白蜡、臭椿、柳树等。桧柏用作行列树时，若只以高度为标准，而不注意树冠形态的不同，则会使同一行列树冠参差不齐，以致观赏价值不高；若在栽种前对树形作细致调查，再按地段不同作不同树形的顺序排列，就能收到良好的绿化效果。

（二）填土

在栽种以前，要先将土壤填在坑的底层。填土时要严格掌握两项规范：一是要依据苗木的特性以及坑周围和下层土壤结构的情况，选用符合质量要求的土壤作底层土；二是填土量和密实度要达到质量要求，这是植株栽种深度能否达到要求的关键。操作时要先掌握苗木根系和土球规格所需的填土高度，并在填土时稍高于要求的高度，随填随踩实（见图 5-13 和图 5-14）。

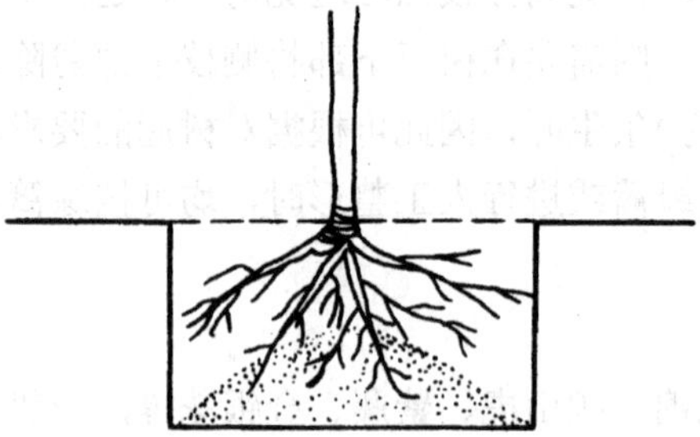

图 5-13　裸根苗木填土及栽种深度

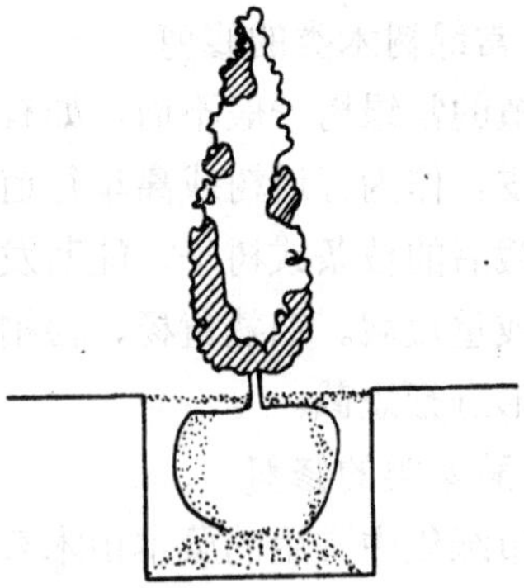

图 5-14　带土球苗木填土及栽种深度

（三）散苗

将苗木按设计图纸或定点木桩，散放在定植坑旁边，称“散苗”。

在将苗木散运到具体植坑的过程中，要严格执行两条规定：一是树种、规格、树冠、树形与植坑地点要相符合，必须保证位置准确，按图散苗，细心核对，避免散错。对有特殊要求的苗木，应按规定对号入座。二是保护苗木植株与根系不受损伤，带土球的常绿苗木更要轻拿轻放，保护土球完整。

（四）栽种

散苗后将苗木放入坑内扶植，提苗到适宜深度，分层埋土压实、固定的过程称“栽种”。

1．裸根苗的栽种

一般每三人为一个作业小组，一人负责扶树、找直和掌握深浅度，二人负责埋土。栽种时，将苗木根系妥善安放在坑内新填的底土层上，直立扶正。栽植深度一般应与原土痕平齐，与绿地土面保持基本一致。植株的方向，依照绿化具体要求和苗木形态的特点而定。如为行道树，则从行道树的一端，顺树干视向另一端，要求树干成一直线，树身上下必须垂直，如树干有弯曲，要将弯曲部位朝向直线方向。栽植行列树，可每隔 10～20 株先栽种几株作为基点树，然后在基点树之间，依次按株距、行距栽种。填土时应先填入刨坑挖出的表土或换上好土，填到坑的 1/2 处时，可将苗木轻轻提拉到深度合适为止，并保持树身直立不得歪斜，树根呈舒展状态，然后将回填的坑土踩实或夯实，最后用余土在树坑外缘培起灌水堰。

2．带土球苗的栽种

栽种时，先量好坑的深度与土球的高度是否一致，若有差别应及时将树坑挖深或填土，必须保证栽植深度适宜。土球入坑定位后应尽量将包装材料全部解开取出，即使不能全部取出也要尽量松绑，以免影响新根再生。回填土时必须随填土随夯实，但不得夯砸土球，最后用余土围好灌水堰。

七、后期养护管理

植树工程按设计定植完毕，为了巩固绿化成果，提高植树成活率，还必须加强后期养护管理工作。

（一）立支柱

高大的树木，特别是带土球栽植的树木应当支撑，这在多风地方尤其重要。立好支柱可以保证新植树木浇水后，不被大风吹斜倾倒或被人流活动损坏。

支柱的材料，各地有所不同。北方地区多用坚固的竹竿及木棍；沿海地区为防台风也有用钢筋水泥桩的。立支柱的方式大致有单支式、双支式、三支式三种。支法有立支和斜支，也有用 10～14 号铅丝缚于树干（外垫杉皮、棕毛防缢伤树皮），拉向三面钉桩的支法（见图 5-15）。

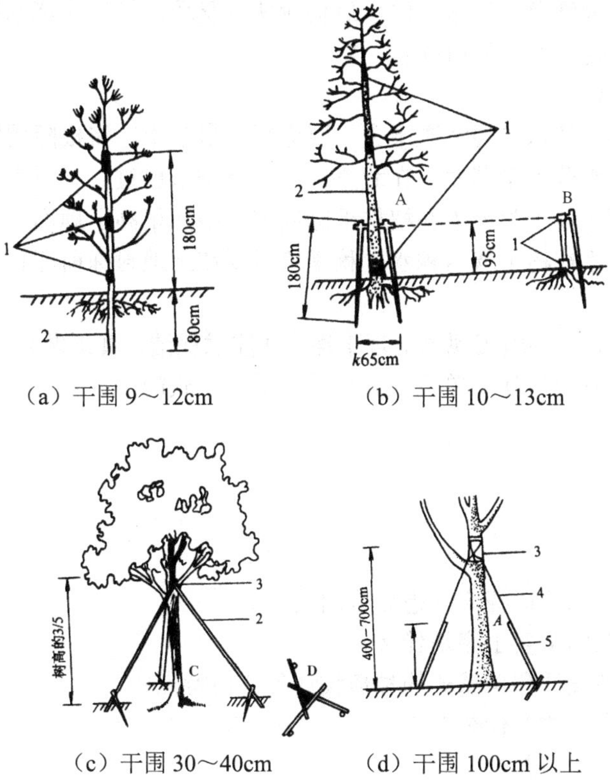

图 5-15 树木支架示意图

A——正面图；B——侧面图；C——立面图；D——平面图

1——杉皮、棕毛绑扎；2——支柱；3——绑扎；4——铅丝；5——空心管

（二）浇水

水是保证植树成活的重要条件，定植后必须连续浇灌几次水，尤其是气候干旱、蒸发量大的北方地区更为重要。

1．开堰、作畦

单株树木定植埋土后，在植树坑（穴）的外缘用细土培起 15～20cm 高的土埂，称“开堰”。浇水堰应拍平踏实，防止漏水。连片栽植的树木（株距很近），如绿篱、色块、灌木丛等可将几棵树或呈条、块栽植的树木联合起来集体围堰称“作畦”。作畦时必须保证畦内地势水平，确保畦内树木吃水均匀，畦壁牢固不跑水。

2．灌水

树木定植后必须连续浇灌三次水，以后视情况而定。

第一次水应于定植后 24 小时之内，要求是浇透灌足，即水分渗透到全坑土壤和坑周围土壤内。在第一次灌水后应检查一次，发现树身倒歪应及时扶正，树堰被冲刷损坏之处及时修整。通常隔 3～5 天灌第二次水，浇水后仍应扶直整堰。第三次浇水距第二次浇水 7～10 天，此次也要浇透灌足，并应及时扶直。

3．其他养护管理

在每次灌水之后，待水已经渗透下去，要进行中耕松土，将根际周围灌水面积的土壤疏松，避免土壤龟裂和水分大量蒸发。在北方地区干旱季节已过，不再需要连续灌水时，则要进行封堰，即将围堰土埂平整覆盖在植株根际周围，中间稍高于地面，使在雨季中绿地的雨水能自行径流排出，不在树下堰内积水。秋季植树要在土地封冻前即行封堰，根际土壤要稍高于地面。

植树工程竣工后，应将施工现场清理干净，并注意保洁，真正做到场光地净、文明施工。经过验收合格后，即移交给使用单位或养护单位进行正式的养护管理工作。

习题

1．植树工程对苗木的选择应考虑哪些因素？
2．绿化工程施工的主要工序是什么？
3．规则式的种植设计和自然式的种植设计各有何特点？
4．刨坑在操作上应注意什么？
5．什么是假植？为何要进行假植？
6．为保证树木成活，新栽树种定植后需灌水，在灌水时，应遵循什么原则？

第六章　园林树木的养护管理

【本章内容提要】

本章主要介绍园林树木分级管理的标准；树木养护管理的主要内容，包括灌溉与排水、施肥、整形与修剪等，并对其操作规范和技术措施进行详细的讲解。

【本章学习目标】

了解园林树木分级管理的标准；掌握园林树木养护管理的主要内容；掌握灌溉与排水、施肥、整形与修剪的操作规范；掌握树木修剪的程序及安全措施；了解对古树名木的养护管理。

第一节　概　　述

园林植物栽植后的养护管理是保证成活、实现绿化美化效果的重要措施。为了使园林树木生长茂盛，逐渐形成理想的艺术构图和景观特色，必须根据树木的年生育进程和生命周期的变化规律，适时地、经常地、长期地进行养护管理。“三分种七分养”的说法，就体现了城市园林树木养护管理工作的重要性。

养护管理严格来说，包括两方面的内容：一方面是养护，根据不同园林树木的生长需要和某些特定的要求，及时对树木采取如施肥、灌水、中耕除草、修剪、防治病虫害等园艺技术措施；另一方面是管理，如看管围护、绿地的清扫保洁等园务管理工作。

一、园林树木分级管理的标准

提高园林树木养护质量和管理水平是园林事业发展的客观需要。随着社会生产力的发展，园林建设的规模越来越大，技术要求越来越高。从发展趋势看，不但要有数量的增加，而且要有质量的提高，才能适应城市园林绿化建设事业日益发展的要求。大、中城市园林绿化面积大，养护管理工作任务重，为了加强养护管理，提高养护质量，促使养护管理逐步走向科学化，应根据道路、绿地的主次、区域的位置，对各类树木、草坪等分别制定养护等级质量标准，实行分级管理，以衡量养护管理工作的质量和效果。北京地区目前执行的树木养护等级质量标准，可供其他地区参考，现介绍如下。

（一）一级

1．生长势

生长超过该树种、该规格的平均生长量（平均生长量待调查确定）。

2．叶片健壮

（1）叶色正常。落叶树叶大而肥厚，针叶树针叶生长健壮。在正常的条件下不黄叶、不焦叶、不卷叶、不落叶；叶上无虫粪、虫网和灰尘。

（2）被虫啃咬的叶片最严重的每株在5%以下（包括5%，下同）。

3．枝干健壮

（1）无明显枯枝、死杈；枝条粗壮，越冬前新梢木质化。

（2）无蛀干害虫的活卵、活虫。

（3）介壳虫最严重处，主干、主枝上平均每100cm^2 1头活虫以下（包括1头，下同），较细的枝条平均每33cm长的一段上在5头活虫以下（包括5头，下同），株数都在2%以下（包括2%，下同）。

（4）无明显的人为损坏，绿地、草坪内无堆物堆料、搭棚或侵占等。行道树下距树干1m内无堆物堆料、搭棚、圈栏等影响树木养护管理和生长的东西；1m以外如有，则应有保护措施。

（5）树冠完整美观，分枝点合适，主、侧枝分布匀称、数量适宜，内膛不乱，通风透光。绿篱、黄杨球等，应枝条茂密，完满无缺。

4．缺株在2%以下（包括2%，下同）

（二）二级

1．生长势

正常生长，达到该树种、该规格的平均生长量。

2．叶片正常

（1）叶色、大小、厚薄正常。

（2）较严重黄叶、焦叶、卷叶，带虫粪、虫网、蒙灰尘叶的株数在2%以下。

（3）被虫啃咬的叶片最严重的每株在10%以下。

3．枝、干正常

（1）无明显枯枝、死杈。

（2）有蛀干害虫的株数在2%以下。

（3）介壳虫最严重处，主干、主枝平均每100cm^2 2头活虫以下，较细枝条平均每33cm长的一段上在10头活虫以下，株数都在4%以下。

（4）无较严重的人为损坏，对轻微或偶尔发生难以控制的人为损坏，能及时发现和处理。绿地、草坪内无堆物堆料、搭棚、侵占等。行道树下距树 1m 以内，无影响树木养护管理的堆物堆料、搭棚、围栏等。

（5）树冠基本完整，主侧枝分布匀称，树冠通风透光。

4．缺株在 4%以下

（三）三级

1．生长势基本正常

2．叶片基本正常

（1）叶色基本正常。

（2）严重黄叶、焦叶、卷叶，带虫粪、虫网、蒙灰尘叶的株数在 10%以下。

（3）被虫咬食的叶片最严重的每株在 20%以下。

3．枝、干基本正常

（1）无明显枯枝、死杈。

（2）有蛀干害虫的株数在 10%以下。

（3）介壳虫最严重处，主干、主枝平均每 100cm^2 3 头活虫以下，较细枝条平均每 33cm 长的一段上在 15 头活虫以下，株数都在 6%以下。

（4）对人为损坏能及时进行处理。绿地内无堆物堆料、搭棚、侵占等。行道树下无堆放石灰等对树木有烧伤、毒害的物质。无搭棚、围墙、圈占树等。

（5）90%以上的树木树冠基本完整，有绿化效果。

4．缺株在 6%以下

（四）四级

（1）有一定绿化效果。

（2）被严重吃花树叶（被虫咬食的叶片面积、数量都超过一半）的株数在 20%以下。

（3）被严重吃光树叶的株数在 10%以下。

（4）严重焦叶、卷叶、落叶的株数在 20%以下。

（5）严重焦梢的株数在 10%以下。

（6）有蛀干害虫的株数在 30%以下。

（7）介壳虫最严重处，主干、主枝平均每 100$cm^2$5 头活虫以下，较细枝条平均每 33cm 长的一段上在 20 头活虫以下，株数都在 10%以下。

（8）缺株在 10%以下。

（9）树冠严重不完整的株数在 20%以下。

二、工作阶段的划分

园林树木养护管理工作应顺应树木生长规律和生物学特性以及当地的气候条件而进行。

因季节性比较明显，安排工作大致可依四季进行。

（一）冬季（12月至次年2月）

冬季，我国各地气温都很低，园林树木进入或基本进入休眠期。此期间，主要进行树木的冬季整形修剪、深施基肥、防寒保暖、整地、积肥和防治病虫害等工作。华东、华南一带，冬季气温相对较高，可栽植各种落叶树及部分耐寒的常绿树和竹类等。东北地区可进行松类冻坨移植。在春季干旱的华北地带，大雪之后，在树木根部堆积无盐水污染的积雪，可起到保墒防寒的作用。

（二）春季（3～5月）

春季气温逐渐回升，植物开始陆续解除休眠，进入萌发生长阶段。春季花灌木次第开花。此时，除开展大规模的植树绿化活动外，应逐步撤出防寒设施和防寒物，进行灌溉与施肥，为树木的萌芽生长创造适宜的水、肥条件；及时进行绿篱和春花灌木的花后修剪，对原有和新植树木进行抹芽、除蘖；雨季之前除去杂草，并做好雨季防涝的准备工作。春季是防治病虫害的关键时刻，可采取多种形式消灭越冬害虫，为全年的病虫害防治工作打下基础。

（三）夏季（6～8月）

此段时期内，气温很高，光照时间长，南北方雨水充沛，是园林树木生长发育的最旺盛时期，也是需要肥水最多的时期。应多施以氮为主的追肥和腐熟的有机肥料，夏末应停施氮肥，多施磷、钾肥；夏季树木蒸腾量大，要及时进行灌水，但雨水过多时，对低洼地带和一些不耐涝树种应加强排水防涝；加强对行道树的管护，剪除与架空线和建筑物有矛盾的枝条，适当疏枝，抽稀树冠，做好防台风和防暴风雨工作；花灌木开花后及时剪除残花促使萌发；修剪绿篱；适时对常绿树及竹类带土球移植，华北地区移植常绿树种，最好于入伏后降过一场透雨后进行；中耕除草为常规工作，亦应坚持。此期间病虫害发生严重，应及时防治。

（四）秋季（9～11月）

气温开始下降，雨量减少，各地园林树木的生长趋向缓慢，逐渐向休眠期过渡。此时，施肥应具针对性，华北地区对因缺肥而生长衰弱的树木，在落叶之后可在树木根部附近施有机肥料；华东地区可结合翻耕对竹林、柑橘类施冬肥。为迎国庆从9月开始养护管理工作进入高潮，应全面整理园容和绿地，伐除死树，修剪枯枝，对花灌木、绿篱进行整形修剪，配置花坛，清除杂草，做到园容整洁，青枝绿叶。树木落叶后封冻前，对抗寒性弱或引进的新品种进行防寒，灌封冻水。对耐寒力强的乡土树种，于落叶后进行秋季移植。除治过冬的虫卵或成虫，及时处理有病、虫的枝、干、叶，减少翌年病虫害的发生。

第二节 灌溉与排水

植物体在整个生命过程中都离不开水分，水分是植物的基本组成部分。树木体内的一切生命活动都是在水的参与下进行的，如光合作用、呼吸作用、蒸腾作用以及矿物营养的吸收、运转和合成等。水能维持细胞膨压，使枝条伸直，叶片展开，冠幕浓密，花朵丰满，使树木充分发挥其观赏效果和绿化功能。大气干燥，水分不足时，光合作用效率降低，花芽的形成量减少。当土壤内水分含量达 10%～15%时，地上部分停止生长；当土壤内含水量低于 7%时，根系停止生长。但土壤中水分过多时，空气含量减少，根部呼吸作用微弱，进而影响到树木体内的运转与合成，严重缺氧时，根系进行无氧呼吸，会引起死亡。要使树木长得健壮，充分发挥绿化效果，就要满足它对水分的需要，也就是说，在树木的全部生命过程中，既不能因干旱、水分不足而影响其生命活动，又不能因水分过多而使树木遭受水涝灾害。

一、灌溉

树木生长所需的水分，主要是由根部从土壤中吸收的，在土壤中含水量不能满足树根的吸收量，或地上部分的水分消耗过大的情况下，都应设法满足它们的需要，这种补充供应的措施就叫灌溉。

（一）灌水与排水的原则

1．不同的气候和不同时期对灌水和排水的要求有所不同

现以山东地区为例，说明该问题。

4～6 月份是干旱季节，雨水较少，也是树木发育的旺盛时期，需水量较大，在这个时期一般都需要灌水。在江南地区因有梅雨季节，在此期不宜多灌水。对于某些花灌木如梅花、碧桃等，于 6 月底以后形成花芽，所以在 6 月份短时间灌水，可以促进花芽的形成。

7～8 月份为雨季，本期降水较多，空气湿度大，故不需要多灌水，遇雨水过多时还应注意排水。但在大旱之年，在此期也应灌水。

9～10 月份是秋季，在秋季应该使树木组织生长更充实，充分木质化，增强抗性，准备越冬。因此，在一般情况下，不应再灌水，以免引起徒长。但如果过于干旱，可适量灌水，特别是对新栽的苗木和名贵树种及重点布置区的树木，以避免树木因为过于缺水而萎蔫。

11～12 月份树木已经停止生长，为了使树木很好越冬，不会因为冬春干旱而受害，所以，在此时期应灌封冻水，特别是越冬尚有一定困难的边缘树种一定要灌封冻水。

2．树种不同、栽植年限不同则灌水和排水的要求也不同

（1）各种树木对水分的需要是不同的。一般阴性植物要求较高的空气湿度和土壤湿度，

热带植物长期生活在多雨的条件，形成了对空气和土壤中的水分要求较高的特性。阳性植物对水分要求相对较少。有些树木则很耐旱，如国槐、刺槐、侧柏、柽柳等。有些则耐水湿，如杨、柳等。

观花树种，特别是花灌木的灌水量和灌水次数均比一般的树种要多。对于樟子松、锦鸡儿等耐干旱的树种则灌水量和次数均要少。而对于水曲柳、枫杨、垂柳、赤杨、水杉等喜欢湿润土壤的树种，则应注意灌水。

值得注意的是，耐干旱的不一定常干，喜湿者也不一定常湿。应根据四季气候不同，注意经常相应变更。同时对于不同树种相反方面的抗性情况也应掌握，如最抗旱的紫穗槐，其耐水力也很强，而刺槐同样耐旱，但却不耐水湿。总之，应根据树种的习性而浇水。

从排水角度来看，也要根据树木的生态习性、忍耐水涝的能力决定。如玉兰、梅花、梧桐在北方均为名贵树种中耐水力最弱的，若遇水涝淹没地表，必须尽快排出积水。对于柽柳、垂柳、旱柳等，均能耐 3 个月以上深水淹浸，短时期内不排水也问题不大。

（2）不同栽植年限灌水次数也不同。新栽植的树木一定要灌 3 次水，方可保证成活。新植乔木需要连续灌水 3～5 年，灌木最少 5 年。对于新栽常绿树，尤其常绿阔叶树，常常在早晨向树上喷水，有利于树木成活。对于一般定植多年、正常生长开花的树木，除非遇上大旱，树木表现迫切需水时才灌水，一般情况则根据条件而定。

3．根据不同的土壤情况进行灌水和排水

灌水和排水应根据土壤种类、质地、结构以及肥力等而有所区别。盐碱地，要明水大浇，最好用河水灌溉。沙地容易漏水，保水力差，灌水次数应当增加，亦可小水勤浇，并施有机肥增加保水保肥性。低洼地也要小水勤浇，注意不要积水，并应注意排水防碱。粘重土壤保水力强，灌水次数和灌水量应当减少，并施入有机肥和河沙，增加通透性。

4．灌水应与施肥、土壤管理等相结合

在全年的栽培养护工作中，灌水应与其他技术措施紧密结合，以便在相互影响下更好地发挥每个措施的积极作用。例如，灌溉与施肥，做到水肥结合是十分重要的，特别是施化肥前后，应该浇透水，既可避免肥力过大，影响根系吸收，又可满足树木对水分的正常要求。

此外，灌水应与中耕除草、培土、覆盖等土壤管理措施相结合。因为灌水和保墒是一个问题的两个方面，保墒做得好可以减少土壤水分的消耗，满足树木对水分的要求。在树木生长季节要做到“有草必锄，雨后必锄，灌水后必锄”。

（二）灌水的时期

灌水时期由树木在一年中各个物候期对水分的要求、气候特点和土壤水分的变化规律等决定，除定植时要浇大量的定根水外，大体上可以分为休眠期灌水和生长期灌水两种。

1．休眠期灌水

秋冬和早春进行。我国的东北、西北、华北等地降水量较小，冬春又寒冷干旱，因此休眠期灌水非常必要。秋末或冬初的灌水（北京地区为 11 月上、中旬）一般称为灌冻水，冬季结冰，放出潜热可提高树木越冬能力，并可防止早春干旱，故在北方地区这次灌水是不可缺少的；对于边缘树种，越冬困难的树种以及幼年树木等，浇冻水更为必要。

早春灌水，不但有利于新梢和叶片的生长，并且有利于开花与坐果。早春灌水促使树木健壮生长，是花繁果茂的一个关键。

2．生长期灌水

分为花前灌水、花后灌水及花芽分化期灌水。

（1）花前灌水。可在萌芽后结合花前追肥进行，具体时间要因地、因树种而异。

（2）花后灌水。多数树木在花谢后半个月左右是新梢迅速生长期，如果水分不足，则抑制新梢生长。果树此时如缺水则易引起大量落果。入夏后是树木生长旺盛期，大量的干物质在此时形成，更应勤灌溉。

（3）花芽分化期灌水。树木一般是在新梢生长缓慢或停止生长时，花芽开始形态分化，此时也是果实迅速生长期，需要较多的水分和养分，若水分不足，则影响果实生长和花芽分化。因此，在新梢停止生长前及时而适量的灌水，可促进春梢生长而抑制秋梢生长，有利花芽分化及果实发育。

（三）灌水量

灌水量与树种、品种、砧木以及不同的土质、气候条件、植株大小、生长状况等有关。耐旱树种灌水量要少些，如松类；不耐旱的树种灌水量要多些，如水杉、马褂木、柏类等。在盐碱土地区，灌水量每次不宜过多，灌水浸润土壤深度不要与地下水位相接，以防返碱和返盐。土壤质地轻，保水保肥力差的土地，也不宜大水灌溉，否则会造成土壤中的营养物质随水流失，使土壤逐渐贫瘠。在有条件灌溉时即应灌足，切忌表土打湿而底土仍然干燥，应采取少灌、勤灌、慢灌的原则，使水分慢慢地渗入土中。一般已达花龄的乔木，大多浇水应渗透到 80～100cm 深处。适宜的灌水量一般以达到土壤最大持水量的 60%～80%为标准。

（四）灌水方法和质量要求

1．灌水年限

树木定植以后，一般乔木需连续灌水 3～5 年，灌木最少 5 年。土质不好之处或树木因缺水而生长不良以及干旱年份，则应延长灌水年限，直到树木根深不灌水也能正常生长为止。

2．灌水的顺序

抗旱灌水虽受设备及工力条件的限制，但必须掌握新栽的树木、小苗、灌木、阔叶树要优先灌水的原则。长期定植的树木、大树、针叶树可后灌。因为新植树木、小苗、灌木的树根较浅，抗旱能力较差；阔叶树蒸发量大，需水多，故应优先。

3．一年中灌水次数

一般年份全年灌水 6 次，时间安排在 3、4、5、6、9、11 月各一次。气候干旱的年份以及土质不好或因缺水树木生长不良者应增加灌水次数。

4．单株灌水量

每次每株树的最低灌水量，乔木不得少于90kg，灌木不得少于60kg。

5．常用水源

自来水、井水，河、湖、池塘水以及工业及生活废水均可用作灌溉水。河水、井水、池塘水含有一定数量的有机物质，是较好的灌溉用水。为了节约用水可用工业生产和人民生活中排放的污水，但是，用前必须经过化验，确实不含有害有毒物质的水才能使用。

6．常用的引水方式

人工担水或水车运水（人力水车、机运水车）；胶管饮水；渠道引水（明渠、暗渠）；自动化管道（喷灌、滴灌的引水管道）等。

7．灌水方式

（1）单堰灌溉。每棵树开一个单堰，适用于株行距较远、地势不平坦、人流较多的行道树、绿地等。此法可以保证每棵树都能均匀地灌足水。

（2）畦灌（连片堰）。几棵树连片开大堰灌水的方法。适用于株行距较密、地势平坦、水源重续、人流较少的地方。畦灌水量足，但必须保证堰内地势平坦，否则水量不均匀。

（3）喷灌，又称人工降雨。采用固定式或移动式喷灌设备，进行定时、定量喷灌。其优点是省工、省水、便于控制水量，可以根据苗木需要实行小定额给水，不破坏土壤结构，既可达到生理灌水目的，又可改变生态环境的效果；通过灌溉，可以压风，可以降温，可以防冻，可以洗碱；而且减少田间、绿地沟渠，提高土地利用率。在喷灌时，应根据苗木不同生育时期，选择适宜的喷头孔径。

（4）滴灌。滴灌是一种自动化的先进灌溉技术。它是让水沿着具有一定压力的管道系统流向滴头，水通过滴头以水滴状态浸润苗木根系范围内的土层，使土壤含水量达到苗木需要最佳状态。其优点是省水，比喷灌节约用水30%～50%，比漫灌节约用水50%以上，而且灌后土壤疏松，温差小，有利于苗木生长。但投资高，设备较复杂。

8．质量要求

（1）灌水堰应开在树冠投影的垂直线下，不要开得太深以免伤根。堰壁培土要结实以防被水冲坏，堰底地面要平坦，保证吃水均匀。

（2）做到水量足、灌得匀，若发现漏水现象应及时堵严，再进行灌水。

（3）水渗透后及时封堰或中耕，以避免水分很快蒸发。

（4）夏季早晚进行灌溉，秋、冬可于中午前后进行。

二、排水

土壤中水分过多出现积水，称为涝，排水是防涝保树的主要措施。北方多雨的 7、8、9

月和南方的梅雨季节以及地势低洼处，在雨水较多时要注意做好排水工作，这是调节土壤内水分与空气含量关系的重要措施。一般耐水力弱的树种，水淹浸地表或根系一部至大部时，经过仅 3～5 天，即趋枯萎而无恢复生长的可能。树种、树龄不同，耐水能力不同，杨树、柳树、桑树、柘树及枫杨等耐水力最强；马尾松、大叶黄杨、构树、盐肤木、泡桐等耐水力最弱。成年树比幼年树的耐水力强。

排水的方法主要有以下几种。

（1）地表径流。将地面整成一定的坡度，保证雨水能从地面顺畅地流到河、湖、下水道而排走。地面坡度一般掌握在 0.1%～0.3%，不要留下坑洼死角。

（2）明沟排水。在地表挖明沟将低洼处的积水引到出水处。此法适用于大雨后抢排积水，或地势高低不平不易实现地表径流的绿地。明沟宽窄视水情而定，沟底坡度一般以 0.2%～0.5%为宜。

（3）暗沟排水。在地下埋设管道或砌筑暗沟将低洼处的积水引出，此法可保持地势整齐，不占地面，但设备费用较高，一般较少应用。

第三节　施　　肥

树木定植后，在栽植地点生长多年甚至上千年，主要靠根系从土壤中吸收水分与无机养料，以供正常生长的需要。由于树根所能伸及范围内，土壤中所含的营养元素是有限的，吸收时间长了，土壤的养分就会减低，不能满足树木继续生长需要，若不能及时得到补充，势必造成树木营养不良，影响正常生长发育，甚至衰弱死亡。所以，栽培树木在定植后的一生中，都要不断给予养分的补充，改良土壤性质，提高土壤肥力，以满足其生活的需要。这种人工补充养分或提高土壤肥力，以满足植物生活需要的措施，称为施肥。

一、施肥时期

同一种类、同一数量的肥料，给同一种树木施肥时，施用的时期不同，产生的效果也不同。只有在树木生长最需要营养物质时施入，才能取得事半功倍的效果。

（一）施肥时期与树木年生育期的关系

一年内树木要历经不同的物候期，如根系活动、萌芽、抽梢长叶、开花结果、落叶休眠等。每个物候期来临时，这个物候期就是树木当时的生长中心。树体内营养物质的分配，也是以当时的生长重心为中心，因此在每个物候期即将到来之前，及时施入生长所需要的营养元素，才能使肥效充分发挥作用，树木才能生长发育良好。早春和秋末是根系的生长盛期，需要吸收一定数量的磷素，根系才能强大，伸入深层土壤。抽枝发叶期，细胞分裂迅速，叶量很快增加，树木体量不断扩大。此时需要从土壤中吸收多量的氮肥，建造细胞和组织。花芽分化时期，如氮肥过多，枝叶旺长促使叶芽形成，此时应施以磷为主的肥料，创造花芽分化形成的条件，为开花打基础。开花期与结果期，需要吸收多量的磷、钾肥，植物才能开花鲜艳，果实充分发育。同一种肥料，因使用时期与树木年生长节奏和养料分配中心不一致时，则有不同的反应。在养分以开花坐果期为分配中心时，即使大量地超过常规施肥的水平，施入氮肥量，仍能提高开花坐果的效果。但施氮肥期晚于这个分配中心时，即使少量施入，也会加剧生理落果。这就证明了适期施肥的重要性。

乔灌木根系在较低的土壤温度时即开始活动，要求的温度比地上部分低。早春，在地上部分萌芽之前，根系已进入生长期，因此早春施肥应在根系开始生长之前进行，才能赶上树木此时的营养物质分配中心，使根系向深、广发展。故冬季施有机基肥，对根系的生长极为有利；早春施速效肥料时，不应过早施用，以免肥分在树木根吸收利用之前流失。

由此可见，掌握树木生长中心的转移和养分分配的规律进行施肥，对进一步促进树木的生长发育有重要作用。

（二）施肥时期与树木的关系

园林绿地栽植的树木种类很多，它们对营养元素的种类要求和使用时期各不相同。行道树、庭荫树等，为了使它们春季迅速抽梢发叶，增大体量，在冬季落叶后至春季萌芽前，使用堆肥、厩肥等有机肥料，使其冬季熟化分解成可吸收利用的状态，供春季树木生长时利用，对于高生长属于前期生长类型的树木，如油松、黑松、银杏等特别重要。全期生长型的树木，枝条的生长在整个生长季节内持续进行，如榆树、雪松、刺槐、悬铃木等，休眠期施基肥，对春季枝叶萌发生长有良好的影响，但如春季施肥不足，生长期内还可用追肥形式继续促进高生长量，在一定程度上可弥补春肥不足造成的影响。由此可知休眠期施基肥对树木生长有良好的影响，特别是对前期生长型树木的生长有更为重要的作用。

早春开花的乔灌木，如碧桃、海棠、迎春、连翘等，休眠期施肥，对花芽的萌发，花朵绽开，无疑有重要作用。花后是枝叶生长盛期，及时施入以氮为主的肥料，可促使花灌木枝叶形成，为开花结果打下基础。在枝叶生长缓慢，花芽形成期，则改施以磷为主的肥料。也就是说，观花植物应施花前肥和花后肥，可收到明显的效果。

一年中可多次抽梢、多次开花的灌木，如紫薇、木槿、月季等，每次开花后及时补充因抽梢、开花而消耗的养料，可以使树木长期保持不断抽枝和开花，避免因消耗太大而早衰。这类树木一年内应多次施肥。花后立即施入含氮、磷为主的肥料，既促枝叶，又促花芽形成和开花。如只施氮肥，则枝叶茂密，梢顶不易开花。

（三）施肥时期与肥料种类的关系

不同的肥料，有不同的使用时期。速效性的肥料，易被根系吸收利用，常作追肥使用，在植物需要吸收某元素的前几天施入为宜，过早施入会随灌溉或雨水流失，也易被土壤吸附固定，形成不溶性的状态，根系难以吸收利用，如过磷酸钙等。厩肥、堆肥等迟效性的有机肥料。施入土壤后，需要经过一段时间的腐熟之后，才能为根系吸收，肥力才能发挥，必须提前 2～3 个月施用。故有机肥料一般做基肥使用，多在树木休眠期施入。

按肥料含的营养元素种类，可分为氮肥、磷肥、钾肥以及各种微量元素肥料。它们对植物器官生长的作用不同，施用时期也应不同。氮肥能促进细胞分裂和延长，促进枝叶快长，并有利于叶绿素的形成，使树木青翠挺拔，故氮肥或含氮为主的肥料，应在春季树木发叶、长梢、扩大树冠之际大量施入，取得枝繁叶茂的效果。秋季为了使树木能按时结束生长，准备越冬，应及早停施氮肥，增施磷钾肥。

树木的根系和花果的生长，要求吸收较多的磷素肥料，在早春根系活动时和春夏之交，树木由营养生长转向生殖生长阶段多施入磷肥与钾肥，保证根系、花果的正常生长和增加开花量。同时磷、钾肥能增强枝干的坚实度，提高抗旱抗病的能力，在树木生长后期多施磷钾肥，利于树木越冬。

二、施肥方法

（一）土壤施肥

将肥料施在土壤中，由根系吸收利用，称为土壤施肥。施肥深度由根系分布层的深浅而定，根系分布的深浅因树种而异。一般土壤施肥深度应在 20～50cm，施肥的深度与范围还应随树木的年龄增加而加深和扩大。另外，肥料种类也与施肥深度有关，如氮素在土壤中移动性较强，在浅层施肥时，可随灌溉或雨水渗入深层，易被土壤吸附固定。而移动困难的磷、钾元素，应施在吸收根分布层内，供根系吸收利用，减少土壤的吸附，充分发挥肥效。

基肥一般采用迟效性的有机肥，需较长时期的腐熟分解，并要求一定的土壤湿度，应深施；追肥一般以速效性的有机肥为主，易流失，宜浅施。

施基肥的常用方法有以下三种。

（1）环状沟施肥法。秋、冬季树木休眠期，在树冠投影图的外缘，挖 30～40cm 宽的环状沟，沟深依树种、树龄、根系分布深度及土壤质地而定。一般沟深 20～50cm。将肥料均匀撒在沟内，然后填土平沟。此法施肥的优点是，肥料与树木的吸收根接近，易被根系吸收利用。缺点是受肥面积小，挖沟时损伤部分根系。

（2）放射状沟施肥法。以树干为中心，向外挖 4～6 条渐远渐深的沟，沟长稍超出树冠正投影线外缘，将肥料施入沟内覆土踏实。这种方法伤根少，树冠投影圈内的内膛根也能着肥。

（3）穴施。在树冠正投影线的外缘，挖掘单个的洞穴，将肥施入后，上面覆土踏实与地面平。此法操作简便省工。树木施肥法如图 6-1 所示。

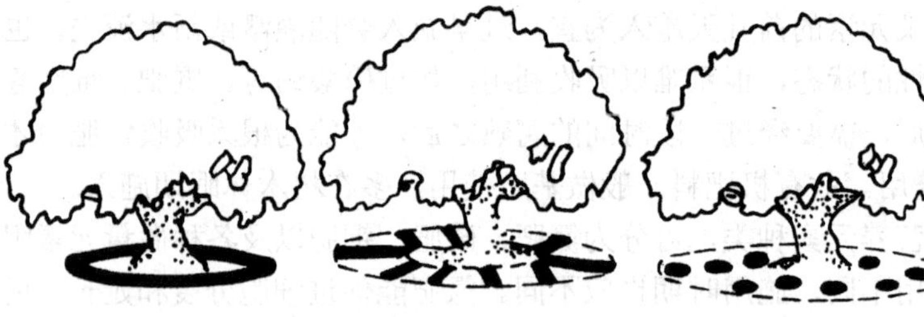

（a）环状施肥法　　（b）放射状施肥法　　（c）穴状施肥法

图 6-1　树木施肥法

（二）追肥

在树木生长季节，根据需要施加速效肥料，促使树木生长的措施，称施追肥。在施肥时，将肥料配成溶液状喷洒在树木的枝叶上，营养元素由气孔和皮孔进入植株，供树木利用的方法称为根外追肥。园林树木施追肥，一般都用化肥或菌肥。常采用的方法有以下两种。

1．根施法

按规定的施肥量用穴施法把肥料埋于地表下 10cm 处，或结合灌水将肥料施于灌水堰内，由树根吸收利用。背景是园林科研所研制的棒状被膜长效树肥和腐混长效球肥，具有肥效高（棒肥氮素利用率为 48%，腐混球肥磷素利用率为 22.7%）、缓效期长（棒肥肥效可达一年，球肥可达 5 个月以上，每年施肥一次即可满足需要）等优点。施用时，将肥料埋入土中深度在 10～35cm 之间。在北京城区八条主要行道 4 个树种上进行的施肥实验表明，上述两种新型树肥改善行道树生长状况效果明显，对延长城市行道树的寿命、减少历年死株补植更新的大量投资、改善城市绿化结构和景观、提高城市绿化的生态效益有积极的作用。

2．根外施肥

按规定的稀释比例，将肥料兑水稀释后用喷雾器喷施于树叶上，由地上部分直接吸收利用，也可以结合除虫打药混合喷施。但叶面喷肥必须掌握树木吸收的内外因素，才能充分发挥叶面喷肥的效果。一般喷前先做小型实验，然后再大面积喷布。喷布时间最好在上午 10 时以前和下午 4 时以后，以免气温高，溶液很快浓缩，影响喷肥效果和导致肥害。

第四节　整形与修剪

整形修剪是根据各种园林树木生长发育的规律，在不同发育阶段，调节控制或促进生长的一种措施。整形是指将植物体按其习性或人为意愿整理或盘曲成各种特定的形状与姿态，满足观赏方面的要求；修剪是指对树体器官的某一部分进行疏删或短截，以达到调节生长、更新复壮或开花结实的目的。一般整形需要通过修剪来实现，故生产上习惯将二者合称为整形修剪。

一、整形修剪的目的和作用

（一）美化树形

一般来说，自然树形是美的。我国园林中的树木多采用自然树形，但因居住区环境和人为的影响，使树形遭到破坏，如上有架空线、下有人流车辆等情况，则需要整修成适合的树形。从园林景点需要来说，单纯自然树形是不能满足要求的，必须通过人工整形修剪，使树木在自然美的基础上，创造出人为干预后的自然与艺术融为一体的美。从树冠结构来说，经过人工整形修剪的树木，各级枝序、分布和排列就会更科学、更合理，使各层的主枝在主干上分布有序，错落有致，层次分明，树形美观。

（二）协调比例

在园林景观中，园林树木和某些景点或建筑物相互烘托、相互协调，或形成强烈的对比，这必须通过合理的整形修剪加以控制，及时调节其与环境的比例，保持它在景观中应有的位置。如在建筑物窗前的绿化布置，既要美观大方，又要有利于采光，因此常配置灌木或球形树；而与假山配置的树木常用整形修剪的方法，控制树木的高度，使其以小见大，衬托山体的高大。从树木本身来说，树冠占整个树体的比例是否得体，直接影响树形观赏效果，因此合理的整形修剪，可以协调冠高比例，确保观赏需要。

（三）调节矛盾

城市中市政建筑设施复杂，常与树木发生矛盾。尤其行道树，上有架空线，下有管道、电缆线及人流车辆，为保持树木上不挂电线，下不妨碍交通人流，主要靠修剪来解决。

（四）调整树势

树木地上部分的大小与长势如何，决定于根系状况和从土壤中吸收水分、养分的多少。通过对树木枝条合理剪留，可以调整养分与水分的运输方向，加强根系吸收水分和养分的能力，使地上、地下部分生长趋于平衡，长期保持旺盛的生长势，防止过早衰老。修剪对整株树木而言，既有促进也有抑制作用。对于有潜芽寿命长的衰老树、弱枝、弯曲枝修剪，可促使其萌发生命力旺盛的、强壮的和通直的新枝，达到更新复壮、加强树势的目的。相反，对过强的枝条进行修剪可削弱其长势，使强枝处于平缓状态，以减弱生长，使树冠内枝条均衡分布。

（五）促进开花结果

对于观花、观果或结合花果生产的树种，可以通过修剪调节营养生长与花芽分化，使新梢生长充实，促进大部分短枝和辅养枝成为花果枝，形成较多的花芽，从而达到花开满树、果实丰硕之目的。

（六）改善透光条件

自然生长或修剪不当的树木，往往枝条密生，树冠郁闭，内膛枝细弱老化，促使冠内相对湿度大大增加，不仅影响树木的生长发育和观赏，而且极易滋生病虫害。通过修剪、疏枝，使树冠内通风透光，光合作用得以加强，同时可减少病虫害的发生。

二、整形修剪的时期与方法

（一）整形修剪的时期

对园林树木的整形修剪工作随时都可进行，如抹芽、摘心、除蘖、剪枝等。有些树木因伤流等原因，要求在伤流最少的时期内进行，绝大多数树木以冬季和夏季整形修剪为最好。

1．冬季修剪（休眠期修剪）

落叶树从落叶开始至春季萌发前修剪称为冬季修剪或休眠期修剪。这段时期内树木生长停滞，树体内养料大部分回归根部，修剪后营养损失最少，且修剪的伤口不易被细菌感染腐烂，对树木生长影响较小，大部分树木及主要修剪工作宜在此期进行。

冬季严寒的北方地区，修剪后伤口易受冻害，宜于早春修剪，即树木根系旺盛活动之前，营养物质尚未由根部向上输送时进行，可减少养分的损失，对花芽、叶芽的萌发影响不大。

冬季修剪对观赏树种树冠的构成、枝梢的生长、花果枝的形成等有重要影响，因此修剪时要充分考虑到树龄。通常对幼树应以整形为主；对观叶树以控制侧枝生长、促进主枝生长为目的；对花果树则着重于培养构成树形的主干、主枝等骨干枝，以早日成形，提早开花结果。对伤流特别旺盛的种类，如桦木、葡萄、复叶槭、四照花、悬铃木等应在春季伤流期前修剪，不可修剪过晚，否则会自伤口流出大量树液而使植株受到严重伤害。核桃在落叶后11月中旬开始发生伤流，可在果实采摘后，叶片黄之前进行修剪。

2．夏季修剪（生长期修剪）

在树木生长期内进行的修剪称为夏季修剪或生长期修剪。此期修剪若剪去大量枝叶，必将对树形产生影响，故宜尽量从轻。对于发枝力强的树种，如在冬剪基础上培养直立主干，就必须对主干顶端剪口附近的大量新梢进行短截，目的是控制它们生长，调整并辅助主干长势和方向。花果树和行道树的修剪，主要控制竞争枝、内膛枝、直立枝、徒长枝的发生和长势，以集中营养供主要骨干枝的旺盛生长之需。绿篱的夏季修剪，主要保持整齐美观；常绿树没有明显的休眠期，同时冬季低温伤口不易愈合，易受冻害，故一般在春、夏季修剪。

（二）修剪方法

修剪的方法归纳起来基本是截、疏、伤、变、除蘖等，可根据修剪的目的灵活采用。

1．截

又称短截，即把一年生枝条的一部分剪去（见图 6-2）。其主要目的是刺激侧芽萌发，抽发新梢，增加枝条数量，多发叶、多开花。短剪程度影响到枝条的生长，短剪程度越重，对单枝的生长量刺激越大。根据短剪的程度可分为以下几种。

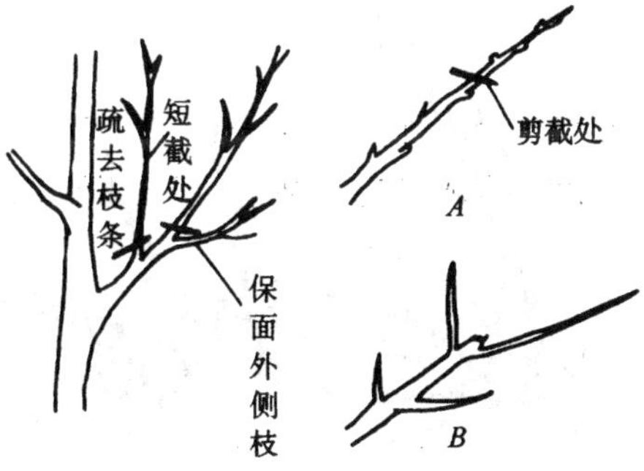

图 6-2　截

A——未剪前；B——短截后发枝情况

（1）轻短截。轻剪枝条的顶梢（剪去枝条全长 1/5～1/4），主要用于花果类树木强壮枝修剪。去掉枝梢顶梢后刺激其下部多数半饱满芽的萌发，分散了枝条的养分，促进产生多量中短枝，易形成花芽。

（2）中短截。剪到枝条中部或中上部饱满芽处（剪去枝条全长的 1/3～1/2）。由于剪口芽强健壮实，养分相对集中，刺激多发营养枝。主要用于某些弱枝复壮以及各种树木培养骨干枝和延长枝。

（3）重短截。剪到枝条下部半饱满芽处，由于剪掉枝条大部分（剪去枝条全长 2/3～3/4），刺激作用大。主要用于弱树、老树、老弱枝的复壮更新。

（4）极重短截。在春梢基部留 1～2 个瘪芽，其余剪去，以后萌发 1～3 个短、中枝。园林中紫薇常采用此方法（见图 6-3）。

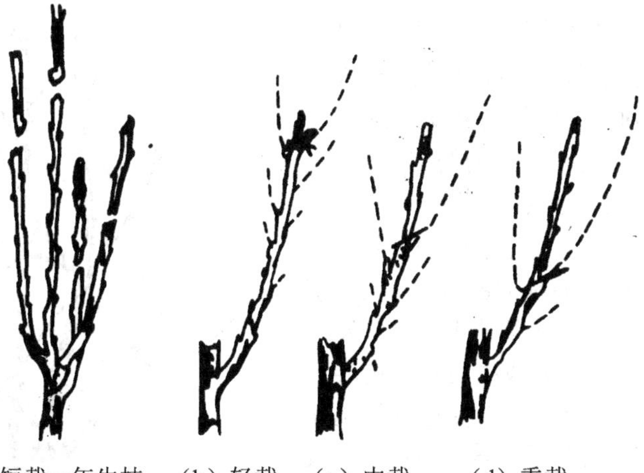

（a）短截一年生枝　（b）轻截　（c）中截　（d）重截

图 6-3　短截

（5）回缩，又称缩剪。将多年生枝条剪去一部分。因树木多年生长，离枝顶远，基部易成光腿，为降低顶端优势位置，促多年生基部更新复壮，常采用回缩修剪方法（见图 6-4）。

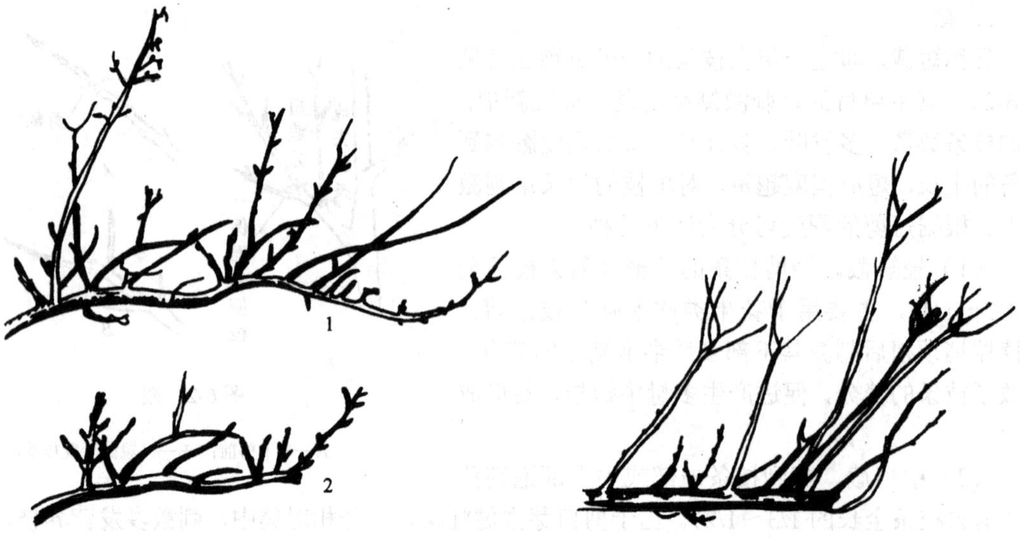

（a）衰弱结果枝组回缩更新复壮　　（b）多年生枝回缩后的发枝状

图 6-4　多年生枝回缩

1——修剪前；2——修剪后

2．疏

疏又称疏剪或疏删。将枝条自分生处（枝条基部）剪去。疏剪可调节枝条均匀分布，加大空间，改善通风透光条件，有利于树冠内部枝条生长发育和花芽分化。疏剪的对象主要是病虫枝、伤残枝、内膛密生枝、干枯枝、并生枝、过密的交叉枝、衰弱的下垂枝等（见图 6-5 和图 6-6）。

疏剪强度依树种、长势、年龄而定。萌芽力强成枝力弱或萌芽力成枝力都弱的树种，应少疏剪。马尾松、油松、雪松等枝条轮生，每年发枝数有限，尽量不疏枝。萌芽力成枝力强的树种可多疏（见图 6-7）。幼树宜轻疏，以促进树冠迅速扩大。对于花灌木类轻疏则可提早形成花芽。成年树枝条多，为调节生长与生殖关系，促进早日开花结果应适当中疏。衰老期树木发枝力弱，为保持有足够的枝条组成树冠，疏剪时只能疏去必须要疏除的枝条。

疏剪工作贯穿全年，可在休眠期、生长期进行。

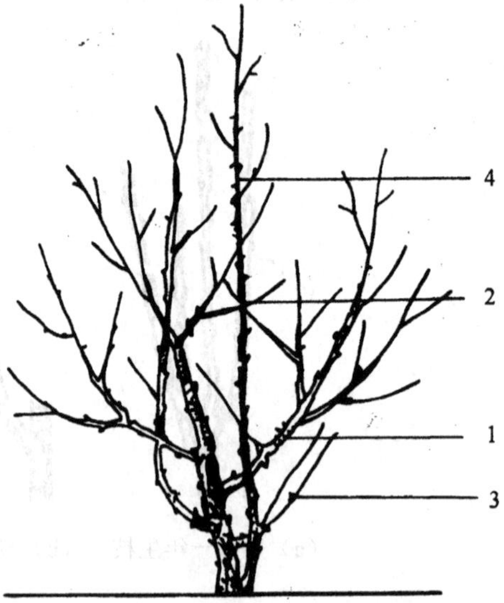

图 6-5　枝条名称

1——内向枝；2——交叉枝；3——骈形枝；4——徒长枝

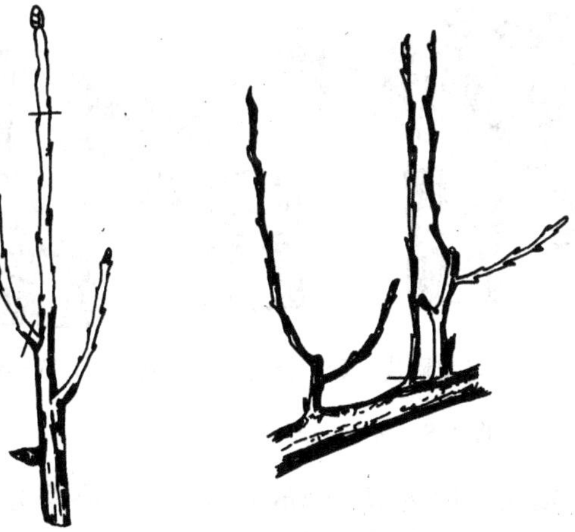

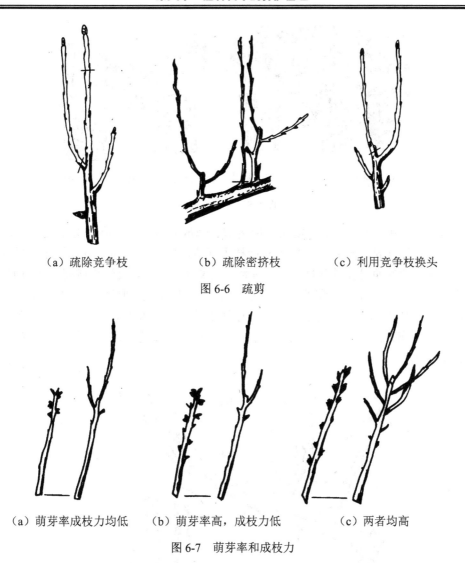

（a）疏除竞争枝　　（b）疏除密挤枝　　（c）利用竞争枝换头

图 6-6　疏剪

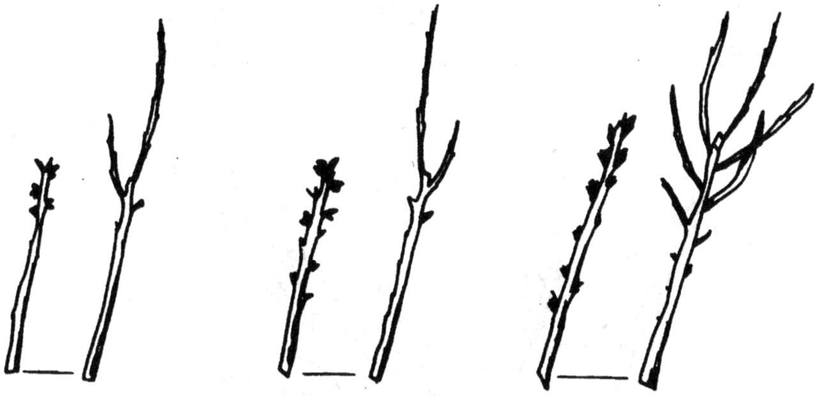

（a）萌芽率成枝力均低　（b）萌芽率高，成枝力低　（c）两者均高

图 6-7　萌芽率和成枝力

3．伤

用各种方法破伤枝条，以达到缓和树势，削弱受伤枝条的生长势的目的，叫伤。如环割、刻伤、扭梢等。

（1）环状剥皮。在发育盛期对不大开花结果的枝条，用刀在枝干或枝条基部适当部位，剥去一定宽度的环状树皮，在一段时期内可阻止枝梢碳水化合物向下输送，利于环状剥皮上方枝条营养物质的积累和花芽的形成。根系因营养物质减少，受一定影响。环状剥皮深达木质部，剥皮宽度以一月内伤口能愈合为限，一般为枝粗的 1/10 左右。弱枝不宜剥皮（见图 6-8）。

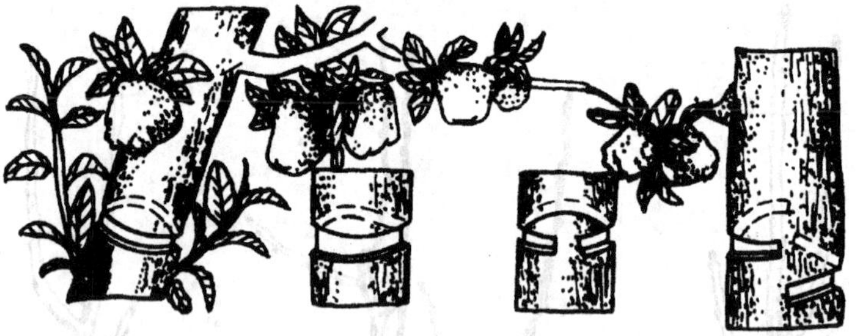

（a）环状剥皮　　（b）宽窄剥皮（c）留营养道剥皮（d）双半环剥皮

图 6-8　环状剥皮

（2）刻伤。用刀在芽的上方横切，深达木质部成为刻伤。在春季树木发芽前，在芽上方刻伤，可暂时阻止部分根系储存的养料向枝顶回流，使位于刻伤口下方的芽获得较为充足的养分，有利于芽的萌发和抽新枝，刻伤越宽，效果越明显。如果生长盛期在芽的下方刻伤，可阻止碳水化合物向下输送，滞留在伤口芽的附近，同样能起到环状剥皮的效果。

此法在观赏树木修剪中广为应用，如雪松发生偏冠现象可用刻伤补充新枝，观花观果树的光腿枝，用刻伤方法可促下部萌发新枝。一些大型的名贵花木进行刻伤，可使花、果更加硕大（见图 6-9）。

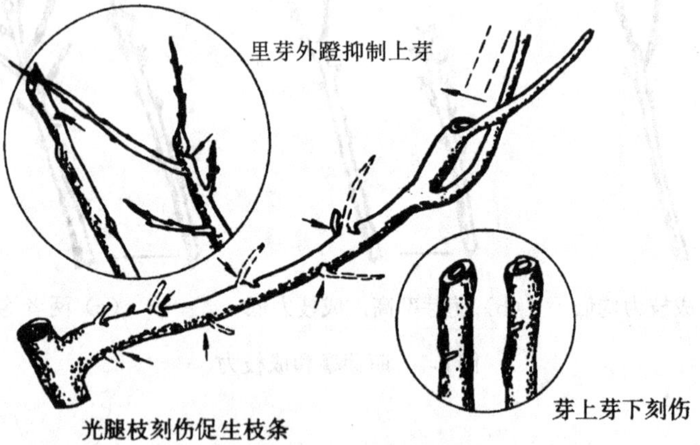

图 6-9　刻伤及其应用

（3）扭梢和折梢。在生长季内，将生长过旺的枝条，特别是着生在枝背上的旺枝，在中上部扭曲下垂称为扭梢（见图 6-10 和图 6-11）。将新梢扭伤而不断则为折梢。扭梢与折梢是伤骨不伤皮，目的是阻止水分、养分向生长点输送，削弱枝条长势，利于短花枝的形成，如碧桃常采用此法。伤的大部分工作在生长期内进行，对局部影响较大，对整个树木的生长影响较小。

伤的大部分工作在生长期内进行，对局部影响较大，对整个树木的生长影响较小。

图 6-10　扭梢

图 6-11　夏季扭梢及其效果

4．变

改变枝条生长方向，缓和枝条生长势的方法称为变，如曲枝、拉枝、抬枝等（见图 6-12 和图 6-13）。其目的是改变枝条的生长方向和角度，使顶端优势转位、加强或削弱。将直立生长的背上枝向下曲成拱形时，顶端优势减弱，枝条生长转缓。下垂枝因向地生长，顶端优势弱，枝条生长不良，为了使枝势转旺，抬高枝条，使枝顶向上。

5．放

放又称长放、甩放。利用单枝生长势逐年减弱的特性，对部分长势中等的枝条长放不剪，保留大量的枝叶，利于营养物质的积累，能促进花芽形成，使旺枝或幼旺树提早开花、结果（见图 6-14）。

图 6-12　曲枝

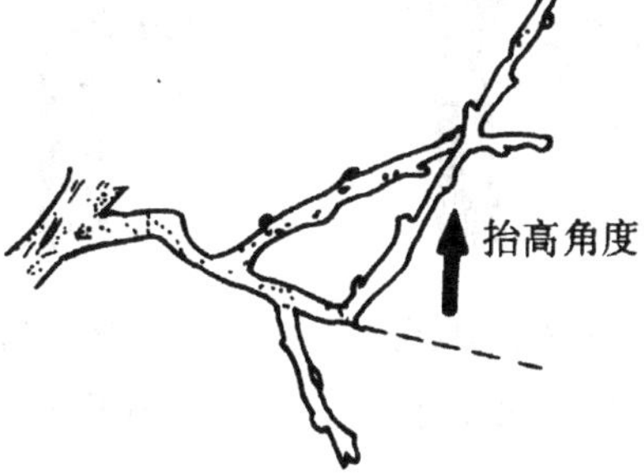

图 6-13　抬枝

图 6-14　缩剪长放

6．其他修剪方法

（1）摘心。在生长季节，随新梢伸长，及时剪去其嫩梢顶尖的技术措施称摘心。具体进行的时间依树种、目的要求而异。通常在稍长至适当长度时，摘去先端 4～8cm，可使摘心处 1～2 个腋芽受到刺激发生二次枝，根据需要二次枝还可再进行摘心（见图 6-15）。摘心可抑制新梢生长，使养分转移至芽、果或枝部，有利于花芽的分化、果实的成长和枝条的充实。

摘心前　　摘心后

图 6-15　夏季摘心

（2）剪梢。在生长季节，由于某些树木新梢未及时摘心，使枝条生长过旺，伸展过长，且又木化。为调节观赏树木主侧枝的平衡关系以及调整观花、观果树木营养生长和生殖生长的关系，采取剪掉一段已木化的新梢先端，即为剪梢。

（3）除芽。为培养通直的主干，或防止主枝顶端竞争枝的发生，在修剪时将无用或有碍于骨干枝生长的芽除去，即为除芽（见图 6-16）。

（a）双发芽：应留 1 壮芽，除去 1 芽　（b）三发芽：应留 1 壮芽，除去 2 芽　（c）弯头芽，应除掉　（d）瘦弱芽，应除掉

图 6-16　抹芽方法

（4）除萌蘖。主干基部及大伤口附近经常长出嫩枝，有碍树形，影响生长。剪除最好在木化前进行。此外，碧桃、榆叶梅等易长根蘖，也应除掉（见图 6-17）。

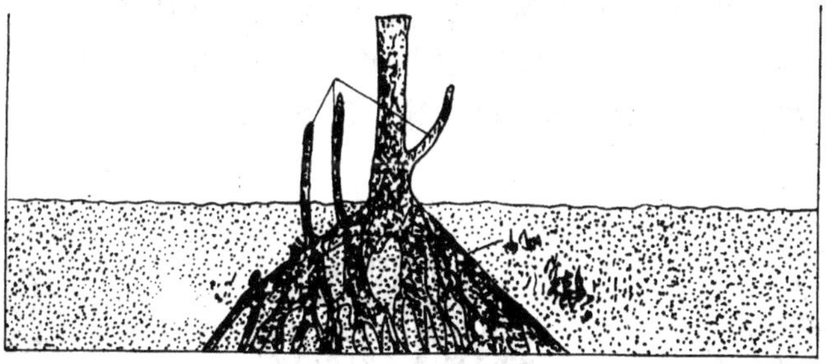

图 6-17 除根蘖

（5）疏花、疏果。花蕾或幼果过多，影响开花质量和坐果率，为促使花朵硕大，常需摘除过多的花蕾；易落花的花灌木，一株上不宜保持较多的花朵，应及时疏花（见图 6-18 和图 6-19）。

图 6-18 摘侧蕾

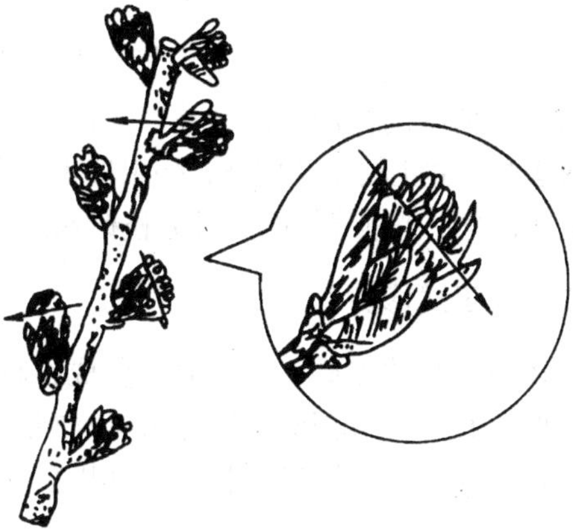

图 6-19 花前复剪和疏花

三、整形修剪的方式

（一）自然式修剪

各种树木都有它的一定树形，一般来说，自然树形能体现园林的自然美。以树木分枝习性、自然生长形成的树冠为基础，对树冠的形状做辅助性的调整和促进，使之早日形成自然树形所进行的修剪，叫自然式修剪。此种整形修剪方式符合树种本身的生长发育习性，可促进树木生长良好、发育健壮，并能充分发挥该树种的树形特点，提高观赏价值。

各种树木因分枝习性、生长状况不同，形成了各式各样的自然树冠形式（见图 6-20），研究和了解树木的冠形是进行自然式整形的基础。主要树木冠形大致有圆柱形（塔柏、龙柏）、塔形（雪松、塔形杨）、圆锥形（毛白杨、落叶松）、卵圆形（加杨、壮年期桧柏）、球形（元宝枫、黄刺玫）、倒卵形（千头柏、刺槐）、丛生形（玫瑰、棣棠）、拱枝形（连翘、南迎春）、伞形（龙爪槐、垂枝榆）、馒头形（馒头柳）等十几类。

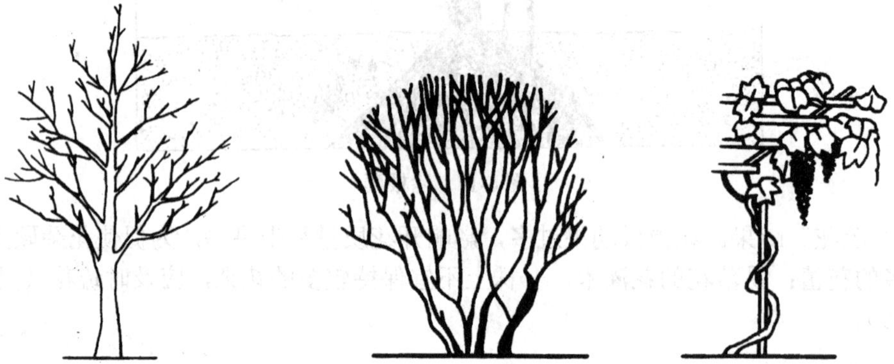

（a）乔木　　（b）灌木　　（c）藤本

图 6-20　不同树木的形态

修剪时要依不同树形灵活掌握，对由于各种因素而产生的扰乱生长平衡、破坏树形的徒长枝、内膛枝、并生枝以及枯枝、病虫枝等，均应加以抑制或剪除，注意维护树冠的匀称完整。对主干明显、有中央领导枝的单轴分枝树木，修剪时应注意保护顶芽，防止偏顶而破坏冠形。

（二）人工式修剪

依园林中观赏的需要，将树冠修剪成各种特定的形态，如各种整齐的几何形体或不规则的人工体形（正方形、球形、鸟、兽等动物形）以及亭、门和绿雕塑等（见图 6-21～图 6-24）。西方规则式园林中应用较多，我国园林以自然式为主，除绿篱用几何形体修剪外，其他树木应用较少。

（a）凯旋门式　（b）尖塔式和螺旋塔式　（c）仿生塑像式

图 6-21　雕塑式绿篱的几种形式

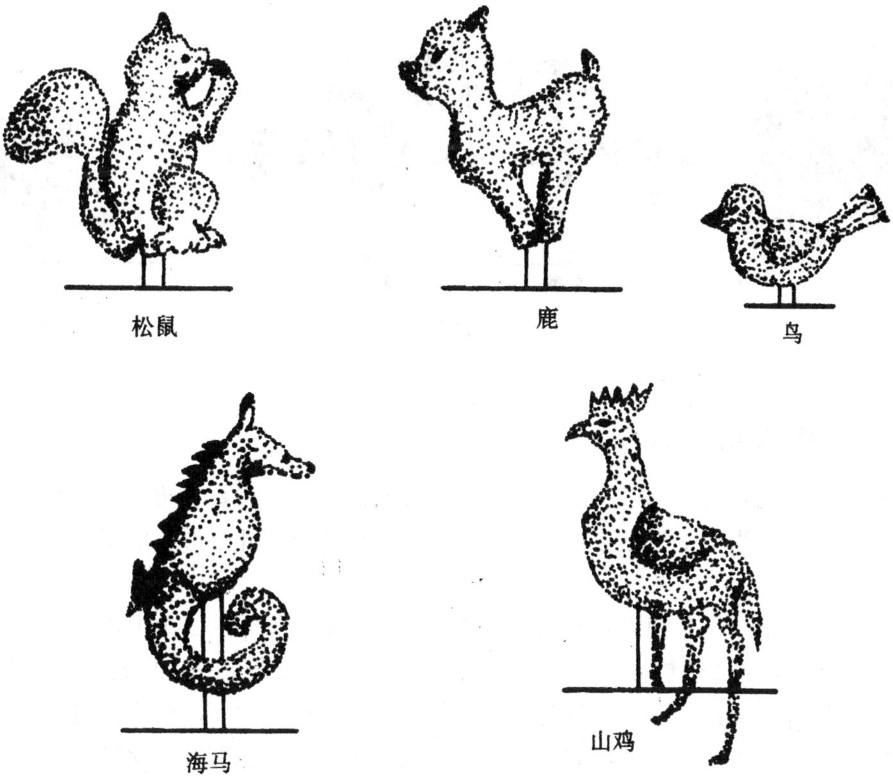

图 6-22　修剪中的比拟

图 6-23　蔷薇门

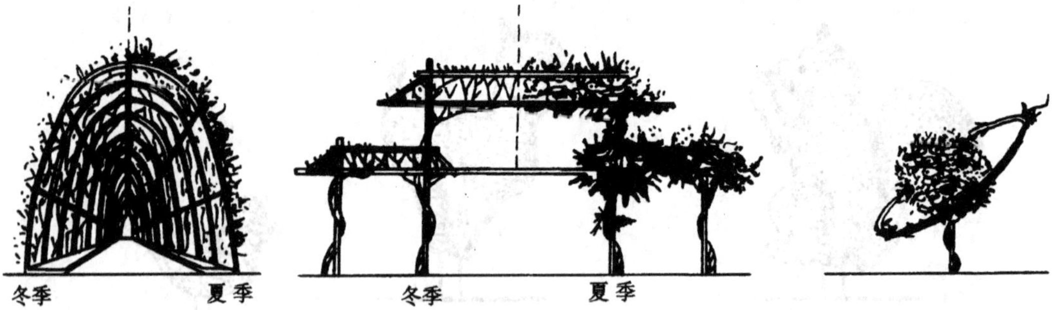

（a）甬道　　（b）牌楼　　（c）卫星

图 6-24　各种造型

（三）自然和人工混合式

在树冠自然式的基础上加以人工塑造，以符合人们观赏的需要和树木生长的要求。对干性弱的一些树种，采用无中央领导枝的整形方式，如杯状形、开心形、头状形、架形等。

1．杯状形

树形无中心骨干，仅有相当一段高度的树干，自主干上部分生 3 个主枝，均匀向四周排开，3 个枝各自再分生 2 个枝而成 6 个枝，再以 6 枝各分生 2 枝即成 12 枝，即所谓“三股、六杈、十二枝”的树形。此形冠内不允许有直立枝、内向枝的存在，一经出现必须剪除。这种树形在城市行道树中极为常见，如碧桃和上有架空线的国槐修剪即为此形。

2．自然开心形

由杯状形改进而来。此形无中心主干，中心也不空，但分枝较低。3 个主枝分布有一定间隔，自主干上向四周放射而出，中心开展。园林中的榆叶梅、石榴等观花、观果树木修剪采用此形。

3．多领导干形

留 2～4 个中央领导干，于其上分层配列侧生主枝，形成均整的树冠。此形适用于生长较旺盛的种类，最宜作观花乔木、庭荫树的整形。

4．中央领导干形

留一强大的中央领导干，再其上配列疏散的主枝，适用于轴性强的树种，能形成高大的树冠，最宜于作庭荫树、独赏树及松柏类乔木的整形。

5．圆球形

此形具一段极短的主干，在主干上分生多数主枝，主枝分生侧枝，各级主侧枝均相互错落排开，利于通风透光。园林中广泛应用，如黄杨、小叶女贞、球形龙柏等常修剪成此形。

6．灌丛形

主干不明显，每丛自基部留主枝 10 余个，其中保留 1～3 年生主枝 3～4 个，每年剪掉 3～

4 个老主枝，更新复壮。

7．棚架形

主要应用于园林绿地中的蔓生植物，形状由架形而定。

四、枝条截、疏的操作及剪口处理

（一）剪口与剪口芽

短剪枝条或剪后在枝条上造成的伤口称为剪口。距离剪口最近的顶部芽称为剪口芽（见图 6-25）。剪口的方向、剪口芽的质量影响到被修剪枝条抽生新梢的生长与长势。

1．剪口

剪口要平滑，与剪口芽成 45° 角的斜面，从剪口芽对侧下剪，使剪口芽与斜面不在同一方向，斜面上方与剪口芽尖相平，斜面最低部分和芽基相平，这样剪口伤面小，容易愈合，芽可得到足够的养分和水分，萌发后生长快。剪口距芽的距离以 0.5～1cm 为宜。疏枝的剪口，于分枝点处剪去，与干平，不留残桩（见图 6-26）。从生灌木疏枝与地面相平。

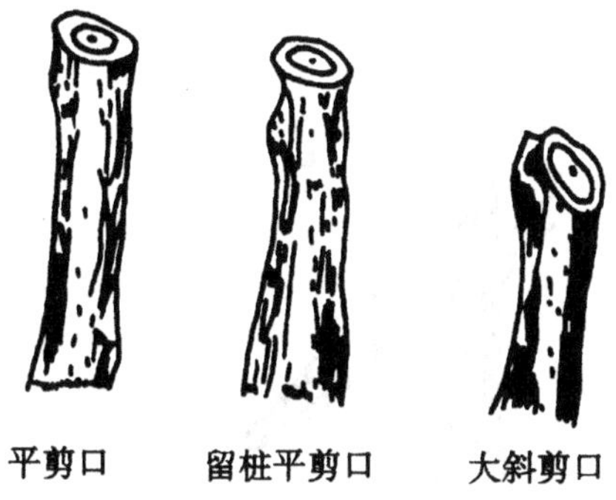

图 6-25　剪口与剪口芽

图 6-26　疏剪时的剪口位置

2．剪口芽

剪口芽的方向、质量决定新梢生长方向和枝条的生长状况。选择剪口芽应从树冠内枝条分布状况和期望新枝长势的强弱考虑，需向外扩张树冠时，剪口芽应留在枝条外侧，如欲填补内膛空虚，剪口芽方向应朝内，对生长过旺的枝条，为抑制它生长，以弱芽当剪口芽，扶弱枝时选留饱满的壮芽。

（二）大枝锯除法

对较粗大的枝干，回缩或疏枝时常用锯操作，为防止劈裂或夹锯，可采用分步作业法。首先在离要求的锯口上方 20cm 处，从枝干下方向上锯一切口，深度为枝干粗度的一半，从上方将枝干锯断，留下一段残桩，可避免枝干劈裂。另外，也可以不留残桩，先从枝干基部下方向上锯入深达 1/3 时，再从锯口向下锯断（见图 6-27）。

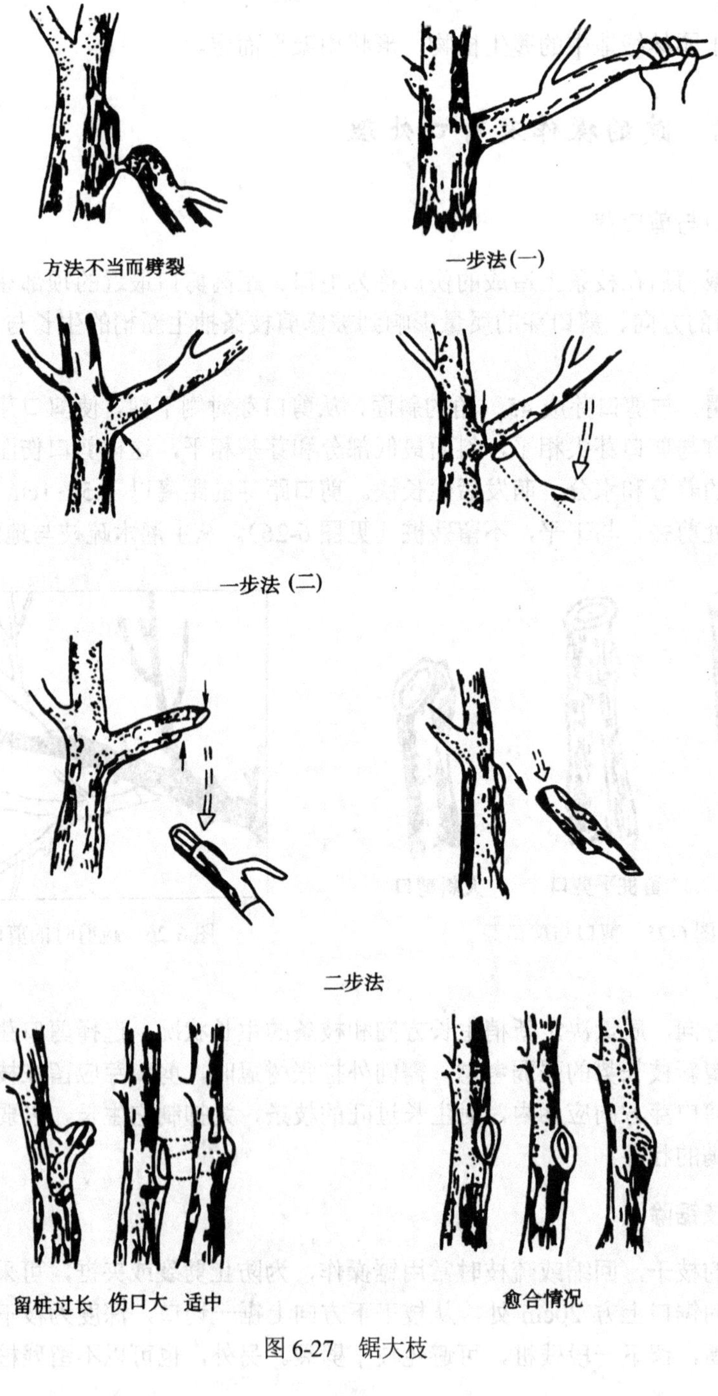

图 6-27　锯大枝

（三）剪口的保护

锯除大的枝干，造成伤口面大，常因雨淋或病菌侵入而腐烂。因此，伤口要用锋利刀削平整，用20%的硫酸铜溶液来消毒，最后涂保护剂（保护蜡、豆油铜素剂、调和漆等），起防腐防干和促进愈合的作用。

五、修剪的程序及安全措施

（一）修剪的程序

修剪应掌握一看二剪三检查的原则，修剪前对树木的生长势、枝条分布情况及需要的冠形，先了解一下，尤其对多年生枝条要慎重考虑后再下剪。剪时由上而下，由外及里，由粗剪到细剪。从疏剪入手把枯枝、密生枝、重叠枝等不需要的枝条剪去，再对留下的枝条进行短剪。需回缩修剪时，应先修大枝，再修剪中枝，再次修小枝。最后检查修剪是否合理，有无漏剪与错剪，以便修正或重剪。

（二）安全措施

（1）修剪使用的工具应当锋利，上树机械或折梯使用前应检查各个部件是否灵活，有无松动，防止发生事故。

（2）上树操作必须系好安全带，穿胶底鞋，手锯要拴绳套在手腕上，以保安全。

（3）作业时严禁嬉笑打闹，要思想集中，以免错剪。刮五级以上大风时，不宜上高大树木上修剪。

（4）在高压线附近作业时，应特别注意安全，避免触电，必要时应请供电部门配合。

（5）在行道树修剪时，必须专人维护现场，树上树下要相互联系配合，以防锯落大枝砸伤过往行人和车辆。

六、各类园林树木的修剪

（一）行道树的修剪

行道树是指在道路两旁整齐列植的树木，每条道路上树种相同。行道树要求枝条伸展，树冠开阔，枝叶浓密。冠形依栽植地点的架空线路及交通状况决定。在架空线路多的主干道上及一般干道上，采用规则形树冠，整形修剪成杯状形、开心形等立体几何形状。在无机动车辆通行的道路或狭窄的巷道内，可采用自然式树冠。

行道树一般使用树体高大的乔木树种，主干高度要求在2.5～6m之间，行道树上方有架空线路通过的干道，其主干的分枝点高度，应在架空线路的下方，而为了车辆行人的交通方便，分枝点不得低于 2～2.5m。城郊公路及街道、巷道的行道树，主干高可达 4～6m 或更高。定植后的行道树要每年修剪扩大树冠，调整枝条的伸出方向，增加遮荫保湿效果，同时也应考虑到建筑物的使用与采光。

1．杯状形行道树的修剪

杯状形行道树具有典型的“三叉六股十二枝”的冠形，主干高在 2.5～4m 之间。整形工作是在定植后的 5～6 年内完成的。以法桐为例，春季定植时，于树干 2.5～4m 处截干，萌发后选 3～5 个方向不同、分布均匀，与主干成 45° 夹角的枝条作主枝，其余分期剥芽或疏枝，冬季对主枝留 80～100cm 短截，剪口芽留在侧面，并处于同一平面上，使其匀称生长；第二年夏季再剥芽疏枝，幼年法桐顶端优势较强，在主枝呈斜上生长时，其侧芽和背下芽易抽生直立向上生长的枝条，为抑制剪口处侧芽或下芽转上直立生长，抹芽时可暂时保留直主枝，促使剪口芽侧向斜上生长；第三年冬季与主枝两侧发生的侧枝中，选 1～2 个作延长枝，并在 80～100cm 处再短剪，剪口芽仍留在枝条侧面，疏除原暂时保留的直立枝、交叉枝等，如此反复修剪，经 3～5 年后即可形成杯状形树冠。

树体骨架构成后，树冠扩大很快，要注意整体均衡。此期可适当保留内膛枝，有空间处，新梢可长留，疏过密枝、直立枝，促发斜生枝，增加遮荫效果；对影响架空线和建筑物的枝条按规定进行疏、截。当树冠长到最大限度后，开始衰退或受周围环境限制，应逐年在有生长良好、部位合适的带头枝处短截，回缩更新。

2．开心形行道树修剪

多用于无中央主轴或顶芽能自剪的树种，树冠自然开展。定植时，将主干留 3cm 或者截干，春季发芽后，选留 3～5 个位于不同方向、分布均匀的侧枝行短剪，促枝条生长主枝，其余全部抹去。生长季注意将主枝上的芽抹去，只留 3～5 个方向合适、分布均匀的侧枝。来年萌发后选留侧枝，全部共留 6～10 个，使其向四方斜生，并行短截，促发次级侧枝，使冠形丰满、匀称。

3．自然式冠形的行道树修剪

（1）有中央领导枝行道树。如杨树、银杏、水杉、侧柏、金钱松、雪松、枫杨等。

分枝点的高度按树种特性及树木规格而定，栽培中要保护顶芽向上生长。郊区多用高大树木，分枝点在 4～6m 以上。主干顶端如受损伤，应选择一直立向上生长的枝条或在壮芽处短截，并把其下部的侧芽抹去，抽出直立枝条代替，避免形成多头现象。

阔叶类树种如毛白杨，不耐重抹头或重截，应以冬季疏剪为主。修剪时应保持冠与树干的适当比例，一般树冠高占 3/5，树干（分枝点以下）高占 2/5。在快车道旁的分枝点高至少应在 2.8m 以上。注意最下的三大主枝上下位置要错开，方向匀称，角度适宜。要及时剪掉三大主枝上最基部贴近树干的侧枝（把门侧），并选留好三大主枝以上的其他各主枝，使呈螺旋形往上排列。再如银杏，每年枝条短截，下层枝应比上层枝留得长，萌生后形成圆锥状树冠（见图 6-28）。形成后，仅对枯病枝、过密枝疏剪，一般修剪量不大。

（2）无中央领导枝行道树。选用主干性不强的树种，如旱柳、榆树等，分枝点高度一般为 2～3m，留 5～6 个主枝，各层主枝间距短，使自然长成卵圆形或扁圆形的树冠。每年修剪的主要对象是密生枝、枯死枝、病虫枝和伤残枝等（见图 6-29）。

行道树定干时，同一条干道上分枝点高度应一致，使整齐划一，不可高低错落，影响美观与管理。

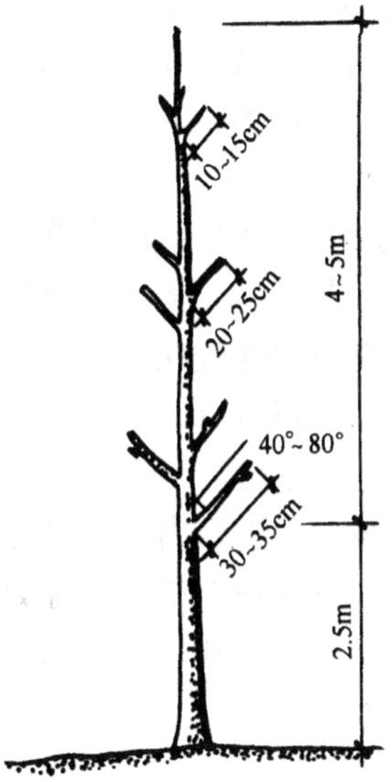

图 6-28　有中央领导枝的修剪方法

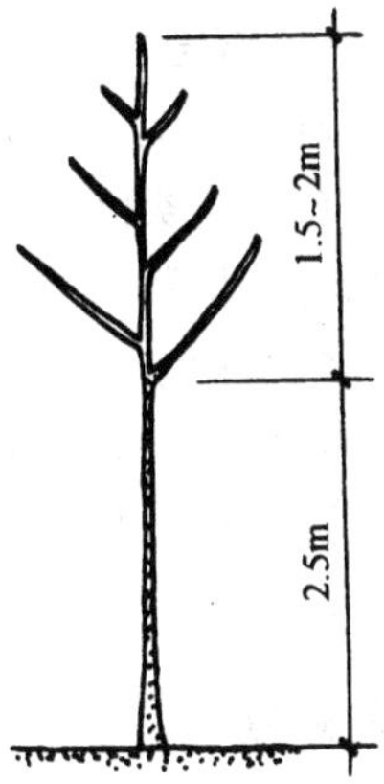

图 6-29　无明显中央领导枝的修剪方法

（二）花灌木的修剪

1．因树势修剪

幼树生长旺盛，以整形为主，宜轻剪。严格控制直立枝，斜生枝的上位芽在冬剪时剥掉，防止生长直立枝。一切病虫枝、干枯枝、人为破坏枝、徒长枝等用疏剪方法剪去。幼树尽量用重短截，否则直立枝、徒长枝大量发生，造成树冠密闭，影响通风透光和花芽的形成。从生花灌木的直立枝，选择生长健壮的加以摘心，促其早开花。

壮年树应充分利用立体空间，促使多开花。于休眠期修剪时，在秋梢以下适当部位进行短截，同时逐年选留部分根蘖，并疏掉部分老枝，以保证枝条不断更新，保持丰满株形。

老弱树木以更新复壮为主，采取重短截的方法，使营养集中于少数腋芽，萌发壮枝，及时疏删细弱枝、病虫枝及枯死枝。

2．根据树木生长习性和开花习性进行修剪

（1）春季开花，花芽（或混合芽）着生在二年生枝条上。连翘、榆叶梅、碧桃、迎春、牡丹等灌木是在前一年的夏季高温时进行花芽分化，仅过冬季低温阶段与第二年春季开花，应在花残后叶芽开始膨大尚未萌发时进行修剪。修剪的部位依植物种类及纯花芽或混合芽的原则而有所不同。连翘、榆叶梅、碧桃、迎春等可在开花枝条基部留 2～4 个饱满芽进行短截。牡丹则仅将残花剪除即可。

（2）夏秋季开花，花芽（或混合芽）着生在当年生枝条上。紫薇、木槿、珍珠梅等是在当年萌发枝上形成花芽，因此应在休眠期进行修剪。将二年生枝基部留 2～3 个饱满芽进行重剪，剪后可萌发出一些茁壮的枝条，花枝会少些，但由于营养集中会产生较大的花朵。

（3）花芽（或混合芽）着生在多年生枝上。紫荆、贴梗海棠等，花芽大部虽着生在二年生枝上，但多年生的老干当营养条件适合时亦可分化花芽。这类灌木进入开花龄植株修剪量较小，在早春将枝条先端枯干部分剪除，于生长季节为防止当年生枝条过旺影响花芽分化可进行摘心，使营养集中于多年生枝干上。

（4）花芽（或混合芽）着生在开花短枝上。西府海棠等早期生长势较强，每年自基部发生多数萌芽，自主枝上发生大量直立枝，当植株进入开花龄时，多数枝条形成开花短枝，在短枝上连年开花，这类灌木一般不大进行修剪，可在花后剪除残花，夏季生长旺时，将生长枝进行适当摘心，抑制其生长，并将过多的直立枝、徒长枝进行疏剪。

（5）一年多次抽梢，多次开花。月季一年多次抽梢、开花，可于休眠期对当年生枝条进行短剪或回缩强枝，同时剪除交叉枝、病虫枝、并生枝、弱枝及内膛过密枝。寒冷地区可行强剪，必要时进行埋土防寒。生长期内可多次修剪，于花后在新梢饱满芽处短剪（通常在花梗下方第 2～3 芽处）。剪口芽很快萌发抽梢，形成花蕾开花，花谢后再剪，如此反复。

（三）绿篱修剪

绿篱是萌芽力、成枝力强、耐修剪的树种，密集带状栽植而成，起防范、美化、组织交通和分割功能区的作用。适宜作绿篱的植物很多，如女贞、大叶黄杨、锦熟黄杨、桧柏、侧柏、石楠、冬青、火棘、野蔷薇等。北方常用黄杨、桧柏、侧柏；热带则多用三角花、茉莉等组成花篱。

绿篱的高度依其防范对象来决定，有绿墙（160cm 以上）、高篱（120～160cm）、中篱（50～120cm）和矮篱（50cm 以下）。对绿篱进行修剪，既为了整齐美观，增添园景，也为了使篱体生长茂盛，长久不衰。高度不同的绿篱，采用不同的整形方式，一般有下列几种方式。

1．自然式修剪

绿墙、高篱和花篱采用较多。适当控制高度，并疏剪病虫枝、干枯枝，任枝条生长，使其枝叶相接、紧密成片，提高阻隔效果。

2．整形式修剪

中篱和矮篱常用于草地、花坛镶边，或组织人流的走向。这类绿篱低矮，多采用几何图案式的整形修剪，如矩形、梯形、倒梯形、篱面波浪形等（见图 6-30）。绿篱种植后剪去高度的 1/3～1/2，修去平侧枝，同一高度和侧面，促使下部侧芽萌生成枝条，形成紧枝密叶的矮墙，显示立体美。绿篱每年应修剪 2～4 次，使新枝不断发生，更新和替换老枝。整形修剪时，顶面与侧面兼顾，不应只修顶面不修侧壁，否则造成顶面枝条旺长，侧枝斜出生长。从立体横断面看，以矩形和基本大小的梯形较好，下部和侧面枝叶受光充足，通风良好，不易产生枯枝和空秃现象（见图6-31）。

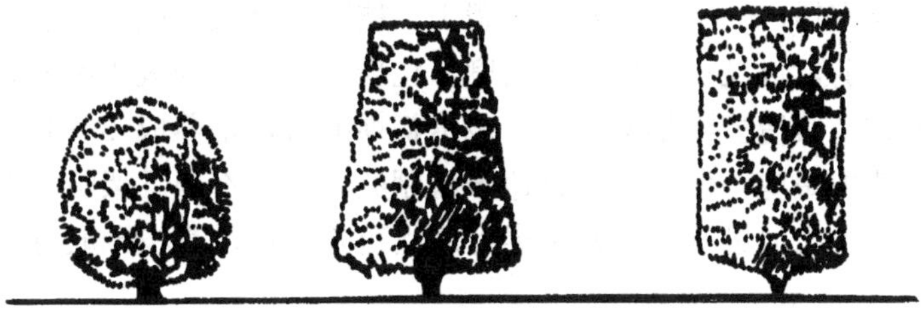

（a）　　（b）　　（c）

图6-30　绿篱修剪的形状

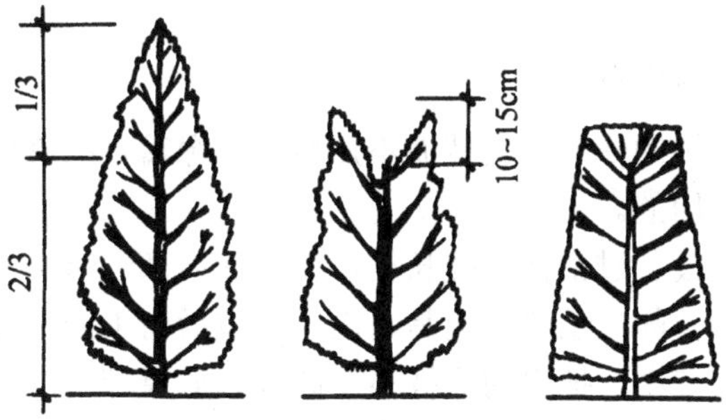

图6-31　绿篱修剪示意图

组字、图案式绿篱，一般用长方形整形方式，要求边绿棱角分明，界限清楚，篱带宽窄一致，每年修剪次数应比一般镶边、防范的绿篱为多。枝条的替换、更新应时间短，不能出现空秃，以保持文字和图案的清晰。用植物修制成鸟兽、牌楼等立体造型，为保持其形象逼真，不能任枝条随意生长破坏造型，应每年多次修剪。

（四）片林修剪

（1）有主轴的树种（如杨树、油松等）组成的片林，修剪时注意保留顶梢。当出现竞争枝（双头现象），只选留一个；如果领导枝枯死折断，应扶立一侧枝代替主干延长生长，培养成新的中央领导枝。

（2）适时修剪主干下部侧生枝，逐步提高分枝点。分枝点的高度应根据不同树种、树龄而定。同一分枝点的高度应大体一致；而林缘分枝点应低留，使之呈现丰满的林冠线。

（3）对于一些主干很短，但树已长大，不能再培养成独干的树木，也可以把分生的主枝作为主干培养，逐年提高分枝，呈多干式。

（4）应保留林下的树木、地被和野生花草，增加野趣和幽深感。

（五）藤本植物的修剪

多数藤本植物离心生长很快，基部易光秃。小苗定植时，宜只留数芽重剪。吸附类引蔓附壁后，生长季可多短截下部枝，促发副梢填补基部空缺处。北方地区普遍栽植的五叶地锦生长迅速，枝叶重叠交错，一旦遭到暴风雨袭击，枝叶则会大面积自墙壁脱落。可于雨季前或冬季休眠时进行修剪，以减小迎风张扬角度，让新发枝梢上的吸盘都能触及和吸附墙壁。用于棚架的藤本植物，其造型随架型而异。栽植初期摘心，培养成 2～3 个主蔓，使均匀分布在棚架上。生长期内短剪，促发侧枝迅速布满棚架。冬季不必下架防寒者，以疏为主，剪除枯、密枝，以调节生长促进开花。钩刺类可适当疏除老枝，蔓枝一般可不剪，视情况回缩更新。

七、树木整形修剪值得注意的几个问题

（一）疏枝和短截结合不好

一般的做法，对行道树的修剪只疏枝而不短截，对绿篱带的修剪只短截而不疏枝，很少有将两种修剪方法综合运用的。

疏枝由于剪除了病虫枝、过密枝、徒长枝，使植株内部通风透光，养分集中供应于有效枝条，可以促进整体和母枝的生长势。但是，由于疏枝后留下的枝条仍保留有顶芽，顶端优势强，因此新梢生长势较缓慢，抽生的短枝多。此外，如果疏除的不是无效枝而是普通的发育枝，则由于减少了生长点和叶面积，反而会削弱整体和母枝的生长势。

而短截则不同，由于短截去掉了枝端顶芽，一方面改变了顶端优势；另一方面由于剩余枝条局部储藏营养以及分生组织的比例增大，疏导组织发育完善，使其对下部侧芽特别是剪口下第一芽的刺激作用远比疏枝明显，新梢枝力强，生长势旺。然而，由于短截修剪对下部芽萌发的局部刺激作用明显，致使枝梢密度增加较快，使植株内膛光线变弱，进而影响组织分化，并为病虫害的发生提供了条件。

因此，行道树或绿篱带的修剪都不应局限于单一的修剪方式，应当充分利用短截和疏枝两种修剪方法的各自特点，正确调节树木生长所积累的矛盾。对行道树的修剪，通过疏枝来改善通风透光条件，避免各类架空管线与树木生长竞争空间，更重要的是还要通过短截来促进新枝生长，迅速扩大树冠，并利用剪口芽的异质性和方位引导树姿，调整树势。对绿篱带的修剪、短截对培养和保持规整的几何形状是必不可少的，通过定期进行疏枝管理，改善绿篱内部通风透光条件，可提高枝条的充实度和抗病虫能力，避免绿篱下部空裸干枯现象的发生。

（二）修剪缺乏科学的尺度标准

每一棵树，即使是同一树种，由于所处环境条件的差异，其生长状况也各不相同，修剪

的强弱没有因树而异。修剪量（即剪去枝叶的多少），应当遵循幼树轻剪、老树重剪、强树轻剪、弱树重剪的基本原则。

由于幼树的地上部分和地下部分均处于离心生长的旺盛阶段，修剪对幼树生长的影响突出表现为局部刺激和总体抑制的双重作用。首先，修剪减少了枝芽数量，使得在一定时期内植物蒸腾面积减少，树冠比增大，从而改善了剩余枝芽的水分供应和营养供应，促进了新梢的局部生长。但由于修剪同时减少了叶片总面积，并促进新梢生长推迟，造成同化养分向根系的供应减少，根系生长逐步减弱，最终将抑制地上部分的生长。修剪对于幼树总体生长的这种抑制作用会随着时间的推移而逐步显现。修剪愈重，抑制作用就表现得愈快、愈明显。

而对于老树，由于生长年限较长，树冠已经成形郁闭，内膛枝杂乱，营养生长渐趋衰弱，此时能够进行合理的修剪，疏除过多的、更新效能低的枝条和加以重剪，则剩余枝芽将从根干中获得相对较多的储藏养分，从而提高了植株整体的生理活性，延缓了衰老。

对强树和弱树的修剪也是如此。因修剪有类似于施肥灌水的作用，所以，在土壤肥水条件较好的情况下，可以轻剪或不剪，如果再重剪，往往会产生徒长枝梢。如果土壤肥水不足，则需要加重修剪。要特别强调的是，重截和回缩往往只促进新梢局部生长，而对根系生长一般起抑制作用，因此，弱树的重剪还要配合施用氮肥才能改善根系营养，增加树体储藏养分，从而促进全树的代谢和生长。

（三）修剪季节性的把握不够准确和量上的区分不够严格

对修剪时期的选择，落叶树的修剪一般以休眠后严冬前为宜。首先，落叶树枝梢的营养物质在进入休眠期前即向下运入茎干和根部，至开春时再由根、茎运向枝梢，休眠后修剪，枝芽减少，可以集中利用储藏营养，使来年新梢生长加强，剪口附近顶芽长期处于优势。其次，严冬前修剪到春季芽体萌动尚有一段时间，营养的重新分配可以促进剪口芽的分化和萌动，加强顶端优势，促进生长，减少分枝。

而常绿树的修剪一般以严冬后至春梢萌动前为宜。首先，许多常绿树的抗寒性较弱，修剪过早，修剪造成的伤口使剪口芽和附近组织容易引起冻伤，对越冬不利。其次，常绿树叶片中养分含量较高，但随叶龄增加而下降，尤其是落叶前下降最快，大都被重新利用，因此，在春梢抽生前老叶最多，而许多老叶将脱落时修剪，树体储藏养分较足而养分损失最少。

夏季修剪与冬季修剪有显著不同的特点，主要在于它作用于活跃状态的带叶植株，它对养分、水分、激素的平衡以及不同器官间的相互关系所产生的作用远比冬剪迅速而明显。对调节光照、调节枝密度、调节负载量的修剪只有在夏季才最直观、最准确、最合理。同时，要注意的是，由于夏季树体储藏养分较少，而新叶又因修剪而减少，在肥水条件不良的情况下，夏剪过重，对植株生长会产生抑制作用，对植株安全越冬和来年生长不利。如果水肥条件好，植株生长旺盛，用夏剪促发副梢，扩大叶面积，后期光合效能好，就不一定是抑制作用，反而有助于扩大树冠，提早完成整形任务，减轻冬剪的修剪量。

第五节　古树名木的养护管理

我国是著名的文明古国，有着光辉灿烂和风格独特的古代文化。历史遗留在风景名胜、古典园林、坛庙寺院及居民院落中的古树、名木，就是很好的见证。这些世界罕见的古树，被誉为珍贵的“活文物”。历代人们都十分珍惜这些古树名木，它不仅在我国园林中构成独特的瑰丽景观，而且也是中国传统文化的瑰宝。

一、保护和研究古树、名木的意义

所谓古树，是指树龄在百年以上的树木。凡树龄在300年以上的树木为一级古树，其余的为二级古树。所称名木，是指珍贵、稀有的树木和具有历史价值、纪念意义的树木。

古树、名木往往一身而二任，当然也有名木不古或古树未名的，都应引起重视，加以保护和研究。

（一）古树名木是历史的见证

古树记载着一个国家、一个民族的文化发展历史，是一个国家、一个民族、一个地区的文明程度的标志，是活历史。我国传说有周柏、秦松、汉槐、隋梅、唐杏（银杏）等均可以作为历史的见证。北京景山公园内崇祯皇帝上吊的古槐（目前之槐已非原树）是记载农民起义军伟大作用的丰碑；北京颐和园东宫门内有两排古柏，八国联军火烧颐和园时曾被烧烤，靠近建筑物的一面从此没有树皮，它是帝国主义侵华罪行的纪录。这些古老树木是活着的历史文物，其本身的存在可作为人们吊古、瞻仰的对象。

（二）为文化艺术增添光彩

不少古树名木曾使历史文人、学士为之倾倒，吟咏抒怀，它在文化史上有其独特的作用。例如“扬州八怪”中的李缮，曾有名画《五大夫松》，是泰山名木的艺术再现。此类为古树名木而作的诗画为数极多，都是我国文化艺术宝库中的珍品。

（三）古树名木可以组建高质量的园林景观

古树名木苍劲古雅，姿态奇特，在园林中可构成独特的景观，也常成为名胜古迹的最佳景点。黄山风景名胜区的黄山松以顽强、奇异著称于世，宛若黄山的灵魂，显示出独特的魅力；鞍山千山之秀素有“秀在松”之说，香岩寺殿内的蟠龙松，冠幅遮天蔽日，葱秀俊逸，遒劲洒脱，宛若巨龙盘踞飞斗。其他如陕西黄陵的“轩辕柏”，北京北海团城上的“遮荫侯”（油松）和“白袍将军”（白皮松），泰山“卧龙松”，四川灌县天师洞冠幅36m的世界最大的银杏，陕西勉县武侯祠的“护基双桂”及苏州吴县古刹司徒庙中的“清、奇、古、怪”四株古圆柏等，均使万千中外游客啧啧称奇，流连忘返。

（四）古树是研究古自然史的重要资料

古树是进行科学研究的宝贵资料，它们对研究一个地区千百年来气象、水文、地质和植被的演变有重要的参考价值。其复杂的年轮结构和生长情况，既反映出历史上的气候变化轨迹，又可追溯树木生长、发育的若干规律。

（五）古树可供树种规划作重要参考

古树多属乡土树种，保存至今的古树、名木是久经沧桑的活文物，可就地证明其对家乡风土具有很强的适应性。故调查本地栽培及郊区野生树种，尤其是古树、名木，可作为制定城镇树种规划的可靠参考。

二、古树衰老的原因

任何树木都要经过生长、发育、衰老、死亡等过程，也就是说，树木的衰老、死亡是客观规律。但是可以通过人为的措施使衰老以致死亡的阶段延迟到来，使树木最大限度地为人类造福，为此有必要探讨古树衰老的原因，以便有效地采取措施。

除上述的客观规律以外，往往还与以下几种因素有关。

（一）土壤密实度过高

城市公园里游人密集，地面受到大量践踏，土壤板结，密实度高，透气性降低，机械阻抗增加，对树木的生长十分不利。据测定：北京中山公园在人流密集的古柏林中土壤堆积密度达 1.7g/cm^3，非毛管孔隙度为 2.2%；天坛公园内的“九龙柏”周围土壤堆积密度为 1.59g/cm^3，非管孔隙度为 2%，在这样的土壤中，根生长受到限制。

（二）树干周围铺装面过大

有些地段地面用水泥砖或其他材料铺装，仅留很小的树池，影响了地下与地上部分气体交换，使古树根系处于透气性极差的环境中。

（三）土壤理化性质恶化

随着公园、风景区各种文体、商业活动等的急剧增加，设置临时厕所、倾倒污水等人为原因，而使土壤中的盐分含量过高是某些局部地段古树致死的原因。

（四）根部的营养不足

肥力不足是古树生长衰弱的原因之一。氮、磷、钾等元素不足，使古树生长缓慢，枝叶稀疏，抗性减弱。

（五）人为的损害

由于各种原因，人为的刻划钉钉、缠绕绳索、攀树折枝、剥损树皮；借用树干作支撑物；在树冠外缘 3m 内挖坑取土、动用明尖、排放烟气、倾倒污水污物、堆放危害树木生长的物料，修建建筑物或者构筑物；擅自移植等行为，都会造成古树树体损伤、生长衰弱或死亡。

三、古树、名木的养护管理技术措施

（一）古树、名木的调查、登记、存档

古树、名木的系统调查，是摸清家底的必需，各地应组织专人开展调查，彻底掌握古树名木资源。调查内容主要包括树种、树龄、树高、冠幅、生长势、病虫害、养护及有关资料（如碑、文、诗、画、图片、传说等）。在调查的基础上加以分级。对于各级古树名木均应设永久性标牌，编号在册，并采取加栏、加强保护管理等措施。对于年代久远，树姿奇特兼有观赏价值和文史及其他研究价值的古树名木要列入专门档案，尤应特殊保护，必要时拨出专款派专人养护，并随时记录备案。

（二）古树、名木复壮及养护管理技术措施

1．古树的复壮措施

据北京市园林科学研究所的研究，北京市公园古松柏生长衰弱的根本原因，是土壤密实度过高，透气性不良。为此，他们采取了下列复壮措施。

（1）埋条法。分放射沟埋条和长沟埋条。

放射沟埋条进行方法是以古树为圆心，在树冠投影外侧挖放射状沟 4～12 条，每条沟长 120cm 左右，宽为 40～70cm，深 80cm。沟内先垫放 10cm 厚的松土，再把剪好的苹果、海棠、紫穗槐等树枝缚成捆，平铺一层，每捆直径 20cm 左右，上撒少量松土，同时施入粉碎的麻渣和尿素，每沟施麻渣 1kg，尿素 150g，为了补充磷肥可放少量脱脂骨粉，覆土 10cm 后放第二层树枝捆，最后覆土踏平。

如果植株行距大，也可以采用长沟埋条，沟宽 70～80cm，深 80cm，长 200cm 左右，然后分层埋树条施肥、覆盖踏平。

（2）地面铺梯形砖和草皮。下层做法与上述措施相同，在地面上铺置上大下小的特制梯形砖，砖与砖之间不勾缝，留有通气道，下面用石灰砂浆衬砌，砂浆用石灰、沙子、锯末配置，比例为 1:1:0.5。同时还可以在埋树条的上面种上花草，并围栏禁止游人践踏，或在其上铺带孔的或空花条纹的水泥砖或铺铁箅盖。

（3）作渗井。依埋条法挖深 120～140cm、直径 110～120cm 的渗井，井底壁掏 3～4 个

小洞，内填树枝、腐叶土、微量元素等。井壁用砖砌成坛子形，不用水泥砌实，周围埋树条、施肥，井口盖盖。其作用主要是透气存水，将新根引过来，改善根的生长条件。

（4）埋透气管。在树冠半径4/5以外挖放射状沟，一般宽80cm，深80cm，长度视条件而定。挖沟时保留直径1cm以上的根，1cm以下可以断根，在沟中适当位置垂直安放透气管，每株树2～4根，管径10cm，管壁有孔，管外缠棕，外填麻渣、马掌、腐叶土、微量元素和树枝的混合物。

2．养护管理措施

（1）保持生态环境。古树名木不要随意搬迁，也不应在古树名木周围修建房屋、挖土、架设电线、倾倒废土、垃圾及污水等，以免改变和破坏原有的生态环境。

（2）保持土壤的通透性。生长季节应进行多次中耕松土，冬季进行深翻，施有机肥料，改善土壤的结构及透气性，使根系和好气性微生物能够正常的生长和活动。当土壤质地恶化不利树木生长时，应进行换土。

为防止人为破坏和保持土壤的疏松透气性，在古树名木周围应设立栅栏隔离游人，避免践踏，同时在树木周围一定范围内，不得铺装水泥路面。

（3）合理施肥。根据树木的需要，及时进行施肥，并掌握“薄肥勤施”的原则。管护单位1～2年应检测一次林地土壤的养分状况，一般碱解氮在30ppm、速效磷在20ppm、速效钾在20ppm以下就应施肥。株行距8m左右的林地，应于早春或秋后开沟施肥，孤立树可在树冠垂直投影外侧打穴施肥。沟施每隔3～5年一次，每次每株一般施腐叶肥或绿肥200～300kg，过磷酸钙2.5kg，尿素0.2kg，或腐熟的羊、马及家禽粪便50～100kg。穴施2年一次，每株每次施麻渣或豆饼 2～3kg，尿素 0.5～0.75kg。生长期内应追施无机肥料。每年叶面喷肥2～3次。

（4）供给适宜水分。每年应检测1～3次土壤含水量，根据树木所需适宜的土壤含水指标，决定浇水或排水。如松柏树的土壤含水量，一般以 14%～15%为宜，沙质土可在 6%～20%之间；银杏的土壤含水量，一般以 17%～19%为宜，不应大于 20%。适时浇好春水、冻前水和肥后水。每次浇水的林地，水的渗透深度应在 80cm 以上；山坡林地供水，应积极创造条件安装灌溉设备。对公园及风景区游人密度较大之处及路边或施工工地附近的古树，附着尘埃较多时，应喷水淋洗叶面。

（5）防治病虫害。苹桧锈病、双条杉天牛、白蚁、红蜘蛛、蚜虫等病虫害常危害古树名木，要及时组织防治。

（6）补洞、治伤。衰老的古树加上人为的损伤、病菌的侵袭，使木质部腐烂蛀空，造成大小不等的树洞，对树木生长影响极大。除有特殊观赏价值的树洞外，一般应及时填补。先刮去腐烂的木质，用硫酸铜或硫磺粉消毒，然后在空洞内壁涂水柏油防腐剂。为恢复和提高观赏价值，表面用1:2的水泥黄沙加色粉面，按树木皮色皮纹装饰。较大树洞则要用钢筋水泥或填砌砖块填补树洞并加固，再涂以油灰粉饰。

（7）支架支撑。古树年代久远，主干、主枝常有中空或死亡，造成树冠失去平衡，树体倾斜；又因树体衰老，枝条容易下垂。遇此情况需用它物支撑。

（8）堆土、筑台。可起保护作用，也有防涝效果。砌台比堆土收效较佳，可在台边留孔排水。

（9）整形、修剪。对于一般古树可将弱枝进行缩剪或锯去枯死枝，通过改变根冠之比达到养分集中供应，有利于出新枝。对于特别有价值的珍贵古树，以少整枝、少短截，轻剪、疏剪为主，基本保持原有树形为原则。

古树、名木的保护与研究是个新问题，也是一个相当紧迫亟待解决的问题。各地应根据当地实际情况进行试验、研究，为保护古树、名木作出贡献。

第六节　其他日常养护管理

一、自然灾害及其防治

（一）冻害

冻害主要指树木因受低温的伤害而使细胞和组织受伤，甚至死亡的现象。

影响树木冻害发生的因素很复杂，从内因来说，与树种、品种、树龄、生长势及当年枝条的成熟及休眠与否均有密切关系；从外因来说是与气象、地势、坡向、水体、土壤、栽培管理等因素分不开的。因此当发生冻害时，应多方面分析，找出主要矛盾，提出解决办法。

1．冻害的表现

（1）花芽。花芽是抗寒力较弱的器官，花芽冻害多发生在春季回暖时期。花芽受冻后，内部变褐色，到后期则芽不萌发，干缩枯死。

（2）枝条。枝条的冻害与其成熟度有关。成熟期的枝条，在休眠期以形成层最为抗寒，皮层次之，而木质部、髓部最不抗寒。随受冻程度加重，髓、木质部先后变色，严重冻害时韧皮部才受伤，如果形成层变色则枝条失去了恢复能力。

（3）枝杈。因分枝处（主枝或侧枝）的组织成熟较晚，营养物质积累不足，抗寒锻炼迟，遇到冬季昼夜温差幅度大时，易引起冻害。受冻后，皮层和形成层变为褐色，干缩凹陷，有的树皮呈块状冻裂，有的顺主干垂直冻裂或劈枝。

（4）主干。主干受冻后有的形成纵裂，一般称为“冻裂”现象，树皮成块状脱离木质部，或沿裂缝向外卷折。形成冻裂的原因是由于气温突然急剧降到零下，树皮迅速冷却收缩，致使主干组织内外张力不均，因而自外向内开裂，或树皮脱离木质部。树干冻裂常发生在夜间，随着气温的变暖，冻裂处又可逐渐愈合。

冻裂在幼树上较老树发生少，针叶树较落叶树发生少。一般木射线较大的树种，如核桃、榆树、槭树、悬铃木、七叶树、垂柳等易受冻裂。孤植比群植树易受冻裂；地势低洼、排水不良处的树木比排水良好处的树木易遭冻裂。

（5）根颈和根系。在一年中根颈停止生长最迟，进入休眠期最晚，而开始活动和解除休眠又较早，因此在温度骤然下降的情况下，根颈未能很好地通过抗寒锻炼，同时近地表处温度变化又剧烈，因而容易引起根颈的冻害。根颈受冻后，树皮先变色，以后干枯，可发生在局部，也可能成环状，根颈冻害对植株危害很大。

根系无休眠期，较其他地上部分耐寒力差。但根系在越冬时活动力明显减弱，故耐寒力较生长期略强。根系受冻后变褐，皮部易与木质部分离。一般粗根较细根耐寒力强，新栽的树或幼树因根系小而浅，易受冻害，而大树则相当抗寒。

2．越冬防寒的措施

为使树木安全越冬，在入冬前根据各树种对低温的忍耐能力，分别采取保护性措施，或提高树木本身的抗寒能力，抵御严寒，称为防寒。

（1）贯彻适地适树的原则。因地制宜地种植抗寒力强的树种、品种和砧木，在小气候条件比较好的地方种植边缘树种，这样可以大大减少越冬防寒的工作量，同时注意栽植防护林和设置风障，改善小气候条件，预防和减轻冻害。

（2）加强栽培管理，提高抗寒性。加强栽培管理（尤其重视后期管理）有助于树体内营养物质的储备。春季加强肥水供应，合理运用排灌和施肥技术，可以促进新梢生长和叶片增大，提高光合效能，增加营养物质的积累，保证树体健壮。后期控制灌水，及时排涝，适量施用磷钾肥，勤锄深耕，可促使枝条及早结束生长，有利于组织充实，延长营养物质的积累时间，从而能更好地进行抗寒锻炼。

（3）加强树体保护，减少冻害。对树体保护方法很多，一般的树木采用浇冬水和灌春水防寒。为了保护容易受冻的种类，采用全株培土，如月季、葡萄等；根颈培土（高 30cm）；涂白（石灰加石硫合剂对枝干涂白）；主干包草；搭风障、积雪等。以上的防治措施应在冬季低温到来之前做好准备，以免低温来得早，造成冻害。

对受冻害的树木在树体管理上，要注意晚剪和轻剪，给予枝条一定的恢复时期；对明显受冻枯死部分可及时剪除，以利伤口愈合。对于一时看不准受冻部位时，不要急于修剪，待春天发芽后再作决定；对受冻造成的伤口要及时治疗，应喷白涂剂预防日烧，并结合做好防治病虫害和保叶工作；对根颈受冻的树木要及时桥接；树皮受冻后成块脱离木质部的，要用钉子钉住或进行桥接补救。

（二）干梢

干梢又称灼条、烧条、抽条等。幼龄树木因越冬性不强而发生枝条脱水、皱缩、干枯现象。

1．干梢的原因

干梢与枝条的成熟度有关，枝条生长充实的抗性强，反之则易干梢。幼树越冬后干梢是冻、旱造成的，即冬季气温低，尤以土温降低持续时间长，直到早春，因土温低致使根系吸水困难，而地上部分则因温度较高且干燥多风，蒸腾作用加大，水分供应失调，因而枝条逐渐失水，表皮皱缩，严重时最后干枯。所以，抽条实际上是冬季的生理干旱，是冻害的结果。

2．防止干梢的措施

主要是通过合理的肥水管理，促进枝条前期生长，防止后期徒长，充实枝条组织，增加其抗性，并注意防治病虫害。秋季新定植的不耐寒树，尤其是幼龄树木，为了预防干梢，一般都采用埋土防寒，即把苗木地上部分向北卧倒培土，既可保温减少蒸腾，又可防止干梢。但植株大不易卧倒的，可在树干北侧培起 60cm 高的半月形的土埂，使南面充分接受阳光。此外，在树干周围撒布马粪，亦可增加土温，提前解冻，或于早春灌水，增加土壤温度和水分，均有利于防止或减轻干梢。

此外，在秋季对幼树枝干缠纸、缠塑料薄膜等，对防止浮尘子产卵干梢现象的发生具有一定作用，可根据当地具体条件灵活运用。

（三）霜害

1．霜冻危害的情况及特点

生长季里由于急剧降温，水气凝结成霜使幼嫩部分受冻称为霜害。在早秋及晚春寒潮入侵时，常使气温骤然下降，形成霜害。在北方，晚霜较早霜具有更大的危害性。从萌芽至开花期，抗寒力越来越弱，甚至在极短的零度以下温度也会给幼嫩组织带来致死的伤害。在此期，霜冻来临越晚，则受害越重，春季萌芽越早，霜冻威胁也越大。北方的杏开花早，最易遭受霜害。

早春萌芽时受霜冻后，嫩芽和嫩枝变褐色，鳞片松散而枯在枝上。花期受冻，严重时花瓣变枯、脱落。幼果受冻重时，则全果变褐色很快脱落。

霜冻的发生与外界条件有密切关系，由于霜冻是冷空气集聚的结果，所以小地形对霜冻的发生有很大影响。在冷空气易于集聚的地方霜冻重，而在空气流通处则霜冻轻。在不透风林带之间易集聚冷空气，形成霜穴，使霜冻加重，由于霜害发生时的气温逆转现象，越近地面气温越低，所以树木下部受害较上部重。湿度对霜冻有一定影响，湿度大可缓和温度变化，故靠近大水面的地方或霜前灌水的树木都可减轻危害。

2．防霜措施

（1）推迟萌动期，避免霜害。利用药剂和激素（B-9、乙烯利、青鲜素等）使树木萌动推迟，可以躲避早春回寒的霜冻，或在早春多次灌返浆水，以降低地温，一般可延迟开花 2～3 天。也可将树干刷白使早春树体减少对太阳热能的吸收，使温度升高较慢，能防止树体遭受早春回寒的霜冻。

（2）改变小气候条件以防霜护树。可采用喷水法、熏烟法、吹风法、加热法进行防霜。

（四）风害

在多风地区，树木常发生风害，出现偏冠和偏心现象。北方冬季和早春的大风，易使树木干梢死亡；夏秋季沿海地区的树木又常遭台风危害，常使枝叶折损、大枝折断、全树吹倒，尤以阵发性大风，对高大的树木破坏性更大。

在管理措施上，应根据当地实际情况采取相应的防风措施，例如，排除积水；改良栽植地点的土壤质地；培养壮根良苗；采取大穴换土，适当深植；合理修枝，控制树形；定植后及时立支柱；对结果多的树要及早吊枝或顶枝，减少落果；对幼树、名贵树种可设置风障等。

对于遭受大风危害的树木，要根据受害情况及时维护。首先要对风倒树及时顺势扶正，培土为馒头形，修去部分或大部分枝条，并立支桩。对裂枝要顶起或吊枝，捆紧基部伤面促其愈合，并加强肥水管理，促进树势的恢复。

（五）雪害和雨凇

积雪一般对树木无害，但常因为树冠上积雪过多压裂或压断大枝。同时因融雪期的时融时冻交替变化，冷却不均易引起冻害。在多雪地区，应在雪前对树木大枝设立支柱，枝条过密的还应进行适当修剪，在雪后及时将被雪压倒的枝条提起扶正，振落积雪或采用其他有效措施防止雪害。

雪凇对树木也有一定影响，在树上结冰，对早春开花的梅花、腊梅、迎春和初结幼果的枇杷、油茶等花果均有一定的影响，还会造成部分毛竹、樟树等常绿树折枝、裂干和死亡。对于雨凇，可以用竹竿打击枝叶上的冰，并设支柱支撑。

二、中耕除草

树木根部杂草滋长会与树木争夺水分、养分，特别是对新栽植的树木，不但影响树木的正常生长发育，而且杂草丛生，影响观瞻，所以及时消除杂草也是园林树木养护工作的内容。

中耕和除草是两种不同的概念，但往往又密切联系在一起。中耕是指把土壤表层松动，使之疏松透气，达到保水、透气和增湿的目的。中耕可增加土壤透气性，促进肥料的分解，有利于根系生长；它还可以切断土壤表层毛细管，增加孔隙度，以减少水分蒸发和增加透水性。除草是将树冠下根部土壤表面，非人为种植的杂草清除掉，以减少它们与树木对土壤中的水分和养分的争夺，利于树木生长。同时可减少病虫害的发生，清除了病虫害的潜伏处。

除草要掌握“除早、除小、除了”的原则。杂草开始滋生时，根系分布浅，植株矮小，除草省时省力，易于除尽。在杂草开始结子而未成熟时，必须及时除草，以免种子成熟后落入土壤内，第二年大量蔓延滋生。风景林或片林内以及为了保护自然景观的斜坡上的杂草，只要不妨碍观瞻，一般应当保留。对干旱缺草坪的地方，应考虑利用有观赏价值的野草，但草种不宜过多过杂，高度要控制在 15～20cm 以下，并修剪整齐，成为绿地组成的一部分。

除草是一项十分繁重的工作，一般用手拔除，或借助一些小型工具除去。如果草荒严重，也可用化学除莠的方法消灭杂草，但应选择适当的化学药剂，以免发生药害，而且最好在草荒发生之前进行。

中耕深度依树种而定，浅根性树种宜浅，深根性树种适当加深，一般应在 5cm 以上。过浅达不到中耕的目的，太深又损伤须根过多。中耕范围最好在树冠投影圈内，其中吸收根最多，中耕效果最好。中耕应在天晴进行，雨后（或灌溉后）2～3 天，土壤含水量在 50%～60% 时进行最好。中耕次数依管理水平而定，花灌木最少每年进行 1～2 次，小乔木每年一次，高大乔木应隔年一次。夏季中耕结合除草进行，宜浅些。冬季可深些，结合翻耕施入基肥。

三、防治病虫害

绝大多数园林树木，在其一生中都可能遭受病虫的危害，影响树木的正常生长发育，甚至造成死亡。所以，防治病虫害是园林树木养护管理中的一项极为重要的措施；是巩固和提高城市园林绿化的一项不可缺少的重要工作。

园林树木病虫害防治，必须贯彻以“预防为主”的原则，采取慎重的科学态度，对症下药，综合防治，以保证树木不受或少受病虫危害；同时要注意保护环境，减少农药污染，积极采用生物防治。

四、树木的保护措施

树体保护首先应贯彻“防重于治”的精神，做好各方面的预防工作，尽量防止各种灾害的发生。对树体上已经造成的伤口，应该早治，防止扩大，应根据树干上伤口的部位、轻重和特点，采用不同的治疗和修补方法。

1．树干伤口治疗

树木的伤口包括自然灾害、机械伤害和人工修剪所形成，对树木伤口治疗应用锋利的刀刮净削平伤口四周，使皮层边缘呈弧形，然后用药剂（2%～5%硫酸铜液，或 0.1L 汞溶液，或石硫合剂原液）消毒。

修剪造成的伤口，应将伤口削平然后涂以保护剂。大量应用时也可用黏土和鲜牛粪加少量的石硫合剂的混合物作为涂抹剂。消毒后用激素涂剂（如 0.01%～0.1%的五一苯乙酸膏）涂在伤口表面可促进伤口愈合。

风吹使树木枝干折裂，应立即用绳索捆缚加固，然后消毒并涂保护剂；由于雷击使枝干受伤的树木，应将烧伤部位锯除并涂保护剂。

2．补树洞

补树洞是为了防止树洞继续扩大和发展，其方法有以下三种。

（1）开放法。树洞不深或树洞过大时采用，如伤孔不深无须填充的，必要时可按伤口治疗方法处理。如果树洞很大，给人以奇特之感，欲留供观赏就采用开放法。具体方法是将洞内腐烂木质部彻底清除，刮去洞口边缘的死组织，直至露出新的组织为止。再用药剂消毒并涂防护剂，同时改变洞形，也可以在树洞最下端插入排水管，以利排水。

（2）封闭法。树洞经处理消毒后，在洞口表面钉上板条，以油灰（用生石灰和熟桐油以 1:0.35 比例配制，也可以用安装玻璃用的油灰）涂抹，再涂以白灰乳胶，倾斜粉面，以增加美感，还可以在上面压树皮状纹或钉上一层真树皮。

（3）填充法。填充物最好是水泥和小石砾的混合物，可就地取材。填充物从底部开始，每 20～25cm 为一层用油毡隔开，每层表面都向外略斜，以利排水。为加强填料与木质部连接，洞内可钉若干电镀铁钉，并在洞内两侧挖一道深约 4cm 的凹槽。填充物边缘应不超出木质部，使形成层能在它上面形成愈伤组织，外层用石灰、乳胶、颜色粉涂抹。为了增加美观，富有真实感，可在最外面钉一层真树皮。

3．树木植皮技术

为医治树木遭撞伤或人为破坏的脱皮现象，挽救树木，确保绿化的完整和完美的要求，施用植皮术也会收到很好的效果。

（1）树木植皮时间。一般来讲，应在树体地上部分生长期进行，就节气而言，应在春分到秋分之间。树木皮层受损发生在树木生长期可随时进行，但如果发生在地上部分休眠期，就要先行对受伤部位加以保护，待树木进入生长期后进行。

（2）植皮操作步骤。受损面的处理：根据受损面的具体情况，将周边切成比较圆滑的曲线，然后用百菌清等稀释液清洗伤口，再用细胞分裂素 6-苄基腺呤溶液（浓度 1mg/L）涂抹创伤面。

① 选皮：根据树干皮层受损面的大小及形状，选择健壮、无病虫害、面积略大的树皮。取皮部位的选择一般首先考虑同株次要部位（如主枝等），再考虑同种异株，最后是同属近亲植株。

② 起皮：将被选中的树皮连带形成层一起取下，必要时也可连带部分木质部，并标记树皮的植物形态学上下端。

③ 植皮：将被选中的树皮有方向性地切成与创伤口同样的大小与形态，立即贴在受损面上，并涂抹百菌清等稀释液消毒。

（3）包扎。用塑料薄膜带将树皮紧紧缠绕在受损面上，不留一点缝隙，以免遭虫害、病害及雨水浸入造成腐烂。1 个月左右愈合后，去除包扎。

4．涂白

树干涂白，目的是防治病虫害和延迟树木萌芽，避免日灼伤害。

涂白剂配制成分很多，常用的配方是：水 19 份，生石灰 3 份，石硫合剂原液 0.5 份，食盐 0.5 份，油脂少许。配制时要先化开石灰，把油脂倒入后充分搅拌，再加水拌成石灰乳，最后加入石硫合剂和盐水，也可加黏着剂，能延长涂白时间。

五、围护、隔离

树木喜欢根部土质疏松，透气性良好，而长期的人为践踏，土壤板结，会妨碍树木的正常生长，特别是树根较浅的树种以及灌木和一些常绿树，所以对一些怕践踏的树木应当用绿篱或围篱护起来，以减少踩踏。但应注意，为不妨碍观赏视线，突出主要景观，绿篱要适当低矮一些，围篱的造型和花色要简单、朴素，能起到维护作用即可，不要喧宾夺主。

六、看管、巡查

为了保护树木，免遭或少受人为破坏，一些重点绿地应设看管和巡视的工作人员，他们的主要责任有以下几方面。

（1）看护所管绿地，进行爱护树木花草的宣传教育，发现破坏绿地和树木的现象，应及时劝阻和制止。

（2）密切与有关单位、部门配合协作，保护绿地，爱护树木，同时保证各市政单位（电力、电信、交通等）的正常工作。

（3）检查绿地和树木的有关情况，发现问题及时报告上级处理。

习题

1．树木整形修剪有何意义？
2．树木整形修剪的方法有哪些？
3．自然式修剪应遵循什么原则？
4．园林树木的修剪对剪口和剪口芽的处理应注意哪些事项？

第七章　草坪的施工与养护管理

【本章内容提要】

草坪是园林植物配置整体中的基调和主体。本章主要介绍园林草坪的特征、草坪的主要分类、常见草坪植物品种、草坪的施工、新建草坪的养护管理，包括水分管理、草坪的修剪、施肥、除杂草等内容。

【本章学习目标】

掌握园林草坪的特征；了解草坪的分类；掌握常见草坪植物的品种；了解常用草坪的习性；了解草坪质量评价方法；掌握草坪的水分管理、修剪、施肥、除杂草等养护管理内容。

第一节　草坪的特征和分类

草坪是园林植物配置整体中的基调和主体。把草坪植物作为园林绿地的重要内容或主要材料时，草坪成为园林绿地的主要景观。近年来，我国许多大、中城市都把铺设开阔、平坦、美观的草坪纳入现代化城市建设的规划之内。无论是在建设面积较大的文化娱乐场所、公园绿地、中心广场绿地时，还是在建立纪念碑、喷泉、雕塑时，都把配置草坪、开阔视野作为主要手段来衬托主景。现在，不论是现代化的建筑物周围，还是新开发的居住小区或是道桥周围，很多都是以草坪为主景内容，然后将乔木、灌木、花卉等配置在草坪上来加深草坪主景的气氛。草坪的运用已经深入到园林领域的各个方面，大到城市公园、广场、开放性绿地；小到居住区绿地、个人庭园、屋顶花园乃至树木的种植穴，都可以看到各类草坪的影子，园林草坪已经成为园林植物选景的重要组成部分。

一、园林草坪的特征

（一）观赏性

园林草坪是城市园林绿地建设的重要构成要素，草坪的色泽、质地、密度、均匀性等都是影响草坪景观效果的指标。草坪是建园的基本材料，由于草坪具有统一而单纯的色调，因而是构成园林底色和基调的主要成分，草坪与园林建筑、园林小品、山石、花卉相衬托，充分发挥背景的作用，与其他园林要素形成独具风格的一幅优美景观风景画。另外，由于观赏草日益受到关注，观赏草特殊的色彩构成也已经将草坪由原来的背景推向主景的地位。

（二）组织景观空间

城市的建筑物有高有低，形式各异，草坪与建筑物和街景相互起衬托作用，同样，草坪与树群、树丛相配置，加强树群、树丛的整体美，与花卉配合可形成各式花纹图案，与孤植树相配可以衬托其雄伟、苍老，可增加草坪层次与景色，扩大空间感。城市建立大大小小的草坪，可作为建筑的底景，增加其艺术表现力，软化建筑的生硬性。草坪外围配置树林，再置以山石可以增加山林野趣。草坪边缘的树丛、花丛也宜前后高低错落，又隐又透，以加强风景的纵深感。在庭园中设计封闭式的草坪，可陪衬、烘托假山、建筑和花木，借以形成优美的庭园美景。

（三）较强的适应性

园林草坪，由于使用频率较高，管理相对粗放，因而选择园林用途的草坪时要选择有旺盛的生命力和较强的繁殖能力，生长速度快、成坪快的草种；建坪后不但能迅速形成短期景观效果，还能够满足长期观赏的要求。草坪草优良的生态特性和生物特性对建植园林草坪尤为重要，良好的生态适应性、抗逆性、抗寒性及抗旱性等特性，不仅能使草坪适应正常的环境，还可以较好的长时间生存下去，达到观赏时间长、观赏效果好的目的。

二、园林草坪的分类

草坪与人类生产、生活有广泛密切的联系。随着草坪科学的不断发展，建植技术不断提高，人们生产、生活需求的扩大，草坪的表现形式亦多种多样。草坪分类由于依据不同，有多种分类方法，常用的分类方法如下。

（一）根据草坪应用的特性分类

1．公园草坪

公园中，草坪的应用灵活而多样，大面积的草坪不仅可以作为乔灌木植物景观的衬景，也可以作为开阔视野的大面积草坪独立存在。团块状的草坪则可以与花丛、花径、花坛配合使用；条状的草坪可以设置于园路的两旁，再配以远处的景观可以达到增加视觉的景观效果。

（1）大面积草坪。公园中使用大面积的草坪，一方面因为草坪有独特的观赏效果；另一方面，草坪可以为游人提供暂时的休息场所。以大面积的草坪为背景，再利用各种植物组景，开阔视野，景观效果会吸引路人和游人的目光，草坪的颜色和面积都可以成为植物组景的衬托，增加植物景观的层次感。所以，公园中大面积的草坪自然成为周围居民、广大市民平时、周末休闲和娱乐的好去处。

（2）团块草坪。公园中的团块状草坪一般多用于儿童活动区，园林小品周围和老年人活动专区等处。在种植形式上，团块状草坪可以作为衬托花丛、花径和花坛的背景，用草坪的绿色来掩映花卉的艳丽色彩。另外，也可以草坪雕塑的形式出现，成为局部小区域的视觉焦点，如上海世纪公园的草坪时钟雕塑，就较好地提高了游人的关注度。

公园中，条状草坪或在公园主路两旁成为封闭的绿化带独立存在或依附于蜿蜒的园路两边成为游人可以接触的绿化介质，之所以说它是介质，往往因为依附于园路次干道两边的草坪，多是远处植物组景或是其他景观的过渡，是视觉空间的介质。

2．广场草坪

在城市纪念性广场中，由于其特殊的历史使命，多坐落在城市的中心地段或交通便利的地段，广场的规模较大。这类广场中的草坪成为主景，草坪以其空间的开阔性，颜色的衬托性收到非常好的景观效果，如大连海星广场的草坪。草坪还可以成为各类纪念性雕塑作品的背景，烘托气氛，突出主体，如青岛五四广场的草坪。

与纪念性观赏的草坪不同，在休闲广场中的草坪往往面积较小，形状呈不规则状。如南京市汉中门休闲广场的绿化以草坪为主，构图简洁流畅，视线通透；与草坪配置的树种全部是乡土树种，符合南京的历史文化氛围；草坪在常绿的高羊茅的基础上，配置彩叶的地被植物，如红继木、金叶女贞及一些四季草花，创造出丰富的植物景观。这样，方便了市民的活动，塑造了丰富的空间，以“人”为中心，提供多流线的交通系统，创造出了和谐而有新意的环境。

3．居住区草坪

居住区是人类生活环境最直接的空间，是一个独立于城市喧闹之外，放松自己、休闲其中、与家人团聚的港湾，让人们居住其中有一种归属感、安全感和舒适感。居住区草坪建设，应以改善和维护小区生态平衡为宗旨，以人与自然和谐相处为目标，采用简洁自然的手法，突出植物景观，形成一个四季植物景色分明、丰富多彩的自然景观，为居民提供一个良好的自然生态环境。

此类草坪通常是以草坪为背景，间以多年生、观花地被植物。如在草坪上自然地种植水仙、鸢尾、石蒜、韭兰等草本或球根地被，这些宿根花卉的种植数量一般不超过草坪总面积的 1/3，分布有疏有密，自然交错，使草坪绿中有艳，时花时草，别具情趣。

4．坡岸、路桥草坪

城市道桥草坪是指建植在城市街道中间、街道两侧、中心环岛和立交桥四周的绿地，多设在观光、购物、交通枢纽等行人和街道集中活动的地方。

在城市道路两旁的坡地、堤、岸、护坡和边道坡地及公园中的假山体、街头绿地等地方，经常运用草坪和各种地被植物进行绿化，不仅美化了环境，而且可防止土层剥落、水土流失等。在北京的道路两旁的边坡上或是立交桥的边坡上，通常是用草坪、常春藤等藤蔓植物进行边坡绿化，尤其是常春藤到了秋季叶色变红，非常美丽。在南方的城市里，边坡通常也是用大块的草坪，配置各种地被植物，甚至是各种不同绿色的地被植物、乔木、灌木，层次感强，绿化效果好。

5．校园草坪

学校的校园绿化、美化是城市绿化、美化的重要组成部分，是一所学校风格、面貌的体现，蕴含着丰富的文化内涵。

学校园林绿化包括教学环境、行政办公环境、生活环境、科研及生产环境等的园林绿化建设。国外很重视校园的绿化、美化，例如，在美国的校园建设中户外运动场占总校园面积的 40%，建筑物占 15%，实习试验地占 5%，庭园与其他占 40%（其中，运动场绝大部分是草坪运动场）。高比重的绿地能美化校园环境，能给广大师生提供一个恬静的学习场所。广大师生员工生活在这样美好的环境中，可以提高教育、学习、工作效率。据有关的科研资料证实，清新、优美、舒适的环境，可使工作和学习效率提高 15%～30%，一般学校绿地面积占全校总用地面积的 50%～70%，才能真正发挥绿地的效益。在高等大、中专院校，因为占地面积通常较大，因此一般采用自然式建植草坪绿地。

（二）根据草坪的景观效果分类

1．空旷草坪

空旷草坪是指地形开阔，面积较大，没有木本植物的草坪，人们游憩在草坪上，似乎领略到草原的自然风光。

2．稀树草坪

稀树草坪是指草坪上缀有单株、双株或丛栽的乔木。置身其间，仿佛到了稀树草原。

3．疏林草坪

疏林草坪是指疏林下的草坪，有阳光，有树荫，别具风情。需选择较耐阴的草种建立草坪。

4．林下草坪

林下草坪是指基本郁闭或郁闭的落叶林，混交林下的草坪，需选用耐阴或高度耐阴的草种建立草坪。

5．庭园草坪

庭园草坪是指布置在庭园或花园中开放的游憩草坪或封闭的观赏草坪。

6．花坛草坪

花坛草坪是指种植于花坛内的观赏草坪，可成为花坛的主景，也可以是花卉植物的背景。

（三）根据草坪的功能和作用分类

1．游憩草坪

游憩草坪一般多建于公园、广场、住宅区、医院、疗养区、机关、学校等处，供人们工作、学习之余休息或康复病人疗养游憩活动之用。此类草坪无固定形状，一般面积较大，管理粗放。草坪内种植树群或孤赏树木，点缀石景，草坪边缘配置花木花带等，中间留有宽广空地，以便容纳较多的人游憩。

2．观赏草坪

观赏草坪是指专供人们欣赏景色的草坪，也称装饰草坪、造型草坪、构景草坪等，如纪念物、雕塑、喷泉等处用来装饰和陪衬的草坪；在公园、广场、路边等用草皮、花卉等材料构成的动物、标牌等图案的草坪；在机关、学校、公园等处花台内配置的草坪。这类草坪使用低矮、茎叶细密、色泽浓绿、绿色期长的草坪草种建成，其品质高、管理要求精细，不许游人进入践踏，是作为艺术品观赏的高档草坪。

3．运动场草坪

此类草坪是专供体育比赛运动利用的草坪。各种体育运动项目很多，因此运动场草坪种类也很多，如足球场、高尔夫球场、网球场、滚木球场、射击场、赛马场、橄榄球场、棒垒场、板球场以及儿童游乐活动场草坪等。建植各类运动场草坪的草种，因运动项目特点不同而异，通常应选择根系发达、再生力强、耐践踏、耐频繁修建的草坪草种，也可采用几种草混播。但有些特种运动（如高尔夫球等）的球盘和发球区需高度均一的单一草坪草种。

4．围土护坡草坪

这类草坪主要作用是为了防止水土流失。如公路和铁路边、江河湖沿岸、水库堤坝以及各种坡地的草坪，都具有固土护坡的作用。在中国北方的许多干旱地区主要是防风固沙，在南方多雨的地区主要防止雨水冲刷和水土流失。这类草坪通常是用根系发达、匍匐生长、草丛茂密、覆盖度大、适应性强的草种，如狗牙根、假俭草等。建植时可采用播种或铺植草皮的方法，在坡度大的地段，亦可采用机械喷播的方法建坪。

5．机场草坪

机场草坪一般是建在停机坪和飞机场主要建筑设施之外的空地上，其作用是防止雨水冲刷，保持良好的环境，开阔视野，减轻太阳辐射对人们视力的影响，利于飞机起飞、降落和安全飞行，同时亦有利于减轻飞机的震动，减弱噪声，减少灰尘，保护飞机机件，延长飞机使用年限。直升飞机及其他飞机的机场也可全用草坪建成，称为“草原机场”。这种机场造价低、噪声小、尘埃少。机场草坪应选用韧性强、耐磨抗旱、低矮的草坪草种。

6．其他用途的草坪

其他用途的草坪（如停车场草坪、环境保护草坪、凉台活动式镶嵌草坪、屋顶草坪以及与牧养动物结合的草坪等）的作用主要是在一定的范围内保护环境、调节温度和湿度、降低太阳辐射强度、减轻噪声、吸附粉尘、减少污染、提高观赏价值及增加经济收入等。

（四）根据草坪植物的组成分类

1．纯一草坪

由一种植物组成的草坪称为纯一草坪，如结缕草草坪、野牛草草坪等。

2．混合草坪

由多种植物材料组成的草坪称为混合草坪。现代草坪大多几种草混播。

3．缀花草坪

以多年生矮小禾草或拟禾草为主，混有少量草本花卉的草坪。如在草地上自然疏落地点缀有秋水仙、水仙、石蒜、葱兰或韭兰、酢浆草、二月兰、点地梅、紫花地丁等草本及球根植物。这些植物数量一般不超过草坪总面积的 1/3。分布有疏有密，自然错落，主要用于游憩草坪、林中草坪、观赏草坪和护坡护岸草坪。在游憩草坪上，这些花卉分布于人流较少的地方，这些花卉有时发叶，有时开花，有时花与叶均隐没于草坪之中，地面上只见一片单纯的草坪，因而在季相构图上很有风趣。

（五）根据形式分类

1．规则式草坪

不仅平整，而且外形为整形的几何轮廓，适于体育草坪及庭园、公园或居住区某些局部。常与规则式园林配合，设置在规则的场合，如作花坛、花径、道路的边缘装饰；有时将它铺置在雕像、纪念牌、纪念塔、亭或其他建筑物周围，起衬托作用。用花卉镶一道花边，布置成草皮花坛、绿草衬红花，鲜艳夺目。

2．自然式草坪

草坪表面波浪起伏，外形轮廓曲直自然，如属借助于天然地形，则因势而用；如属人工建造，则模拟自然地形，仿造原野草地风貌。但不可忽高忽低，坑洼不平，务必坡面圆滑和缓，既要有利于排水，又要有利于机械剪草。草坪的坡度必须适合游人的活动，一般不超过 10%（局部地区遇有特殊情况时，可不受此限），3%～5%左右的缓坡，对排水、草皮生长和人的活动均属有利，普遍采用这种坡度。

自然式草坪，其边缘常配以观赏树木，且自然式配置，以取得协调一致的效果。如点缀树丛、树群、孤植树等，既可增加景色变化，又可分隔园林空间，还可满足夏季有人庇荫、乘凉的需要。

自然式草坪设置在森林公园或风景区的空旷、半空旷地段均适合。在游人密度大的地段，采用修剪草坪；反之，游人稀少处可不加修剪或布置成缀花草坪，使之呈现野生植物群落的自然景观。自然式草坪在现代园林中的运用日趋扩大。

第二节　草坪的施工

建造人工草坪首先要选择优良的草坪植物，其次是采取严格的、科学的栽培及管理方法。

一、常见草坪植物品种

在有规律修剪和一定程度踩压条件下，能够形成地面覆盖的植物称为草坪植物。在草坪建植中草种选择是重要的一项工作。

草坪草大部分属于禾本科，少数属于莎草科。其中禾本科有二三十种具有耐修剪、抗践踏、可形成连续地面覆盖群落的特性。一般按气候与地域分布分类可将常见草种分为两大类。

（一）冷季型草种

主要分布在寒温带及温带地区，其主要特征是耐寒性强，不耐炎热，最适生长温度范围是 15～25℃，可以忍受-15℃的极限低温。此类型的草种在秋季、初冬及整个春季的寒冷季节都能保持旺盛生长，而在夏季的干、热阶段则进入半休眠或停止旺盛生长，干旱和炎热是这类草种的主要限制因素。它适宜我国长江以北的广大地区种植。在长江以南，由于夏季气温较高，且高温与高湿同期，此类草种容易感染病害，所以必须采取特别的管理措施，否则易于衰老和死亡。草地早熟禾、多年生黑麦草、高羊茅、翦股颖和细羊茅等均是我国北方地区较适宜的草种，其中高羊茅最适宜生长在南北地区的交接地带。

（二）暖季型草种

主要分布于长江以南的广大地区，在黄河流域冬季不出现极端低温的地区也可种植少数品种，如狗牙根、结缕草等。其主要特点是在温暖干旱的季节生长最好，在寒冷季节枯黄休眠，时间是从秋季第一次霜冻到仲春。要求气温高和较湿润的气候条件，最适生长温度范围是 25～35℃，低温是限制这类草种生存的关键因素。常见草种如表 7-1 所示。

表 7-1　常见草坪草草种名录

草坪草名称（冷季型）	草坪草名称（暖季型）
加拿大早熟禾、西藏早熟禾、窄颖早熟禾、长稃早熟禾、密花早熟禾、高原早熟禾、细叶早熟禾、草地早熟禾、扁秆早熟禾、普通早熟禾、西伯利亚早熟禾、双节早熟禾、早熟禾（小鸡草）、林地早熟禾、紫羊茅、羊茅、中华羊茅、苇状羊茅、硬羊茅、长叶羊茅、易变紫羊茅、多年生黑麦草、岩生翦股颖、川滇翦股颖、短柄翦股颖、匍茎翦股颖、细弱翦股颖、欧翦股颖、云雾翦股颖、草地梯牧草（猫尾草）、无芒雀麦、冰草、碱茅、白颖苔草（小羊胡子）、异穗苔草（大羊胡子）、小糠草（红顶草）	狗牙根、双穗狗牙根、百慕达改良品种（杂交狗牙草）、结缕草、沟叶结缕草（马尼拉草）、细叶结缕草（天鹅绒）、中华结缕草、大穗结缕草、地毯草、假俭草、野牛草、钝叶草、雀稗、两耳草、竹节草

冷季型和暖季型草坪草的抗性、适应性及其他特性，品种及品种之间差异很大，分别列入表 7-2～表 7-4，以供参考。

表 7-2　　主要冷季型草坪草特征、特性及适应性

草坪草名称	叶细程度	习　性	营养器官及分蘖	耐低剪性	适应性及抗性	用　途
欧翦股颖	细	密丛、匍匐	匍匐枝	良	耐热也耐寒，密度大、抗病、能耐湿地，不耐旱	观赏、绿化
云雾翦股颖	细	疏～密丛、匍匐	根状茎、匍匐枝	良	耐寒、耐酸	观赏、绿化
匍茎翦股颖	中～细	疏～密丛、匍匐	匍匐枝	中～良	耐寒、耐阴不耐旱，较耐炎热，再生能力强、密度大，绿色期长	观赏、绿化高尔夫球场草坪
高羊茅	粗	疏丛、直立	分蘖	差	适应性强，耐旱、耐涝、耐瘠薄，不耐寒、较耐热	绿化、赛马场、足球场
长叶羊茅	细	密丛、直立	分蘖	良	耐旱	观赏、绿化
易变紫羊茅	细	密丛、直立	分蘖	良	耐寒、耐阴、耐酸，不抗踩压，密度大，绿色期长，抗旱	庭园、林下花坛草坪
紫羊茅	细	疏～密丛、直立	稍具根状茎	中～良	适应性强，抗旱、耐酸、耐瘠薄、耐阴、耐寒、密度大，建坪迅速，耐践踏	机场、运动场、庭园、花坛草坪
多年生黑麦草	中～细	疏～密丛、直立	分蘖、气生分蘖	中～良	抗病、抗踩压、耐阴、较耐炎热，不耐酸、不耐寒、不耐瘠薄，建坪迅速	绿化、混播材料
早熟禾（一年生）	中～细	疏～密丛、直立，稍匍匐	气生分蘖	中～良	适应性强，耐阴，喜冷凉，耐酸、不耐旱，需氮磷	冬季追播材料
草地梯牧草	中	疏～密丛	分蘖	中	不耐旱	赛马场、绿化、运动场混播材料
多年生早熟禾	粗～中	疏～密丛、直立	根状茎	中	抗踩压，喜冷凉湿润，耐阴性差，耐寒，不耐旱	公共绿地、堤坝护坡
细弱翦股颖	中～细	丛生、直立	根状茎	良	质地良好，耐寒、耐瘠薄，较耐阴，耐热性稍差，不耐旱，较耐践踏	绿化、观赏
草地早熟禾	中	密丛、丛生	地上根状茎、根茎	良	喜光，耐阴性差，较耐寒，抗旱性差，绿期长，较耐践踏	绿化、观赏、运动场草坪
粗茎早熟禾	中	叶密生、丛生、直立	匍匐茎	良	耐寒，抗旱性差，较耐践踏	绿化、观赏
小糠草	中	高丛、直立	根状茎	良	喜冷凉，耐寒、耐旱，抗热、喜阳，不耐阴、耐践踏，再生能力强	绿化、保土护坡

表 7-3　　主要暖季型草坪草特征、特性及适应性

草坪草名称	叶细程度	习　性	营养器官及分蘖	耐低剪性	适应性及抗性	用　途
狗牙根（百慕达）	稍粗	密度高、茎秆平卧	匍匐枝、根状茎	良	耐干旱、耐炎热，土壤适应性强，耐盐碱、耐践踏，再生能力极强，不耐寒、耐阴性差	运动场、高尔夫球场、堤坎护坡
结缕草	稍粗	密度中～高、直立，深根性	根状茎、匍匐枝	良	耐炎热，耐踩性，耐旱、耐盐碱，耐阴性中	绿化、运动场草坪、水土保持
钝叶草	极粗	密度中	匍匐枝	中	耐寒性弱，耐炎热、耐阴、耐盐碱，土壤适应性强，耐旱性中，喜光	林间休息草坪
假俭草	粗	密度中～高、直立，植株低矮	匍匐枝	良	喜光、不耐旱、不耐践踏，耐粗放管理，耐炎热，耐寒性、耐盐碱性极弱	绿化用草坪、堤坎护坡
地毯草	极粗	密度中～高、低矮	匍匐枝	中～良	耐炎热、较耐阴、不耐寒、不耐盐碱，土壤适应性弱，喜光，再生力强	公共绿地草坪、固土护坡
雀稗	极粗	密度低	匍匐枝、根状茎	差	耐旱、耐炎热、耐阴，土壤适应性强，不耐寒、不耐盐碱，较耐踩	绿化、固土护坡
野牛草	中	密度中	匍匐茎	良	适应性强，喜光耐半阴，对土壤适应性广泛，耐碱、较耐寒、耐热、耐旱、较耐践踏，绿色期短，再生能力强，耐涝	绿化、堤坎护坡
竹节草	中	茎秆平卧密度中	匍匐茎、根茎	中	种子萌发能力强，喜温暖湿润气候，抗寒力差，阳性，蔓延力强，耐践踏	绿化、固土护坡、水土保持

表 7-4　　中国各地区使用草坪草名录

地　区	草坪草名称
华北	野牛草、结缕草、紫羊茅、羊茅、苇状羊茅、硬羊茅、草地早熟禾、林地早熟禾、加拿大早熟禾、早熟禾、匍茎翦股颖、欧翦股颖、细弱翦股颖、多年生黑麦草、白颖苔草、异穗苔草
东北	野牛草、结缕草、狗牙根、百慕达改良品种、草地早熟禾、林地早熟禾、加拿大早熟禾、早熟禾、紫羊茅、羊茅、苇状羊茅、硬羊茅、匍茎翦股颖、小糠草、多年生黑麦草、寸草苔、披俭草、白颖苔草
西北	野牛草、结缕草、狗牙根、草地早熟禾、林地早熟禾、加拿大早熟禾、早熟禾、紫羊茅、羊茅、苇状羊茅、硬羊茅、匍茎翦股颖、小糠草、多年生黑麦草、白颖苔草等苔草类
西南	狗牙根、百慕达改良品种、假俭草、竹节草、双穗雀稗、细叶结缕草、沟叶结缕草、中华结缕草、结缕草、匍茎翦股颖、细弱翦股颖
华东	两耳草、双穗雀稗、狗牙根、百慕达改良品种、假俭草、结缕草、细叶结缕草、中华结缕草、草地早熟禾、早熟禾、匍茎翦股颖、小糠草

续表

地　区	草坪草名称
华中	两耳草、双穗雀稗、狗牙根、百慕达改良品种、假俭草、结缕草、中华结缕草、沟叶结缕草、细叶结缕草、草地早熟禾、早熟禾、紫羊茅、羊茅、苇状羊茅、小糠草、匍茎翦股颖
华南	钝叶草、地毯草、两耳草、双穗雀稗、狗牙根、百慕达改良品种、假俭草、结缕草、中华结缕草、细叶结缕草、沟叶结缕草、竹节草

二、草坪的种植

（一）场地准备

1．场地清理

场地清理的主要内容是根除和减少影响草坪顺利建植的障碍物，同时要控制草坪建植中或建植后可能与草坪竞争的杂草。

（1）木本植物。包括树木与灌丛、树桩及埋藏的根，残留的树桩要用推土机削平或者挖掉，以避免地下残留物发生腐烂或对地形造成影响；现有树木可根据其观赏或实用价值来决定是否移植。

（2）石块。在10cm表层土壤中，石块、碎砖可影响今后草坪的耕作管理和促使杂草侵入，种植前要用耙彻底清除。

（3）植前除杂草。坪床上的多年生杂草（如茅草等）和莎草科杂草对新建草坪危害严重，可使用熏蒸剂和非选择性、内吸型除草剂，当杂草长到7～8cm高时使用；也可通过耕作措施让植物地下器官暴露在表层，使之干燥脱水而死亡。

2．耕作

耕作的目的是增加土壤渗透性和持水性，使土壤通气良好，利用根系扎根，抗表面侵蚀与践踏。面积大时，可先用机械力耕，翻动土壤使之松散成颗粒状，再用圆盘犁把土块和表层结壳破碎，以改善土壤结构，平整表土，最后耙地。耕作时要注意土壤的含水量，土壤过湿或土壤太干都会破坏土壤的结构。看土壤水分含量是否适合耕作，可用手紧握一小土块，如果土块易于破碎，则说明适宜耕作。

3．整地

整地是按规划的地形对坪床进行平整的过程，可分为粗整和细整两种情况。粗整是指表土移出后按设计营造地形的整地工作，包括把高处削平，低处回填。为了确保整地平整，使整个地块达到所需的高度，可按设计高度，每相隔一定距离设置木桩标记。土壤松软的地方，为避免土壤折实下沉，填土的高度应超出所设计的高度。细整是指为播种进一步整平种床，种植面积小、大型设备工作不方便的地方，常用铁耙人工整地；种植面积大，则应用机具来完成。在细整之前要使土壤充分折实，大量灌水是加速土壤折实的好方法。镇压也可以获得坚实的土壤表面。由于土壤折实的状况不同，在某些地方会出现高低不平，在开始种植前必须进一步整平。

4．土壤改良

土壤改良是把改良物质加入土壤中，从而改善土壤的理化性质。水分不足、养分贫乏、通气不良等都可以通过土壤改良得到改善。使用最广泛的改良剂是泥炭，其主要作用是在细质土壤中可降低土壤的粘性，并能分散土粒，改善土壤的团粒结构；在粗质土壤中，可提高土壤保水、保肥的能力，在已定植的草坪上则能改良土壤的回弹力。其他的一些有机改良剂，如锯末粉、家畜厩肥、谷糠等都可起到保水、改良土壤的作用。但在运用过程要注意腐熟，在土壤中要混合均匀。国外也有专门的保水剂商品销售。

5．排灌系统

在平整场地的同时（场地粗整后），要考虑草坪建成后的排水坡度（一般采用 0.3%～0.5% 坡度）。因为草坪植物的根系很浅，场地一旦积水，不仅生长欠佳，甚至会空秃或成片地死亡。所以场地不能有低凹处，也不能完全是水平面，水平面不利排水，理想的表面应是中部稍高，逐渐向四周或边缘倾斜。建筑物周围的草坪应比房基低 5cm，然后向外倾斜。用地面漫灌方式灌水的地方，地面平整时还应考虑灌水问题。

体育场的草坪以及栽植一些怕涝的草种和年降雨量较大且又集中的地区，对于排水的要求更高，除应注意搞好地表排水以外，还应设置地下排水系统。

草地排水设施目前采用的方法有暗管排水和鼠道排水两种。一般面积不大的多采用对角线埋设主要暗管排水管道，而在主管的左右斜埋副排水管构成状如肋骨形的排水系统（见图 7-1），副管接入主管应成 45° 水平角，高差坡度为 1.33%～2%。草坪面积较大的排水管应平行排列，通用管径为 10cm、15cm、20cm 的陶土管，副管用管径 6.5～8cm 的陶土管（PVC 塑料管、预制水泥管均可）。排水管的设计配置应根据地形、土壤因子等来决定与管之间的距离及深度。通常主管应埋在地面下 30～75cm，支管深度为 45～60cm。排水管间距粘质土壤为 6～9m，轻壤土为 12～18m。支管流水方向与主管约为 60° 。主管出口处应设置排水沟，以利流水迅速排出。

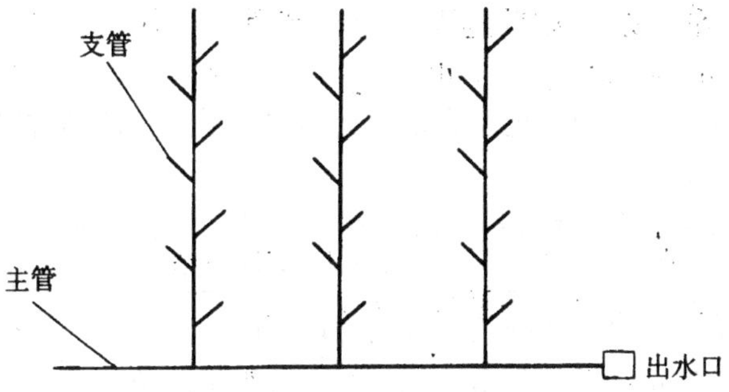

图 7-1　肋骨形排水系统

鼠道排水法，就是利用挖沟犁在地面下深 50～70cm 处挖通成水平方向的排水沟（如鼹鼠式通道）可排除部分积水。这种挖沟适宜用于粘质壤土及粘土，沙土和含煤渣、石的土壤则不适用，因容易塌陷下沉。所挖沟的直径为 10cm，每隔 3m 挖一条沟（见图 7-2）。

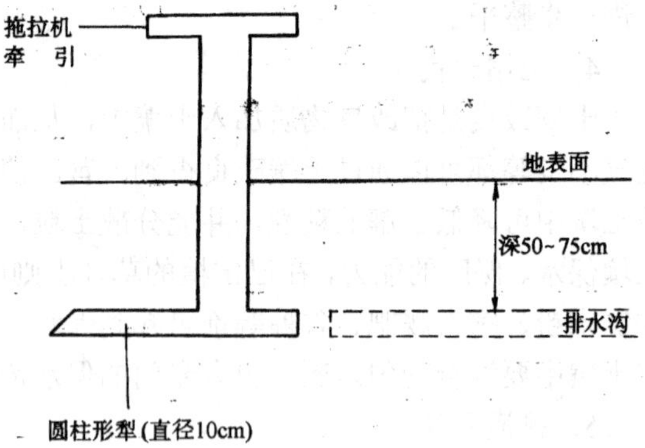

图 7-2　鼹鼠式（挖沟犁）

大面积的疏林草地或高尔夫球场，应在设计时尽量考虑地表排水、深土层排水及明沟排水，以节约费用。

6．施肥

在土壤养分贫乏或 pH 值不适时，在种植前有必要使用底肥和土壤改良剂。底肥主要包括磷肥和钾肥，但有时也包括其他大量和微量元素。使用时可用耙、旋耕等方法把肥料翻入土壤中。如有可能，应根据土壤测定结果确定施肥量。

（二）草坪种植

1．播种法

利用草坪植物的种子播种形成草坪。其优点是施工投资小，从长远看，实生草坪植物的生命力较其他繁殖方法的草坪强；缺点是杂草容易侵入，养护管理要求较高，形成草坪比较缓慢。大部分冷季型草坪草能用种子建植法来建植，暖季型草中，假俭草、斑点雀稗、地毯草、野牛草和普通狗牙根等也是用种子播种建坪。

（1）播种时间。暖季型草坪草由于其生长最适温较高，必须在春末和夏初播种，这样才能有足够的时间和条件形成草坪。冷季型草坪草的播种一年四季都可进行，但最好在秋季和春季播种。秋天播种杂草少，建坪是最好的季节。春天播种杂草多，病虫害多，管理难度大。夏天播温度过高，风险性大，可以采用稻草、麦秆覆盖的办法。冬天播种温度低，发芽时间长，可以采取地膜、覆盖、增温的办法。但一般情况下为了确保建坪的成功，冬季和夏季的冷季型草坪采取草皮直铺较好。

由于各地气候条件不同，应因地制宜地选择本地区最适宜的播种时间。草坪在冬季越冬有困难的地区，只能采取春播。

（2）播种量。草坪种子的播种量取决于种子质量、混合组成、土壤状况以及工程的性质。一般可按表 7-5 进行。特殊情况下，为了加快成坪速度，可加大播种量。

播种可用单一的草种，也可选择两种或两种以上的草种或同一种类不同栽培品种混合播种，建成一个多元群体的草坪植物群落。表 7-5 中所提供的播种量仅适用于单播，当两种草混播时，选择较高的播种量，再根据混播的比例计算出每种草的用量。例如，若配制 90%高羊茅和 10%草地早熟禾混播组合，选播种量 40g/m^2。首先计算出高羊茅的含量 40g/m^2×90%=36g/m^2；然后计算草地早熟禾的含量 40g/m^2×10%=4g/m^2。

表 7-5　　几种草坪草种单播量参考表

草　　种	正常（g/m^2）	密度加大（g/m^2）
普通狗牙根（去壳）	3～5	7～8
普通狗牙根（不去壳）	4～6	8～10
中华结缕草	5～7	8～10
草地早熟禾	6～8	10～13
普通早熟禾	6～8	10～13
紫羊茅	15～20	25～30
多年生黑麦草	30～35	40～45
高羊茅	30～35	40～50
翦股颖	4～6	8
一年生黑麦草	25～30	30～40

（3）播种方法。新鲜的草籽可直接播种，发芽困难的种子需在播种前进行催芽处理。播种方法可分为液体喷播（又名湿播或水播）、机具干播及人工手播。液体喷播使用喷播机，内装草坪草种子、粘合剂、颗粒肥料及水，喷射距离 20～60m。机具干播使用撒播机，必须用干沙与种子混合后播种。人工手播包括简易手摇播种器及直接用手播种，均需加入干沙，以达到均匀播种的目的。播后一般在北方要求土壤 1～1.5cm（喷播可自行覆盖），再滚压，以便种子和土壤充分接触。南方潮湿则不需覆土、滚压。若在雨季播种则用作物秸秆覆盖，以免暴雨冲刷种子。夏天播种可用遮荫网覆盖，避免暴晒。

2．栽植法

这是用裸根栽植草根、草茎或是成块移植的方法。此法操作方便、管理容易，能迅速形成草坪。

（1）撒茎法。多用于匍匐茎或根状茎发达的草种，如野牛草、结缕草、细叶结缕草、天堂草等。将匍匐茎及根状茎切成 5～8cm 的小段，每段有 2～3 节，均匀地撒播于坪床，随即覆土、滚压和浇水，以后每日早晚均需喷水，直至生根发芽。此法宜春、秋进行。

（2）营养枝分栽法。分条栽与穴栽。条栽，即在平整好的平面上以一定的行距开沟，沟的深度以能容纳草根为宜（约 5cm 左右）。行距以草源的多少及覆盖地面的时间紧迫程度而定，一般约为 20～40cm。沟开好后，把撒开的草块成排放入沟中，然后填土、踏实。穴栽的株行距约为 10cm×30cm，每穴的用草量视草源多少而定，每穴的草量大，覆盖地面就快。移栽过程中要注意分栽的草根要带适量的活性土，同时要尽量缩短掘草到栽草的时间，尤其全部裸根分栽时，最好不超过一天的时间，否则就会影响成活率。

（3）草块分栽法。将母本草皮切成 10cm×10cm 大小的小方块，或切成 5cm×5cm 的长条草块，以 20cm×20cm 或 30cm×30cm 株行距进行栽植。栽后滚压浇水，以后经常保湿，很快就会形成新的草坪。此法在华北及华东地区等地常用于繁殖细叶结缕草。

（4）草坪铺设法。用带土成块移植草皮建坪的方法。将繁殖好的草皮用平板铲或带有圆盘刀的拖拉机、起草坪机按厚度约 3cm 铲下来，先切成平行条状，然后再按需要横切成块，每块均匀一致，切口上下垂直，草块大小根据运输方法及操作是否方便而定，一般有 45cm×30cm、60cm×30cm、30cm×12cm 等几种。铺栽草块时，块与块之间应保留 0.5～1cm 的空隙，防止遇水膨胀，边缘形成重叠。草块薄的要垫土，厚的要取土，以使各草块的表面平整。铺后用滚筒滚压或用木槌捶打，使草块与土壤密接，然后浇足水，以后每隔一周进行一次，直到草坪完全平整为止。此法形成新草坪快，操作简单易行，除冬季外，其他季节均可施工，尤以春末夏初或秋季为最适宜。缺点是成本高，且易衰老。

（5）草坪植生带种植法。植生带种植是建植草坪的一种重要手段。植生带是在专用设备上按照特定的生产工艺，草坪种子和其他成分（肥料），按照一定的密度和排列方式定植在可以自降解的无纺布基带上形成的工业化产品。

植生带的优点是：① 施工方便快捷，运输和储存方便，施工的专业水平要求不高。② 草坪出苗率高、出苗齐，可节约种子 1/3～1/2（与种子直播相比）。③ 在坡地上施工效果较好，原因是种子带基对种子有粘滞定位作用，还可有效地防止种子流失。但由于我国的植生带技术尚处于起步阶段，在精确播种、均匀撒种、定位牢固，特别是在避免对环境造成二次污染等方面还存在着缺点，需要尽快地改进和提高。

铺设方法简单，与其他草坪建植措施一样，坪床整地要精耕细作。把种子带开卷平铺在坪床上，边缘交接处要重叠 3～4cm，然后在种子带上均匀覆土，覆土厚度以不露出种子带为宜，一般为 0.5～1cm。在喷灌条件好的地块可以少量覆土。如有条件，覆土厚滚压更好。铺植完毕即可喷水，喷水要细，避免水柱直冲，每天喷水 2～3 次，保持地面湿润。多数品种一周之后开始出苗，两周左右基本出齐。

3．新建草坪的管理

（1）浇水。新建草坪浇水是关键，尤其比较干旱地区。第一次浇水应浇透，使土壤湿润在 15cm 深，以后土壤表层 2cm 必须保持不干燥，若土壤干燥就会脱水死亡。草坪草出苗前到出苗的两周左右，喷水强度要小，以雾状为好，不要打破土壤结构，造成土壤板结或地表径流，以免造成种子移动，出苗不均。苗期不可用高强度喷灌，避免创伤，造成根部和幼苗机械拉伤。夏天温度较高时，中午不要浇水，最好在清晨或傍晚时浇水。南方多雨地方不能浇水过多，避免形成腐霉枯萎病。随着幼苗逐渐长大，草坪渐渐成坪，浇水的次数可逐渐减少，但每次浇水量要增大，一次浇透为宜。

（2）覆盖。覆盖是为了减少侵蚀以及为种子发芽和幼苗生长提供一个更为有利的微环境条件，而把外来物覆盖在坪床上的一种措施。一般用于播种的平地上。覆盖可以稳定土壤中的种子，防除暴雨冲刷，避免造成地表径流，同时可以调节坪床地表温度，夏天防幼苗受曝晒，冬天可增加坪床温度，保持土壤水分。

覆盖材料可用专门生产的地膜、玻璃纤维和无纺布等，也可以就地取材（如树叶、锯末等）。

（3）清除杂草。播种前的坪床要清除杂草，可用除草剂和人工相结合。苗期使用除草剂一定要慎重，一般要等草坪苗较健壮以后再使用。使用除草剂时要注意剂量的控制。由于人工拔除杂草后形成一些局部斑块，要尽快用种子进行补植。

（4）地表覆土及镇压。地表覆土是将沙、土壤和有机质适当混合，掺入草坪的过程，也叫表施土壤。对于匍匐型草坪草组成的新建草坪在修建条件下的养护是很重要的。表施土壤可以促进匍匐茎不定芽的再生和地上枝条发育，对运动场类草坪，可以起到填平的作用。表施土壤时先进行修剪，施后用锯刷拖平，避免过厚将草坪压在下面，形成秃斑，同时进行镇压。

（5）修剪。新建草坪的修剪一般是草在 8～10cm 高时进行，球场草坪达 5cm 时就可修剪。修剪时注意坪床要干燥，刀片要锋利。

（6）病虫害防治。过于频繁的灌溉和草坪群体密度太大易引起病害，因而控制灌溉次数和草坪群体密度可避免大部分苗期病害。当存在有利于诱发病害产生的条件时，应于坪草萌发后使用农药来预防或抑制病害的发生。在新建草坪中，蝼蛄常在草坪草的幼苗期进行为害，必要时可用辛硫磷防治。

第三节 草坪的养护管理

建植和维持一定质量水平草坪的所有栽培管理措施与活动统称为草坪管理。草坪的养护管理工作是巩固和提高城市绿化效果的重要环节，也是草坪可持续利用的重要保证。草坪管理中重要一点是选择适宜当地环境的草坪草，而后通过养护管理措施来维持草坪生长，并保持在一定的质量水平上。一般草坪的养护管理工作主要包括灌水、修剪、施肥、除杂草等内容，同时也包括了根据现有的条件，确定能够达到的草坪质量水平，制定能够达到和维持这一水平的管理方案。草坪的养护管理措施既相对独立，又是有机联系的，而在实际操作中是相互结合进行的。

一、草坪养护管理的质量评价

草坪质量评定是对草坪优劣程度的一种评价，是衡量建植技术和管理水平的标准。评价标准是一个综合的而且是相对的指标，随着草坪草的种类、草坪的使用目的、评价者的主观要求不同而存在很大差异。草坪使用目的不同，质量评价的侧重点也随之改变，例如，庭园草坪评价标准一般多注重密度、质地、颜色、均一性等；而护坡草坪则要求草坪草生长速度快、根系发达、保持水土能力强、管理粗放等；观赏草坪则要求色泽明快、密度高、均一性好等；运动场草坪要求耐践踏，缓冲性能好，回弹性能好，再恢复能力强，并能满足不同体育运动项目的特殊要求。尽管草坪质量评定在不同条件下存在差异，但是构成草坪质量的总体要素是一致的。评价草坪质量的优劣，主要从外观质量和功能质量两方面来考虑。对于质量要求较高的草坪，可以测定其他要素作为质量评价的辅助指标。

（一）草坪功能质量评价

草坪的质量评价指标主要包括草坪的刚性、弹性、回弹力、再恢复能力等，但根据用途和使用目的的不同而存在差异。

1．刚性

刚性是指草坪草叶片抵抗外来压力的抗性强度。刚性与草坪的耐践踏能力有关，是由草坪植株内部组织结构、纤维素和水分含量、分枝个体的大小和密度所决定的。狗牙根和结缕草草坪的刚性强，可以形成耐践踏的草坪；草地早熟禾和多年生黑麦草草坪的刚性则差一些；而匍匐剪股颖和一年生草地早熟禾刚性更差；粗茎早熟禾最差。刚性的反义词即柔软性。只要具备一定的耐践踏能力，柔软有时也是某些用途草坪所希望的特征，这主要取决于草坪的用途和使用强度。

2．弹性

弹性是指草坪叶片受到外力作用时变形，在消除外力后叶片恢复原来状态的能力，是草坪非常重要的一个功能特征指标。因为大多数情况下，由于养护管理和使用等活动的原因，草坪不可避免地会受到不同程度的践踏。在初冬季节，清晨有霜冻发生时，草坪叶片的弹性急剧降低，这时应禁止一切草坪上的活动，否则践踏草坪所造成的损伤是无法恢复的。当温度升高以后，草坪草的弹性会得到恢复，有时清晨喷灌可加快这一过程。

3．回弹力

回弹力是草坪吸收外力冲击而不改变草坪表面特性的能力，也可称为韧性。草坪的回弹力部分受滋生芽特性和草坪草叶片的影响，但主要受草坪草生长介质特性（包括土壤结构和土壤类型）的影响。此外，草坪上如形成薄的枯草层，也能增加草坪的回弹力。足球场草坪的回弹力对防止运动员受伤是非常重要的。高尔夫球场果岭的草坪应具有足够的回弹力，以保持住一个恰当的定向击球。

4．再恢复能力

再恢复能力是指草坪受到外界因素，包括践踏、病害、虫害及其他因素损害后，能够恢复覆盖、自身重建的能力。再恢复能力主要受草坪草自身遗传特性、养护措施、自然环境条件与土壤的影响。适宜的水分、营养、空气、温度和光照也有利于草坪草的再生和恢复，而土壤板结、养分缺乏、灌溉不足或过量、光照不足、温度不适及土壤存在有毒物质和病害，均可影响草坪草的再恢复能力。通常所说的草坪耐践踏性是以上几个指标的综合体现。

（二）草坪外观质量评价

草坪外观质量评价指标包括颜色、质地、密度和均一性，通常采用目测法对草坪综合外观质量进行评价并给予评分。目前，普遍使用的评分系统是 9 分制评分法，这种评分方法以 9 代表可能的最高得分，以 6 作为最低合格质量得分，以 1 作为最差的得分，8 分以上质量极佳。对于一些指标也采用了百分制。

尽管 9 分制评分方法还需进一步完善，但目前在对大量的草坪品种进行评比时，该方法的简便、快速、容易掌握和高效特点还未有其他方法可以代替。研究者一般要了解草坪从稀疏的、褪色的、细弱的植被到稠密的、深绿色的、茁壮的植被之间较大的质量变化范围。

草坪的颜色、质地、密度和草坪的均一性等指标既相对独立，又相互联系，从各种不同的方面反映了草坪的外观质量特征。9 分制评分法通过给各个草坪质量要素分配权重系数，而后加权平均的方法来得到草坪质量总分的评价。权重系数的分配是根据各个要素的相对重要性而确定的。其分配方法主要取决于草坪建植和使用的目的以及草坪生长的环境。但在通常情况下，评估者通过目测观察分析后直接按 9 分制对草坪质量进行评定打分。

1．颜色

草坪颜色或色泽是人们视觉感官对草坪反射光的光谱特征作出的评价。当太阳辐射投射到草坪表面时，某些波长的辐射能被草坪草反射，而其他一些波长的辐射能则被吸收。波长范围在 380～760nm 的反射光谱作为草坪的颜色被肉眼所感受。草坪颜色是表征草坪总体状况最好的指标之一。

不同草坪草种或品种在颜色变化上存在差异，由浅绿、深绿到浓绿。在草坪草不同生长时期和不同生长季节，颜色差异都很明显。如在夏季很难从颜色上区分一年生早熟禾和草地早熟禾，但在早春一年生早熟禾的浅绿色很容易与草地早熟禾的暗绿色区别开来。假俭草和结缕草的某些品系，秋季叶呈红色，使草坪别具一格。

草坪草颜色的测定，目前有目测法、仪器直接测定和光化学测定。

（1）目测有直接打分和比色卡测定。其主要采用 9 分制打分法，9 分为最高，表示墨绿，1 分为枯黄，根据评价者的主观印象进行评价；比色卡法是把草坪颜色由黄到绿的颜色范围按 10%的梯度增加至深绿色，制成色卡，然后与观测的草坪进行比较。枯黄草坪或裸地为 1 分；小区内有较多的枯叶，较少量绿色时为 1～3 分；小区内有较多的绿色植株，少量枯叶或小区内基本由绿色植株组成，但颜色较浅时为 5 分；草坪从黄绿色到健康宜人的墨绿色为 5～9 分。

（2）仪器测定可用叶绿素测定仪、Spad502 等，直接对叶片颜色进行测定，这些仪器体积小，携带方便，测定便捷，通过建立测定参数与叶绿素含量的回归方程式获得实际叶绿素含量。

（3）光化学测定法比较繁琐，但结果比较准确，需要对测定草坪取样，以便进行化学前处理，如取样采用叶绿素丙酮乙醇提取法等，然后在分光光度计上测定叶绿素光吸收值，再根据换算公式计算叶绿素含量。

2．质地

质地是指草坪草叶片的宽窄和触感的量度，一般多指叶片的宽度。人们通常认为，叶片越细，质地越好。叶片宽 1.5～3.0 mm 是大多数人所喜爱的草坪草质地。如紫羊茅叶片纤细，触感柔软，被认为是具有良好质地的草坪草；而地毯草和高羊茅则为质地粗糙的草种类型；纯叶草叶片宽，但触感很柔和；野牛草叶片细，但由于叶片上有大量的毛，触感欠佳。养护管理水平也会影响草坪草的质地，加施肥水平、修剪高度、表层覆沙等。一般情况下，施肥适中、修剪较低的草坪，质地较好。叶片的质地也会随着环境胁迫和植株的密度而发生变化，如长期干旱会使草坪草质地变得较为粗糙。对同一品种来说，密度和质地有一定相关性，密度增加，质地则变细。在进行草坪混播和混合配方时，要使用叶片质地相近的草坪草种和品种。细质地草种不宜同粗质地的草种混合播种，因为两者相结合外观表现不一致，会破坏草坪的均一性。

3．密度

密度表明草坪内草坪草植株的稠密程度，是草坪质量评定最重要的指标之一。草坪的密度可以通过测定单位面积上草坪枝条或叶片的个数而进行测定。

影响草坪密度的因素很多。不同的草种、不同品种、同一草种在不同环境条件下，不同的养护管理措施、草坪的建植方式、播种密度、草坪草的不同生长时期都会影响草坪的密度。对于没有匍匐生长特性的草种而言，草坪播种时的播量及播后草坪不同时期是影响今后草坪密度的重要因素。但重要的是草坪的密度最终取决于养护管理水平和环境条件。充足的土壤水分、施用氮肥和较低的修剪高度通常会增加草坪的枝条密度。密度也是草坪草对各种生存条件的适应能力的尺度，耐遮荫的草坪草种在树下较不耐遮荫的草坪草种易形成高密度草坪。施肥量不足常导致草坪中杂草的竞争力增强，从而降低草坪密度。另外，修建频率过低，而且一次剪掉过多叶片时，会严重降低光合作用，造成密度减小。

4．均一性

均一性是体现草坪外观上均匀一致的程度的指标。其主要包含两个方面：草坪表面特征的均一和草坪群体构成上的均一。高质量的草坪应是高度均一，不具裸露地、病虫害斑块和杂草，生长一致的草坪。相对而言，均一性的评分较困难，不像质地和密度那样容易衡量。颜色、质地、密度和草坪草构成以及剪草高度等特征，均影响草坪外观质量，也决定了草坪的均一性的好坏。对于混播建植的草坪而言，均一性是最重要的质量指标之一。

目测法测定草坪的均一性必须做到有计划、多次记录、多人观测、综合评定。草坪草色泽一致、生长高度整齐、密度均匀、完全由目标草坪草组成、不含杂草，并且质地均一的草坪为 9 分；裸地、枯草层或杂草所占据的面积达到 50%以上的，均一性为 1 分。

（三）草坪其他质量评价

1．综合质量评价

综合质量评价按月进行。依据草坪的颜色、质地、密度、均一性和受病、虫、干旱等影响的结果综合评分，同时对不同指标进行权重分配。1 分为草坪死亡或休眠，9 分为最好的草坪。

2．冬季色泽评价

冬季色泽是指冬季草坪颜色保持的程度，是对整个小区颜色的评价。1 分为枯黄，9 分为正常绿色。

3．覆盖度评价

覆盖度是指被目标草坪草所覆盖的面积百分比，通常用于表明病、虫、杂草等环境胁迫对草坪的伤害程度。覆盖度用百分数表达，在春、夏、秋各评价一次。

4．返青评价

返青是反映草坪从冬季休眠向春季活跃生长过渡期的生长状况的指标。它以草坪颜色为标准，1 分为休眠草坪，9 分为全部正常绿色草坪。

5．幼苗活力评价

通过目测比较相对生长速度参数，如用覆盖度和植株高度等来评价。通常在草坪成坪之前进行，1 分为最弱，9 分为最强。

6．耐践踏性评价

它是衡量草坪受到人为践踏或机械作用下耐磨损和压迫的综合指标。磨损伤害在数小时或几天内可表现出来，而压迫伤害的表现需要较长时间。1 分为 100%受损伤，9 分为无损伤。

7．耐磨性评价

耐磨性表示草坪草叶片耐摩擦的能力。1 分为不耐磨，9 分为最耐磨。

8．抗寒性或抗冻性评价

抗寒性用 1～9 分表示。1 分为 100%叶片伤害，9 分为无伤害。抗冻性通常用由于受直接的低温或失水伤害造成的草坪地面覆盖减少的百分比来表示。

二、草坪养护管理的内容

（一）园林草坪的水分管理

草坪草组织由 80%～95%的水分组成，如果水分含量下降就会引起草坪草萎蔫，含水量下降至 60%时，草坪草就会出现死亡。灌溉是保证适时、适量地满足草坪生长发育所需水分的主要手段之一，是弥补大气降水在数量上的不足和时空分布不匀的有效措施。因此，在降水量少的地区和干旱季节，为满足草坪草生长发育对水分的需要，应适时、适量地进行灌溉。

但水分过多，也会引起草坪草生长不良，草坪积水，土壤通透性差，草坪草根系会因土壤缺氧窒息死亡。因此，要及时进行排水。

草坪的水分管理包括草坪灌溉与排水两个相对立的管理过程。灌溉是保证适时、适量地满足草坪生长发育所需水分的主要手段之一，可弥补大气降水在数量不足和空间上不匀的有效措施。有时也用喷灌冲洗草坪叶面上附着的化肥、农药和灰尘，以及用于干热天气的降温等。草坪排水是防止草坪涝害的有效措施，当土壤水分过多形成积水时，草坪根系分布层内土壤通气不良，会影响根系吸收氧气和正常代谢，引起根系功能衰退，植株不能正常生长，严重时造成斑秃或死亡。

1．园林草坪的灌溉

（1）草坪灌溉的次数。草坪植物对水分的消耗主要表现在地表的蒸发、植物蒸腾和土壤大孔隙排水三个方面。草坪的耗水量受太阳辐射强弱、草坪品种、土壤类型、养护水平、降水频率及数量、干旱、气温等因素影响。当盛夏太阳辐射最强时，草坪蒸发、蒸腾作用最强，水分损失最大、最快。根系较深的草坪，需水量较少；根系较浅的草坪，需水量较多。沙壤土比粘壤土易受干旱的影响，因而需要频繁地浇水，热干旱比冷干旱的天气需要更多的浇水。在确定草坪浇水次数时，对上述因素要认真进行分析研究，确定合理的浇水次数。当土壤水分含量降到草坪草允许的最低限时，要进行浇水，当浇到草坪草允许的土壤水分最高含量时，要停止浇水。在正常情况下，无雨季节，每周可浇水 1～2 次，久旱无雨时，应连续浇水 2～3 次，否则难以解除旱情。如土壤保水能力好，可在根系层储存很多水，即可将每周需水量 1 次灌溉，凉爽的天气可 10 天浇水一次，保水能力较差的沙土每周应浇水 2 次，每 3～4 天浇每周需水量的一半。如一次用水量超过 25mm，大量的水可能渗到根区下面，造成浪费。草坪浇水一般应遵循允许草坪干至一定程度再浇水的法则，这样能给土壤带入空气，刺激根系向床土深层扩展，浇水过频，会导致苔藓、杂草的滋生和蔓延，并促进草坪根系浅层分布。在我国北方地区，对已建成的草坪，通常在春季草坪草萌芽前和秋季草坪草即将停止生长时，各进行 1 次浇水，即“开春水”和“封冻水”。这两次浇水，对北方草坪来说，十分重要。

（2）灌水的时间。灌水的时间可通过如下四种方法来确定。

① 植株观察法。有经验的草坪管理者常依据观察草坪出现的缺水症状来判断灌水时间。植株有萎蔫现象发生时，表明草坪缺水，此时应当进行灌溉。

② 土壤含水量检测法。用小刀或土钻检查土壤。如果草坪根系 10～15cm 处的土壤干燥时（干土的颜色较湿土浅），就应该浇水。

③ 仪器测定法。用张力计或电阻电极测定土壤水分状况，以确定灌水时间。

④ 蒸发器皿法。用蒸发皿测定水分蒸发量，从而估量土壤水分蒸散量，确定浇灌时间。蒸发皿的失水量大体等于草坪因蒸散而失去的耗水量。因此，在生产中常用蒸发皿系数来表示草坪草的需水量，典型草坪草的需水范围为蒸发皿蒸发量的 50%～80%。在主要生长季节，

暖季型草坪草的蒸发系数为 55%～65%，冷季型草坪草为 65%～80%。

一天中最佳灌水时间：草坪的浇水时间一般没有限制，在一天中大多数时间均可进行浇水，以在早晨和傍晚浇水最佳。有时浇水时间会受到限制，如在城市用水紧张时，草坪浇水应与生活、生产用水错开。忌在夏季中午阳光暴晒下浇水，此时浇水容易引起草坪草灼伤，蒸发、蒸腾强烈，会降低水的利用率。在特殊情况下，也可在夜间进行浇水，如高尔夫球场，特别是安装了自动灌溉系统的球场常在天黑后浇水，此时浇水没有太阳辐射，水的蒸发、蒸腾损失少，水分利用率高，可以充分满足草坪草对水分的需要。但在浇水后，要立即施用防治真菌的药物，减少发病率。同时，还能在场地使用之前有充足的时间排去土壤中多余的水分，减轻土壤板结。

一天中最适合浇水的时间应该是无风、湿度高和温度较低时。这主要是为减少水分蒸发损失，夜间或清晨的条件可满足以上要求，灌溉的水分损失少，而中午灌溉，水分可在到达地面前蒸发 50%。但是，草坪表层湿度过大常导致病害的发生，夜间灌溉会使草坪草在几个小时，甚至更长的时间内潮湿，在这种条件下，草坪植物体表的蜡质层等保护层变薄，病原菌和微生物易于乘虚而入，向植物组织扩散，所以，综合考虑，清晨是草坪灌溉的最佳时间。

（3）灌水量。草坪浇水要避免只浇表土，要一次浇足、浇透。单位时间的浇水量不应超过土壤的渗透能力，总浇水量不应超过土壤的持水量。当单位时间的浇水量超过土壤渗透能力时，则会产生积水或径流，看上去好像浇过了，实际还是没有浇足、浇透。总浇水量超过土壤的持水量时，会造成水分和养分的深层渗透流失。一般来说，草坪浇水至少应使土壤湿透到土层 5～10cm，如草坪过于干旱，土层湿润应增加到 8～15cm，否则就很难解除旱象。

在确定草坪浇水量时，还要考虑土壤质地。质地粗的沙质土壤颗粒间空隙大，总孔隙度小，透水性强，保水性差，浇水后水分渗透快，水分损失多，在草坪生长季节需水总量多，因此，在浇水时，应减少每次的浇水量，增加浇水次数，尽量浇得快一些，以减少水分损失。质地细的壤土或粉沙土，土壤颗粒间的空隙小，总孔隙度大，透水性差，保水力较强，每次浇水量可以大一些，浇水次数也可以少一些。黏质的土壤，同样可以每次浇水量大一些，浇水次数要少一些。

为了保证草坪的需水要求，床土计划湿润层中含水量应维持在一个适宜的范围内，通常把田间饱和持水量作为这个适宜范围的上限，它的下限应大于凋萎系数，一般约等于田间饱和持水量的 60%。床土计划湿润层深度根据草坪草根系的深度而定，一般以 20～40cm 为宜。当床土计划湿润层的土壤实际的田间持水量下降到田间饱和持水量的 60%时，就应进行浇水。

在一般情况下，草坪草生长在季内的干旱期，为了保持草坪的鲜绿，每周大致需补充水分 30～40mm。在炎热和严重干旱的条件下，旺盛生长的草坪每周需补充 60mm 或更多的水分。

（4）灌水方法。分地面漫灌、地下灌溉及喷灌三种方法。地面漫灌使用最为普遍，但草坪表面应相当平整，以便灌溉水能均匀地分布到草坪的各个区、块。同时还必须使平整的地面具有一定的坡度，理想的坡度为0.5%～1.5%，这样的坡度用水量最经济。地下灌溉是靠毛细管作用从根系层下面埋设的管子中的水由下往上供水。采用这种方法供水可避免土壤紧实，并使蒸发量及地面流失量减到最小程度。此法一般用于地下水位较高的地区。喷灌是给予水流一定的压力，使其雾化成水珠，然后像下雨一样淋到草坪上。其优点是：能在斜坡或地形起伏变化大的地方使用，土壤侵蚀最小；在沙质土壤上使用可减少渗漏；灌水量容易掌握；用水经济；便于自动化。主要缺点是建造成本高。

2．草坪的排水

草坪草生长过程中常因各种原因遭受涝害、湿害。当草坪土壤水分过多，形成积水时，土壤通气不良，影响草坪根系吸收和正常代谢，严重时会导致草坪草死亡。灌溉设施主要是供给不足的水分，排水系统则是排走多余的水分。只有两者相互配合，才能给草坪提供一个良好的气、水环境。排水对大部分土壤均有良好作用。其主要表现在，排去过多的水分；改善土壤通气性；充分供给草坪草养料；有益于草坪根系向深层扩展；在夏季深层根系能获得更多的水分；可以扩大运动场草坪的使用范围；早春使土壤升温快。草坪排水可采用坪床的坡度和设置排水管道以及土壤改良的方法进行。园林草坪以及一般小面积的公共绿地草坪采用0.2%左右的坡度即可达到排水目的。面积较大的草坪如足球场草坪，可用设置排水管道的办法进行排水。含沙层土壤或加沙改良土壤，其通透性好，有利于排水。

（二）园林草坪的修剪

草坪的修剪是指用专门的草坪修剪设备剪除草坪地上枝叶一部分的养护技术。

修剪是草坪管理措施中最基本的措施之一。在一定条件下，修剪可以维持草坪草在一定的高度下生长，增加分蘖，促进横向的匍匐茎和根茎的发育，增加草坪密度，使草坪草叶变窄，提高草坪的观赏性和运动性。修剪还能限制不抗修剪的杂草生长，抑制草坪草的生殖生长。修剪对单株草坪草在生理上和形态上以及草坪草群落生态都产生较大的影响。不合理的修剪常会引起根系暂停生长，减少草坪草碳水化合物的生产和积累，从而影响草坪草的其他功能。修剪留下的叶片伤口，为病原微生物创造入侵机会，短时间内增加叶片尖部水分损失，影响根部对水的吸收等，草坪的合理修剪是必要的。

草坪草都具有生长点低、生长点受叶鞘多重保护等特性。合理的剪草过程一般不会剪除草坪草的生长点，反而在切除茎尖后，会减少顶端优势，有利于植株基部分蘖的发生。由于生长点受叶鞘的保护，还可以减轻因为践踏或机械碾压对草坪草的物理伤害。草坪草叶片多而小，叶型扁平细长，叶片直立，株型多为低矮的丛生型或匍匐茎型，覆盖力强，需要通过修剪或其他措施延缓或阻止由营养生长向生殖生长的转化。

一般而言，当新建草坪植株高度达到7cm时就需要修剪，但不同草种适宜的修剪高度不同。冷季型草坪草（如高羊茅、早熟禾等）属直立生长，修剪高度较高。暖季型草如结缕草、狗牙根等在地面匍匐生长，生长点较低，修剪高度可以适当降低。

1．修剪时间和次数

草坪修剪的时间和次数，不仅与草坪的生长发育有关，还和草坪的种类及肥料供给有关。一般冷季型草坪草有春秋两个高峰期，因此在两个高峰期应加强修剪，但为了使草坪有足够的营养物质越冬，在晚秋修剪应逐渐减少次数。暖季型草坪草由于只有夏季的生长高峰期，因此在夏季应多修剪。在生长正常的草坪中，供给的肥料多，特别是氮肥的供给，就会促进草坪的生长，从而增加草坪的修剪次数。

2．修剪高度

修剪高度是指草坪修剪后留在地面上的高度，也叫“留茬”。草坪剪留高度主要因草种和生长季节而异。在生长旺盛的阶段，修剪的高度要低；生长衰弱时期或遮荫处草坪应适当提高，以保留较多的叶面积，不致影响根系的生长。几种常见草坪草的留茬高度如表 7-6 所示。

表 7-6 草坪修剪留茬高度

冷季型草坪草	留茬高度（cm）	暖季型草坪草	留茬高度（cm）
匍匐翦股颖	0.6～1.9	巴哈雀稗	5～7.6
草地早熟禾	3.8～6.5	普通狗牙根	1.9～3.8
粗茎早熟禾	3.8～5	杂交狗牙根	1.3～2.5
邱式羊茅	2.5～6.5	假俭草	2.5～5.6
硬羊茅	2.5～6.5	钝叶草	3.8～7.6
紫羊茅	2.5～6.5	结缕草	2.5～5
高羊茅	5～7.6	野牛草	6.4～7.6
一年生黑麦草	3.8～5	匀芒雀麦	7.6～15
多年生黑麦草	3.8～5	格拉马草	5～7.6

草坪的修剪应遵守 1/3 原则，即每次修剪时，剪掉的部分不能超过叶片自然高度（未剪前的高度）的 1/3。也不能伤害根颈，否则会因地上茎叶生长与地下根系生长不平衡而影响草坪草的正常生长。如果草坪草长得太高，不应一次将草剪到标准高度，这样会使草坪的根系停止生长，修剪量超过 40%草坪草会停止生长 6 天至 2 周以上，正确的方法是：频率间隔时间内，增加修剪次数，逐渐修剪到要求高度。在草坪能忍受的范围内修剪得越低，修剪的次数越多则草坪的质量就越好。

3．修剪质量

草坪的修剪质量由所使用的剪草机类型和修剪时草坪的状况所决定。从剪草机的类型来讲，有旋刀式和滚刀式两种，滚刀式的修剪机其修剪质量较高，但价格贵，要求的保养程度也较高。而旋刀式的草坪机是目前常用的机型，只要草坪状况好，刀片锋利，就能保证修剪质量。进行修剪时，同一块草坪每次修剪要避免以同一方式进行，要防止永远在同一地点、同一方向的多次重复修剪，否则草坪就会退化和发生草叶趋于同一方向的定向生长。

（三）草坪施肥

草坪草在自然生长过程中，需要吸收水分和营养物质，以保证草坪植物正常生长，而且草坪植物个体之间，草坪与周围树木、花卉之间有营养物质的竞争，需要提供养分予以补充。同时，由于修剪草坪产生的修剪物也带走部分营养物质，从而造成草坪植物营养物质的损失，因此，给草坪施肥是十分必要的。

施肥不仅可使草坪保持较好的色泽，使草坪致密、生长茂盛，而且能提高草坪对杂草、病虫害的抵抗能力。施肥也能提高草坪对不良环境的抵抗力，如抗干旱等。

1．肥料的类型和施用

（1）天然有机肥。天然有机肥是厩肥、堆肥、人粪尿、腐植酸类肥料、泥炭等肥料的总称。有机肥料是一种完全肥料，草坪施用天然有机肥料，不但可以供给植物必需的养分，而且也可为土壤微生物的生长发育创造有利的环境条件。天然有机肥主要作为草坪的基肥，但使用时一定要进行腐化处理。

（2）速效肥，也叫无机肥料、化学肥料或矿物质肥料。这类肥料由于成分较浓，容易造成草坪的灼烧，故在使用时一定要注意用量控制，严格按标签规定的用量进行施用。

（3）缓效肥料。缓效肥料是一种草坪的专用肥料，溶解性较差，因此肥效缓慢，一般可保持 3～6 个月的使用。生产上常将速效肥与之相混合使用，以达到速效和长效的效果。

（4）复合肥。复合肥是包括氮、磷、钾三种成分的肥料，使用时要按说明进行。

2．施肥的时间

健康的草坪草每年在生长季节施肥，以保证氮、磷、钾的连续供应。夏季施肥应增加钾肥用量，谨慎使用氮肥。如果夏季不施氮肥，冷季型草坪草叶色转黄，但抗病性强。过量施氮肥则病害发生严重，草坪质量急剧下降。暖季型草坪草最佳的施肥时间是早春和仲夏。秋季施肥不能过迟，以防降低草坪草的抗寒性。

草坪施肥时间受床土类型、草坪利用目的、季节变化、大气和土壤的水分状况、草坪修剪后草屑的数量等因素的影响。从理论上讲，一年中草坪有春季、夏季和秋季三个施肥期。通常，冷季型草坪在早春和雨季要求较高的营养水平，最重要的施肥时间是晚夏和深秋，高质量草坪最好是在春季进行 1～2 次施肥。而暖季型草坪草则在夏季需肥量较高，最重要的施肥时间是春末，第二次施肥宜安排在初夏和仲夏，初春和晚夏施肥亦有必要。此外，还可根据草坪的外观特征，如叶色和生长速度等确定施肥的时间。当草坪颜色明显褪绿和枝条变得稀疏时应进行施肥。生长季当草坪颜色暗淡、发黄、老叶枯死时则需补氮肥；叶片发红或暗绿色则应补磷肥；草坪草节部缩短，叶脉发黄，老叶枯死则应补钾肥。

草坪施肥的最佳时间应该是在温度和湿度最适宜草坪草生长的季节。实践证明，草坪草根系的伸长期在夏末和秋季，但根系最活跃的生长时期则是在春季，并较地上部分提早数周达到高峰，而后随季节逐渐减弱，草坪草活跃生长期，对营养的需求量大，要注意提供足够的氮、磷、钾养分。

在比较凉爽的地区，每年施肥两次，一次在早春，一次在秋初。这样的草坪草则比 3 月或 4 月施肥的草坪提前 2～3 周开始生长。尽早施肥不仅可以使绿期提前，而且有助于冷季草坪各种伤害痊愈，以及在夏季一年生杂草得到适宜萌发温度之前形成致密的草坪。在 8 月末或 9 月初施肥，不仅可以使绿期延长到秋末或冬初，而且可以刺激草坪第二年分蘖和产生地下根茎，这种施肥措施可给优良的草坪创造最佳生活条件，而对夏季早生杂草不利。

在一年只施一次肥料时，对冷季型草坪来说，夏末是施肥的最佳时间。而对暖季型草坪则是以春末为最好。一年两次施肥，冷季型草坪应在初次生长高峰过后即仲春到春末。暖季型草坪最好在初夏和仲夏进行施肥。各地可以因地制宜，灵活掌握，我国南方地区由于气温高，多在秋季施肥，其中长江流域各地则以梅雨季节为宜。北方寒冷地区追肥适期应在春季。春季施肥过多，特别是施氮肥过量，会促使草坪草地上部分生长过旺，草坪草质地柔嫩，容易遭受病害、干旱、高温等不利影响，造成抗逆性下降。

3．施肥的方法

草坪的施肥一般采用人工撒施、叶面喷施、机械施肥三种方法。人工撒施必须均匀，施后及时灌水；叶面喷施要注意浓度控制，如尿素、硫酸钾的浓度不能高于 0.5%，过磷酸钙的浓度不能高于 3%，磷酸二氢钾的浓度应在 0.2%～0.3%的范围内，否则容易灼伤叶片；机械施肥不仅效率高，也容易施匀，常使用的机械有离心式手摇施播机、离心式手推式施播机等。

（四）除杂草

草坪杂草，即影响绿地栽培植物生长发育，影响人类生存、活动、生活质量，对草坪的稳定性及环境的美观性等有影响的植物。草坪杂草的生长严重影响草坪的质量，使草坪失去均匀、整齐的外观，同时杂草与草坪草争水、争肥、争阳光，导致草坪草的生长逐渐衰弱，所以草坪中的杂草必须及时清除。

1．草坪中杂草发生概况

杂草一般可分两大类：单子叶杂草与双子叶杂草。单子叶杂草多属禾本科，少数属莎草科。其形态特征是无主根、叶片细长、平行脉、无叶柄。双子叶杂草与单子叶杂草相比叶片较宽，所以又叫阔叶杂草。以生长年限的长短可分为一年生杂草、二年生杂草及多年生杂草。草坪中最常见的单子叶杂草有一年生的（如狗尾草、马唐、褐穗莎草、画眉草、虎尾草等）和多年生的（如香附子、白茅等）。双子叶杂草有一年生的（如灰菜、苋菜、龙菜、马齿苋、律草等）和二年生的（如夏至草、附地草、臭蒿等）以及多年生的（如苦菜、田旋花、蒲公英、车前等）。在一年中杂草危害在 7、8 月份最严重，因这一时期温度高、湿度大，各杂草种类大量发生，而且生长很快，其中一年生单子叶杂草是最主要的危害种类。春季造成主要危害的则是二年生双子叶杂草。一年生双子叶杂草，在一般情况下上半年发生较严重。

2．除杂草的方法

最根本的防除杂草的途径是合理的水肥管理，促进草坪草的生长势，增强与杂草竞争的能力，并通过多次修剪，抑制杂草的发生。但这并不意味着完全可以不需要其他除杂草的手段，在生产上常采用以下措施。

（1）人工挑除。草坪中的杂草防除比其他种类用地杂草的防除更为困难，因杂草与草坪草夹杂在一起生长，很难使用高效率的机具，只能借助简单工具人工挑除、集中处理，故工效极低。挑草需在早春开始，多次进行。

（2）滚压防除。滚压可抑制杂草入侵，对早春已发芽出苗的杂草，可采用重量为100～150kg的轻轴进行南北向、东西向交叉滚压消灭杂草的幼苗。

（3）草坪低剪。在耐剪高度范围之内，低剪可刺激地上枝芽生长，增加蘖枝密度，例如，对草地早熟禾、紫羊茅等草坪草留茬高度在3～4cm，可使它们生长势旺盛，覆盖度大，根系生长良好，再生力强，与杂草幼苗争夺水分、养分可占优势，从而抑制杂草生长。此外，对马唐草、白三叶、繁缕等结籽较多的杂草，在开花初期应进行低剪，勿使它们结籽，可减轻当年或翌年对草坪的危害。

（4）化学除草。化学除草是通过喷洒化学药剂达到杀死或控制杂草生长的一种除草方式。具有简便、及时、有效期长、效果好、成本低等优点。

① 除草剂的主要类型。除草剂按选择性分类可分为选择性与非选择性两大类。选择性除草剂只能杀死某些杂草，而对草坪草（禾本科的单子叶禾草）则无伤害力，如西马津、阿特拉津只杀一年生杂草，2,4-D丁酯只杀阔叶杂草；非选择性除草剂对一切植物都有杀灭作用，如草甘膦、百草枯、除草醚、草枯醚等。某些除草剂是在目标杂草发芽前施用的叫萌前除草剂，一旦杂草发芽，这类除草剂通常无法再控制它们。萌后除草剂则应在杂草发芽后施用，在萌发前施用难以达到除草的效果。许多一年生杂草可以用萌前除草剂，阔叶杂草和多年生杂草常用萌后除草剂控制。一般萌后除草剂多于叶面施用，而萌前除草剂多施于土壤中。萌后除草剂有触杀型和内吸型两种类型，触杀型除草剂被施用后破坏其杂草的接触部分，对一年生杂草相当有效；内吸型除草剂是经吸收后，在植物体内运输，因而对控制多年生杂草效果较好。目前尚无一种除草剂能够有选择地控制多年生禾本科杂草，因此须用非选择性除草剂来控制。

② 除草剂使用方法。除草剂剂型有水剂、颗粒剂、粉剂、乳油剂等。水剂、乳油剂主要用于叶面喷雾处理，颗粒剂主要用于土壤处理，粉剂应用较少。

- 叶面处理。将除草剂溶液直接喷洒在杂草植株上。可在播种前或出苗前应用。苗期叶面处理必须选择对草坪安全的除草剂。
- 土壤处理。将除草剂施于土壤中（毒土、喷浇），在播种之前或草坪生长期处理。

③ 草坪杂草化学处理。

- 草坪建植前除草剂的施用。草坪建植前一年，选择草特磷、地散磷等除草剂彻底处理土壤，施用量分别为 9～20kg/hm^2 和 0.5～2kg/hm^2。一些残留较长的除草剂（森草净），必须两年前处理。残效期短的除草剂，一年使用 2～3 次，最好按照当地杂草发生的消长状况，针对性施用。若当年播种建植草坪，可于 5 月前用触杀型除草剂处理一次，雨季期间进行第二次处理。根据发生的杂草种类，可以从杀草畏 0.5～3kg/hm^2、敌草塑 4～10kg/hm^2、氟乐灵（土壤处理）0.7～1kg/hm^2、甲基杀草隆（芽前混土）2～4kg/hm^2 等除草剂中选择。第二次药剂处理最好离草坪播种 40 天以上，以避免出现药害。
- 种子播种建植的草坪除草剂的施用。播前可用地散磷、恶草灵和环己隆等对禾本科杂草进行控制；苗后，针对阔叶杂草，在草坪草 1～2 叶期、杂草 1～3 叶期，用苯达松处理；草坪草 3 叶期、杂草 3 叶期，用 2,4-D 丁酯处理；草坪草 3 叶期以上，用二甲四氯或百草敌。禾本科杂草，草坪草 1～2 叶期，用低剂量的丁草胺或除草通；草坪草与杂草在 3 叶期，用快杀稗处理。
- 成熟草坪除草剂的施用。控制阔叶幼苗杂草可用百草敌 0.2～0.6kg/hm^2、二甲四氯 0.5～11kg/hm^2，用药后灌水，恶草灵（适用于早熟禾和黑麦草草坪，对翦股颖和羊茅有毒）颗粒剂 2～5kg/hm^2、环己隆（不能用于翦股颖及狗牙根）2～7kg/hm^2。这些药须在杂草未出土前施用。

习题

1．草坪的质量评价指标主要有哪些？
2．草坪除杂草的方法有哪些？
3．对草坪的修剪应遵循什么原则？
4．草坪的灌水量是如何确定的？
5．草坪常用的灌水方法有哪几种？

第八章　园林植物病虫害防治

【本章内容提要】

园林植物病虫害防治是植物能正常生长，充分发挥其应有的绿化效果的重要保障。本章主要介绍园林植物常见的病害和虫害；介绍常见的植物害虫及病虫害的识别方法及其防治措施。

【本章学习目标】

了解常见植物害虫的习性及识别方法；了解常见病虫害的特点；掌握常见病虫害的防治措施。

第一节　园林植物害虫及其防治

园林植物害虫是无脊椎动物中的一些动物，而在这些动物中90%以上是属于昆虫纲的一类动物，所以研究园林害虫则以研究园林昆虫为主。由于害虫对植物的危害方式和危害部位不同，往往人为地将园林害虫分为四大类，即食叶性害虫、蛀干性害虫、刺吸式害虫和地下害虫。

一、食叶性害虫及其防治

食叶性害虫在园林中十分常见，几乎每种植物都会发生，甚至一株植物上能同时发生好几种食叶性害虫，但如何识别是非常重要的。

（一）食叶性害虫的识别方法

1. 从被害状上识别

食叶性害虫均以咀嚼式口器咬食植物叶片，当植物出现异常时首先观察叶片有何变化。

（1）叶片上出现各种形式的缺刻：有的叶片被咬成不规则形状的孔洞，甚至成筛网状，多为叶甲类；有的叶片、叶缘出现规则或不规则形状的缺刻，使叶片失去了原有的叶形，多为尺蠖和毒蛾类；有的吃叶肉留表皮，叶片被啃食呈一个个透明的白色斑，在阳光下观察尤为明显，有的甚至从叶尖或叶缘啃食，多为刺蛾类；有的咬食整个叶片或仅留叶脉造成整枝或整树光秃，多为害虫猖獗时。

（2）危害嫩梢和嫩叶时，有的将叶片粘在一起，打开粘连的叶片，叶片被虫咬坏，则多为食叶性害虫中的卷叶虫类；如果把许多叶片连缀在一起，像虫巢，里面有许多虫子，则多为巢蛾类、缀叶螟类或天社蛾类等。

（3）叶片有的出现白色块状或条状的留有叶表皮的斑痕，有的痕内留有黑色虫粪，则大多是潜叶蛾、细蛾、潜叶蝇等。

（4）将叶片卷成不同形状在其中啃食叶肉的，如元宝枫细蛾是将叶片横向卷成筒状，梨形毛虫将叶片纵向折叠成“饺子”状等。

2．从虫粪上识别

在叶片或地面上散落很多像绿豆大小的黑色或墨黑色有形状的虫粪，则大多是鳞翅目幼虫排出的。

3．从害虫特点上识别

食叶性害虫主要营裸露生活，大多数为鳞翅目幼虫，即各种形态的“毛毛虫”和“肉虫子”。

还有一些鞘翅目的害虫，即成虫有一对坚硬的鞘翅（如叶甲、金龟子）和膜翅目的害虫（如叶蜂等）。所以发现这些害虫基本上即可确定是食叶性害虫。

（二）食叶性害虫的防治方法

食叶性害虫的种类很多，每种害虫都有其不同的防治方法，每种防治方法都以害虫生活的特性为依据。食叶性害虫常见的防治方法有以下几种。

1．药物防治

害虫危害期喷药，食叶性害虫以咀嚼式口器咬食植物叶片，在选择药剂上首先要选择胃毒剂，即具有胃毒作用的农药。这类农药喷洒到植物叶片上，害虫在取食叶片的同时将农药食入消化道内而起毒杀作用。另外，也可选择触杀剂，害虫接触到农药后而中毒死亡。这类农药在喷雾时要均匀周到，特别是害虫存在的部位。在选择喷药时间上要选择在害虫的危害期进行，但最好选择在害虫的初孵期（即1～2龄）。因为初孵期的害虫体小，抵抗力弱，所以用低浓度的农药就能将害虫消灭，这样既节省了用药量，又减少了农药给环境带来的副作用；另外，初孵幼虫取食量小，危害小，及早消灭害虫则能大大减少害虫对植物的危害，能更好地将害虫控制在经济允许的水平之下；除此之外，初孵害虫往往有群集性，群集害虫容易被人们发现，也就能准确无误地集中消灭。所以，药物防治食叶性害虫一定要选择好农药的种类和喷药的时间。

2．人工防治

根据害虫的生活习性，选择人工防治的方法，尽量减少农药的使用，降低农药给人类带来的副作用。

（1）消灭卵块。食叶性害虫很多在产卵时是聚产，或一产一堆，或一产一片，所以在栽培管理、养护的同时就可将卵块刮除，以减少害虫的发生量。

（2）消灭蛹。食叶性害虫化蛹时也有固定位置，同样可以消灭害虫的蛹，以减少后代的发生量。如国槐尺蠖在国槐树下松土内化蛹，柳毒蛾在树皮、墙缝处化蛹，黄刺蛾在树条的分叉处化蛹等，均可进行人工防治。

（3）摇树捕杀。有些害虫有受惊动吐丝下垂的习性，所以根据此特点对于幼小植物或大树的枝梢进行摇晃，使一些害虫吐丝下垂时捕杀。

（4）涂毒环或捆塑料环。对有上下树习性的害虫，如柳毒蛾、松毛虫等可于树干上绑一宽20～30cm的塑料带，使害虫上下树时滑落地上不能上去。也可在树上涂20～30cm宽的触杀剂的药环，使害虫上下树时中毒死亡。

（5）潜所诱杀。有些害虫白天下树隐藏于地面的各种缝隙处，晚上上树取食危害，对这类害虫可于地面撒药再设置一些有缝的物品，如废纸、枯叶、干草等，使其下树潜藏时中毒死亡。

（6）人工扫除。有些害虫化蛹于地下，或建筑物的缝隙处，幼虫老熟后喜在地面乱爬，寻找化蛹场所，如天幕毛虫、国槐尺蠖、芳香木蠹蛾等，所以见到这些害虫要及时扫除并消灭，避免随垃圾倒掉，人为地帮助害虫转移。

（7）灯光诱杀。很多害虫都有趋光性，如蛾类、蝼蛄、金龟子等，对这类害虫可用黑光灯进行诱杀。

3．提倡生物防治

当今环境污染是一个极其严重的问题，环境的污染使自然生态遭到破坏，失去原有的平衡，给人类带来严重的后果。环境污染是一个复杂的问题，化学农药的使用则是一个重要的原因，所以害虫的防治必须用生物防治来代替化学防治。由于目前我国的大部分地区生物防治水平低，农药则不得不使用，使环境污染愈加严重，所以一定要提倡使用生物防治。最简单的方法是一方面保护现有的天敌，充分发挥其效果，如瓢虫、草蛉、食蚜蝇、赤眼蜂等；另一方面是使用生物农药，如苏云金杆菌、白僵菌等。

（三）园林植物主要食叶性害虫及其防治

园林上的食叶性害虫很多，但归纳起来主要表现在四个目上，发生最多、最严重的是鳞翅目，以蛾类为主；其次是鞘翅目，以金龟子、叶甲为主；直翅目以土蝗、蚱蜢为主；膜翅目以叶蜂为主。

1．刺蛾类

（1）危害。刺蛾属鳞翅目，刺蛾科，俗称“洋辣子”。一方面以幼虫咬食叶片，造成叶片网斑、孔洞、缺刻以至食光叶片；另一方面，幼虫体上具有含酸性液体的毒刺，人的皮肤接触则疼痒，甚至红肿，是园林害虫中较扰民的一种害虫。

（2）形态。成虫体长1cm左右，鳞片厚密粗糙，翅圆钝呈黄、褐、绿等颜色，前翅中室 M 干存在，后翅 $Sc+R_1$ 从中室伸出与 Rs 分离。幼虫体粗短，头部缩入前胸，腹足特化成吸盘，体表大都生有枝刺和毒毛，化蛹作钙质椭圆形硬茧，如图 8-1 所示。

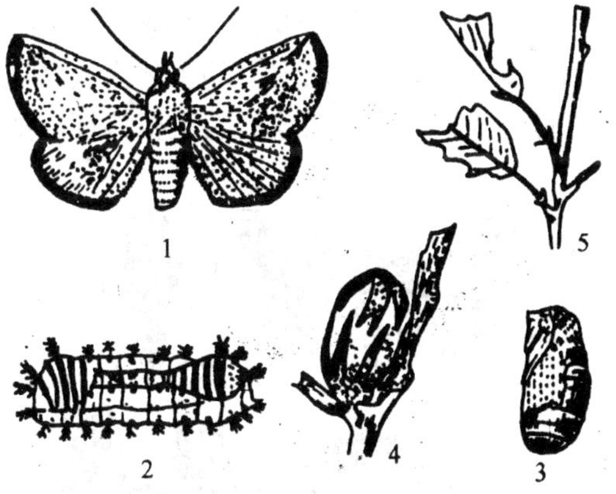

图 8-1　黄刺蛾

1——成虫；2——幼虫；3——蛹；4——茧；5——被害状

（3）发生特点。不同种类每年发生 1～3 代不等，以幼虫作硬茧在枝条上、树干上或土壤内等处越冬。一般 5 月下旬以后出现成虫。成虫有趋光性。6～9 月为幼虫期，初孵幼虫常群集于叶片上危害，食叶肉，留表皮，使叶片呈网状透明斑点，稍大后蚕食叶片。

（4）防治。

① 消除虫茧。根据不同种类化蛹场所不同，在枝条和树干上化蛹的可结合冬剪工作，将虫茧消灭。在土中化蛹的可采用翻、挖等方法消除。可将虫茧集中放入桶内，上盖孔大 5mm×5mm 的铁丝网，羽化的害虫留于桶内，天敌可飞回自然界。

② 用黑光灯进行诱杀。

③ 药物防治。危害不严重时，用生物性农药：于低龄幼虫期喷 1 000 倍的 20%灭幼脲 1 号胶悬剂；于高龄期喷 500～1 000 倍的每毫升含孢子 100 亿以上的 Bt 乳剂；必要时使用化学农药，可喷 4 000 倍的 20%菊杀乳油等。

2．尺蛾类

（1）危害。尺蛾属鳞翅目，尺蛾科。俗称“步曲”、“造桥虫”、“吊死鬼”等。其种类很多，均以幼虫咬食叶片，是园林植物的主要害虫。又因受惊动或化蛹前要吐丝下垂，并在地面上乱爬寻找化蛹场所，故而也是居民区的扰民害虫。

（2）形态。前后翅的翅斑往往相连，有的种类雌虫无翅。幼虫体细长，胸足三对，腹足两对，故行走时如量步状，称“步曲”、“尺蠖”、“尺蛾”，如图 8-2 所示。

（3）发生特点。每年发生 1～5 代不等，以蛹在树下松土内越冬，一般不作茧。幼虫发生期为 4～10 月。成虫有趋光性，幼虫有受惊吓吐丝下垂然后再爬上去的习性。

（4）防治。

① 采取综合防治措施，于 9 月至次年 3 月结合秋春土肥管理挖蛹防治。可在幼虫吐丝下垂寻找化蛹场所时扫除并消灭；也可突震树枝，使虫吐丝时消灭；也可进行灯光诱杀，保护天敌等。

② 农药防治，重点抓紧第 1、2 代的防治，用药选择可参考防治刺蛾类的药剂。

3．毒蛾类

（1）危害。毒蛾属鳞翅目，毒蛾科。均以幼虫咬食叶片，防治不好极易造成树枝光秃。且幼虫多具特殊的长毒毛，皮肤接触易引起过敏反应，是重要的卫生害虫。

（2）形态。成虫体中至大型，无单眼，翅较圆钝，鳞片很薄，多呈白、黄、褐色。有些种类雌虫翅退化或无翅。幼虫体多具毒毛、毛丛或毛刷，常具不同颜色的毛瘤。腹节第6～7节背面各有一个翻缩腺，为主要特征，如图8-3所示。

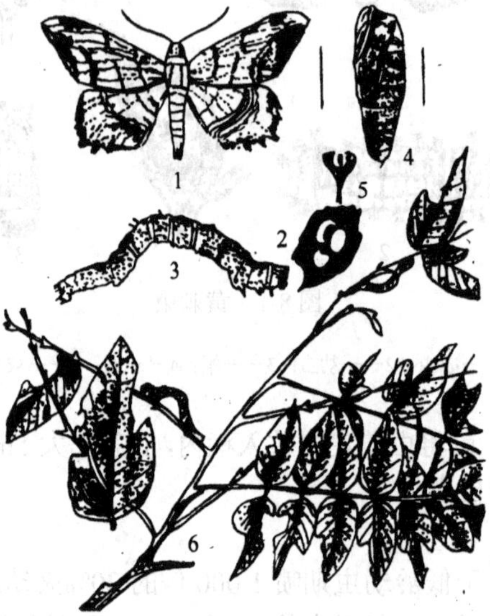

图8-2　槐尺蛾

1——成虫；2——卵；3——幼虫；
4——蛹；5——蛹尾部；6——被害状

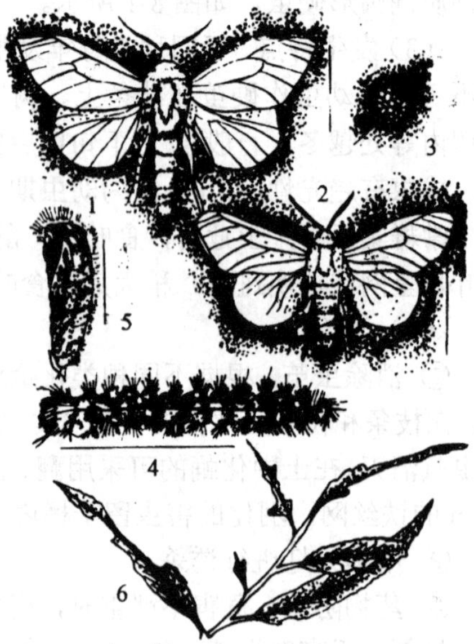

图8-3　柳毒蛾

1——雌成虫；2——雄成虫；3——卵；
4——幼虫；5——蛹；6——被害状

（3）发生特点。一般每年发生1～4代，以卵或幼虫在一些缝隙处越冬，成虫大都有白天静伏、晚间活动的习性，趋光性强。卵块产，初孵幼虫有群集性，长大后分散危害，且大都白天隐藏、晚上取食。

（4）防治。

① 于卵期刮除卵块，收集并消灭。

② 对有白天下树隐藏、晚上上树危害的种类，可进行潜所诱杀或涂毒环的方法进行防治。

③ 黑光灯诱杀成虫。

④ 药剂防治。于低龄幼虫期喷10 000倍的20%灭幼脲1号胶悬剂或核多角体病毒，每一单位重量的带病毒的死虫四体加水稀释3 000～5 000倍液（每毫升含2×10^6～2×10^7核多角体）或喷每克（每毫升）含孢子100亿以上的青虫菌粉剂。必要时使用化学农药，如50%辛硫磷乳油1 000倍、20%菊杀乳油1 500～2 000倍等。

4．天蛾类

（1）危害。天蛾属鳞翅目天蛾科。均以幼虫咬食叶片，造成叶片缺刻或枝条光秃。且幼虫排粪多，颗粒大，影响街道卫生。

（2）形态。成虫为大型蛾子，体粗壮呈纺锤形。触角末端弯曲成钩状。喙发达。前翅外缘倾斜呈翼状。后翅较小，$Sc+R_1$与Rs由一短脉相连。幼虫粗大，长达10cm左右，体光滑或具颗粒，有的种类在体侧有眼斑或斜纹，第八腹节背面有一个尾角为其主要特征，如图8-4所示。

（3）发生特点。每年发生的代数因种类和地区不同有差异，一般1～2代，多以蛹或老熟幼虫在根际土壤中越冬，5～6月出现成虫，7～10月为幼虫危害期。成虫有明显的趋光性。

（4）防治。

① 灯光诱杀成虫。

② 于春季植物栽培管理时挖土消灭越冬幼虫和蛹。

③ 见虫粪后寻找幼虫进行人工捕杀。

④ 虫量多时，于低龄幼虫期喷施1 000～1 500倍的90%敌百虫晶体。

⑤ 保护和利用黑卵蜂等天敌。

5．舟蛾类

（1）危害。舟蛾属鳞翅目舟蛾科。过去又名“天社蛾”，以幼虫咬食叶片，造成叶片孔洞或缺刻，严重时将叶食光。有的种类缀叶后藏于其中取食，造成枯梢干叶，严重影响观赏效果。

（2）形态。成虫体中至大型，体灰色或褐色。一般腹部较长，常超过后翅后缘。幼虫色鲜艳，背部常有明显的峰突，臀足不发达或特化成可向外翻缩的枝状尾角。栖息时一般首尾上翘似小船，故称舟蛾，如图8-5所示。

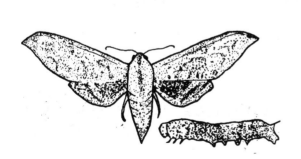

图8-4　豆天蛾成虫及幼虫

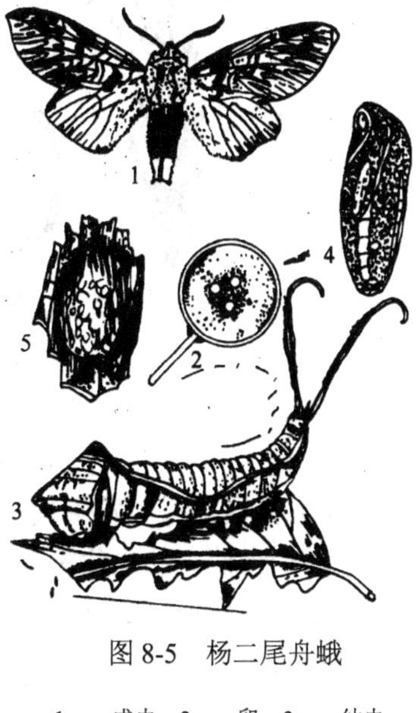

图8-5　杨二尾舟蛾

1——成虫；2——卵；3——幼虫及危害状；4——蛹；5——茧

（3）发生特点。发生代数每年一般1～5代，有的地区更多，以蛹在薄茧内于表土层中、树干上越冬。大多6～7月出现成虫，7～8月是幼虫危害盛期。成虫有趋光性，幼虫有群集性，受惊或食料不足时吐丝随风飘动进行转移。

（4）防治。

① 于冬春结合栽培管理在树下土中挖蛹消灭。

② 幼虫的群集性较强，发现叶片有被啃成灰白色半透明的网状斑块或叶被缀成虫苞时剪掉有虫叶或虫苞并消灭之。

③ 灯光诱杀成虫，并注意保护和利用天敌。

④ 低龄幼虫危害期喷10 000倍的20%灭幼脲1号胶悬剂，必要时喷2 000倍50%辛硫磷乳油或其他胃毒、触杀杀虫剂均可。

6．枯叶蛾类

（1）危害。枯叶蛾属鳞翅目，枯叶蛾科。以幼虫咬食叶片，常造成叶片光秃或吐丝拉网缀叶影响观赏。

（2）形态。成虫中至大型蛾子，体粗壮多毛，色暗。前后翅枯叶色，中室不封闭。后翅肩区扩大。静止时常贴于树皮似枯叶，故称枯叶蛾。幼虫体粗壮，多毛，有毒，无毛瘤，前胸在组的上方有1或2对突起，有的种类在中、后胸背部常具蓝黑色毒毛带两条，如图8-6所示。

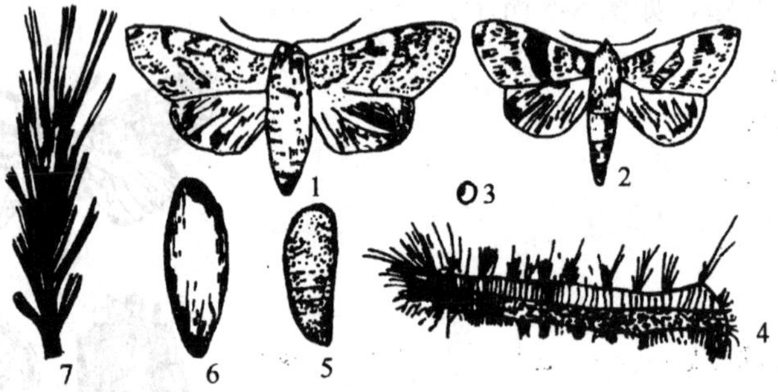

图8-6 油松毛虫

1——雌成虫；2——雄成虫；3——卵；
4——幼虫；5——蛹；6——茧；7——松叶受害状

（3）发生特点。每年发生代数较少，一般1～2代为多，以幼虫或卵在树皮缝或枝条上越冬。成虫有趋光性。幼虫危害期较早，一般白天静止，晚上取食危害。初孵幼虫群集性较强，长大后分散，受惊吓吐丝下垂。

（4）防治。

① 成虫一般产卵于枝条上且块产，所以结合修剪剪除卵块并消除之。

② 幼虫群集时破坏丝网并人工刷掉集中消灭。

③ 注意保护和利用天敌，有条件的可进行灯光诱杀。

④ 药物防治可参考刺蛾所用药剂。

7．蓑蛾类

（1）危害。蓑蛾属于鳞翅目蓑蛾科，又名袋蛾、避债蛾。以幼虫藏于护囊内取食叶片，先啃食叶肉，长大后咬食叶片成孔洞或仅留叶脉。另外，有虫越冬时往往爬上枝梢，以丝来缠住枝条固定虫囊，当第二年枝条生长增粗时，丝束处缢缩而容易整枝折断。

（2）形态。成虫多为雌雄异型，雌成虫一般无翅无足，终生在护囊中。雄成虫中型蛾子，翅发达，翅面有毛无鳞，无斑纹。中室内可见分枝的中脉。幼虫肥胖，胸足发达，腹足较退化，前胸盾板骨化，且很宽大，吐丝作护囊，身居其中，如图 8-7 所示。

（3）发生特点。多为一年 1～2 代，以幼虫在护囊内于枝条上越冬，雌成虫终生在护囊内，雄成虫寻找雌成虫护囊而交尾。雌成虫产卵于护囊内，产卵量大，可达 3 000～5 000 粒。初孵幼虫孵化后从护囊蜂拥而出，吐丝下垂，借风力扩散，降落于可食植物上，先营造护囊，然后身居其中危害，行动时将头胸伸出，背负护囊前进。幼虫有向光性，故树冠顶部居多，喜高温干旱季节，有明显的忌避性和很强的耐饥性。

（4）防治。

① 摘除越冬虫囊，减少发生基数。

② 用黑光灯和信息激素诱杀雄成虫，减少繁殖量。

③ 保护天敌，如瘤姬蜂、追寄蝇等，据调查，在幼虫老熟阶段寄生率可达 50%左右。

④ 药剂防治，为了保护天敌，少用杀虫谱广的药剂，可多用专化性强的微生物制剂，如核型多角体病毒制剂，芽孢杆菌制剂每毫升含 5×10^7～10×10^7 等。虫量多时，喷 800～1 000 倍的 90%的敌百虫或 1 000 倍的 50%辛硫磷乳油。

除以上介绍外，鳞翅目的食叶害虫还有很多，如夜蛾类、螟蛾类、巢蛾类、灯蛾类、细蛾类、卷蛾类、潜蛾类、斑蛾类等。其危害方式基本相同，所以防治方法均可参考前边部分。

8．叶蜂类

（1）危害。叶蜂类属膜翅目叶蜂总科。以幼虫取食嫩叶和新梢，初孵幼虫取食叶肉留表皮，2 龄后蚕食全叶，大发生时将全树叶片吃光。

（2）形态。成虫体短粗，无腹腰柄，胸背板后缘深凹，翅痣短粗，产卵器锯状，幼虫似鳞翅目幼虫，但腹足 6～8 对且无趾钩，体有横皱。许多种幼虫体表覆盖一层白粉状分泌物，或具有暗色粉状分泌物，如图 8-8 所示。

（3）发生特点。每年发生 1～3 代，以卵在叶片上或以老熟幼虫在土中结茧越冬。不同种类其幼虫发生的时间不同。

（4）防治。

① 于冬春结合植物栽培管理在树木附近挖茧消灭虫源。

② 于幼虫危害期喷药：发生量轻时喷施每毫升含孢子量 100 亿以上的青虫菌或青虫菌

浓缩液 200～400 倍；发生量大时，喷 1 000 倍的 90%敌百虫原药、2 000 倍的 20%菊杀乳油、1 500～2 000 倍的 50%辛硫磷乳油等。

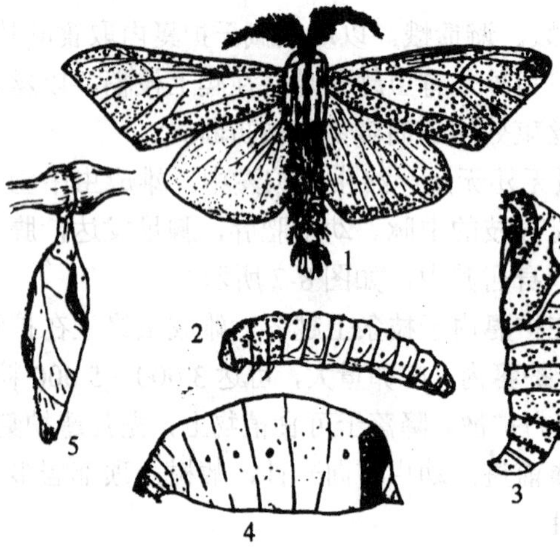

图 8-7　大蓑蛾

1——成虫；2——卵；3——雄蛹；4——雌蛹；5——袋囊

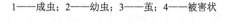

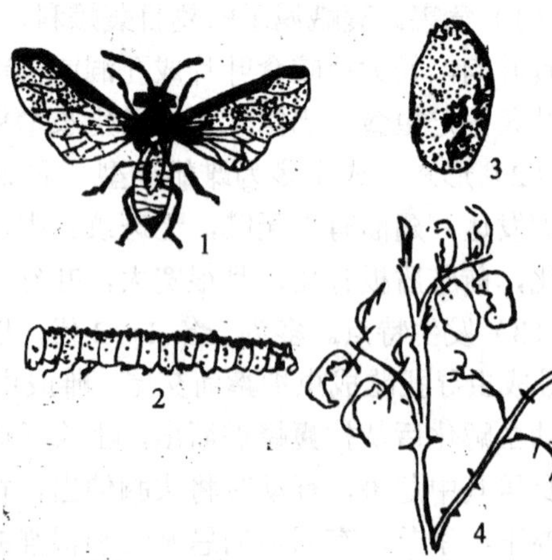

图 8-8　蔷薇叶蜂

1——成虫；2——幼虫；3——茧；4——被害状

9．叶甲类

（1）危害。叶甲类属于鞘翅目叶甲科，以成虫和幼虫咬食植物叶片。

（2）形态。成虫小至中型，体圆或长椭圆形，色艳丽具金属光泽，触角多丝状。幼虫寡足型，体表常有枝刺、瘤突，有的能分泌乳白色液体，如图 8-9 所示。

（3）发生特点。每年发生代数及越冬场所和越冬虫态因种类不同差异较大，但以成虫在墙缝等处越冬的居多。成虫有假死性和补充营养的习性。有些种类化蛹时群集于树干处。

（4）防治。

① 于初危害期喷施农药，如 2 000 倍的 20%菊杀乳油、1 000 倍的 50%辛硫磷乳油、1 000 倍的 90%敌百虫晶体。

② 于幼虫在树干群集化蛹时刷除幼虫和蛹。

③ 在成虫寻找越冬场所时（如榆树叶甲在 6 月底至 7 月初），或在建筑物周围乱飞时进行人工

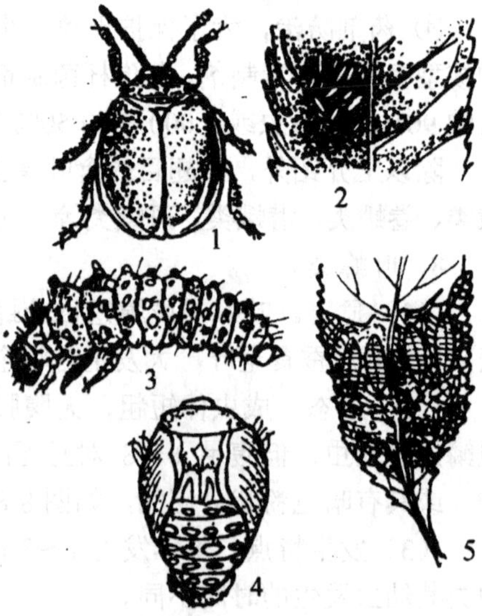

图 8-9　柳兰叶甲

1——成虫；2——卵；3——幼虫；4——蛹；5——危害状

捕杀。

食叶性害虫还有很多，由于地区不同表现的严重程度也不同，防治方法均可参考前面所述。

二、蛀干性害虫及其防治

蛀干性害虫以咀嚼式口器钻蛀植物干、枝、梢、茎秆、蕾、果等，破坏植物的输导系统，造成枝干千疮百孔、残干断枝。加之多数蛀干性害虫喜欢危害生长势衰弱的植物，这就等于对加速衰弱植物的死亡起了推波助澜的作用。蛀干性害虫主要种类有：鞘翅目的天牛类、吉丁虫类、小蠹甲类；鳞翅目的木蠹蛾类、透翅蛾类、夜蛾类、卷蛾类、螟蛾类；膜翅目的茎蜂类、树蜂类以及同翅目的蝉类，等翅目的白蚁类等。

（一）蛀干性害虫的识别方法

1．从被害状上识别

从植物的整体上看，生长势衰弱并有枯死枝，叶片生长无缺刻、卷缩及病叶的情况下，就可考虑是否有蛀干性害虫的危害。如果发现树枝干有排粪孔、羽化孔、产卵槽等伤痕，且伤痕比较新鲜，则说明有天牛类害虫在其中，然后根据伤痕的特点再进一步识别是哪一类天牛；如枝干上有一块块浸出液体、坏死斑，则是吉丁虫类的可能性大；如在枯死的枝上有针尖大小的小孔，剥开树皮在木质部表面有细的潜痕，且潜痕往往有规则，可能是小蠹甲类；如有蛹壳留在枝干上则可能是木蠹蛾类；如枝条上或幼苗干上有虫瘿、瘤体，则可能是透翅蛾类（也可能是枝天牛类）；如新梢萎蔫则可能是螟蛾类、茎蜂类；如羽状复叶干枯则可能是小卷蛾类，朴树上有好似果实累累的虫瘿可能是北京枝瘿象甲；枝条上有锯痕或指甲印痕可能是蝉类等。总之从被害状上就可初步对害虫进行识别。

2．从排泄物上识别

多数蛀干性害虫虽大部分时间在枝干内生活，但往往将粪便有一部分排出树外，通过识别粪便可识别害虫。如从树干上排出的虫粪和木屑是丝状，多为天牛类；排出的粪便和木屑是粒状并粘成串，多为木蠹蛾；排出的粪便在松梢皮外则可能是松夏梢小卷蛾；排出的粪便和木屑成粗粉状则可能是象甲类；在羽状复叶基部有充分可能是叶柄小卷蛾等。即便是同一类害虫其粪便和木屑的形状、颜色大小也都不一样，这些均可作为识别害虫的依据。

3．从害虫特点上识别

蛀干性害虫大部分时间在植物内营隐蔽生活，但某一虫态，某一时期要出木，即可作为识别的根据。有条件的可剥开植物，直接找到害虫进行识别。

（二）蛀干性害虫的防治方法

1．加强栽培管理，提高生长势

蛀干性害虫难于发现，发现后也难于防治，防治后也难于恢复原状，故预防工作是关键。

因为很多害虫喜危害树势弱的树木，所以，预防的根本措施是提高生长势。

2．抓紧时间消灭害虫于外出活动期

大部分害虫是成虫期外出补充营养、交尾、寻找繁殖场所等，所以此期能直接接触防治手段，防治效果相对较好。

3．消灭幼虫

一旦害虫进入枝干，虽防治困难，但也不能等闲视之任其发展，要采取积极的态度，采取多种补救措施，如用堵塞、灌药、挖除等方法消灭其中害虫。

4．消灭虫源木

很多植物死于蛀干性害虫，死后作为枯立木或伐倒木，如不及时处理，害虫则继续生长繁殖，外出后又去寻找新的危害对象，使害虫不断扩大，导致害虫危害的恶性循环，所以对死亡枝、死亡树要及时进行处理，消灭其中害虫，如药物熏蒸处理、焚烧处理、深埋处理、水泡处理等。

（三）园林植物上主要蛀干性害虫及防治

1．天牛类

（1）危害。属鞘翅目，天牛科。它对植物的危害，一方面成虫羽化后生殖器官还未完全成熟，需大量地补充营养，所以成虫往往取食植物的叶片、嫩皮，造成植物叶片残缺不全或嫩枝干枯；另一方面是幼虫蛀食枝干，将木质部、韧皮部蛀食成各种形状的隧道，或将木屑或虫粪填充在木质部和韧皮部之间，最终导致植物的输导组织被破坏，降低植物的输导功能，而使植物枯死。

（2）形态。成虫小至大型，体长筒形略扁，触角鞭状，复眼肾脏形围于触角基部。鞘翅色暗，翅面上常有白色或淡色毛斑。幼虫体圆筒形，白或淡黄色，头短小，前胸背板宽而平，胸足短小或退化，如图 8-10 所示。

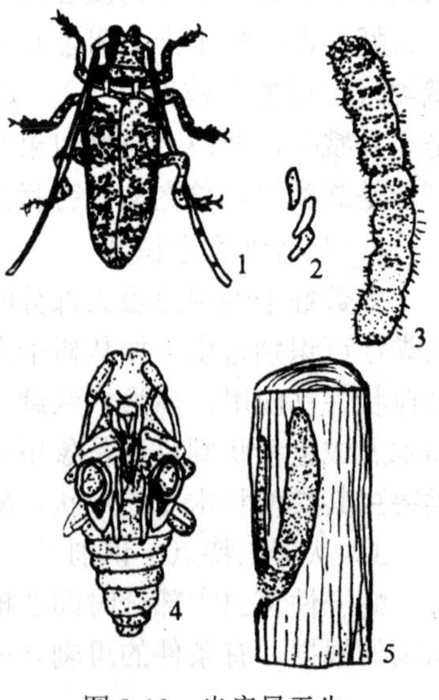

图 8-10　光肩星天牛

1——成虫；2——卵；3——幼虫；4——蛹；5——危害状

（3）发生特点。一年 1 代或 2～3 年 1 代，多以幼虫或成虫在被害木的虫道或蛹室内越冬。多数种类 6～8 月是羽化盛期，少数种类 3～4 月是羽化盛期，成虫羽化后进行补充营养、交尾，产卵于树缝或自咬的产卵槽内。幼虫孵化后蛀入韧皮部危害，然后再蛀入木质部危害，在韧皮部危害的时间因种类而有长有短。幼虫蛀食的方向、蛀道形状也因种而不同。幼虫在蛀道内蛀食，随时排出粪便和木屑。这是发现天牛危害的重要标志。

（4）防治。

① 消灭成虫。由于天牛个体较大，飞翔能力差，又

有假死性，所以在条件允许时可于清晨摇树或枝进行人工捕捉。如果发生严重，危害面积大就要在成虫外出盛期进行喷药防治，可用胃毒剂或触杀剂，如 1 000～2 000 倍的 2.5%的溴氰菊酯或 1 000～1 500 倍的 20%的菊杀乳油等。还可根据成虫喜危害弱树的习性进行饵木诱杀。如用伐下新鲜柏树枝条于 3～4 月放于柏树周围，等双条杉天牛产卵后于 5 月后烧掉。

② 消灭幼虫。一般幼虫蛀食一段木材后则咬一个排粪孔，向外排粪，这样可通过新鲜的排粪孔向树内堵塞农药，如堵毒笔、毒签、毒泥、毒药等，以此来减少害虫的危害，或于幼虫初卵化盛期往有孵槽的枝干上喷 500～800 倍的 20%菊杀乳油。也可在树木周围的大根上或干基部用高压注射器往树体内注射 10 倍的 40%氧化乐果乳油，一般干径 15cm 以下的树可打 2 针，每针用药量可按每厘米干径用 15～25 毫升药剂计算。

③ 加强水肥管理，提高植物生长势；及时剪除被害枯死枝条和枯死树并及时作消灭虫源的处理，可将伐下的有虫木用磷化铝熏蒸，按每立方米用药 3 克来计算用药量。将药剂放于有水的盆内，将盆放于密闭的遮盖虫源木的塑料布内。

2．吉丁虫类

（1）危害。吉丁虫属鞘翅目吉丁虫科。对园林植物的危害主要是以幼虫在皮层下、布质部表面或根部蛀食，并将粒状虫粪和木屑填塞于蛀道内。同时使受害部位的皮层流出黑色树液，继而腐烂。腐烂后龟裂呈鳞片状，严重影响树木的输导功能。其次，成虫也取食叶片补充营养。

（2）形态。成虫小至大型，常具鲜艳的金属光泽，外形似叩头虫，但前胸与中胸结合紧密而不能活动。幼虫体乳白色，头小内缩，前胸扁宽，腹细棒状，形如“丁”状，故称吉丁虫，如图 8-11 所示。

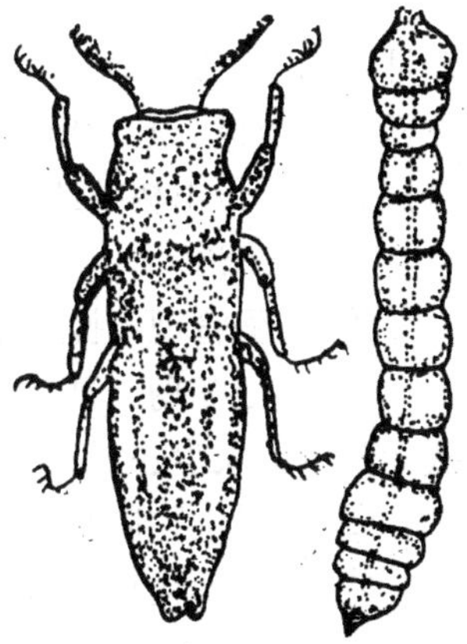

图 8-11　合欢吉丁虫

1——成虫；2——幼虫

（3）发生特点。多数为一年 1 代，少数为 2～3 年 1 代。以幼虫在被害枝干的木质部内越冬。多数 4 月份开始活动危害，6 月份为羽化盛期，成虫有补充营养的习性，有假死性，略有趋光性，喜高温、厌阴雨，喜弱树和新移栽的树木。幼虫孵化后蛀入皮层，被害处变黑并流出棕色或黑色树液。

（4）防治。

① 加强养护管理，提高树势。特别是弱树和新移栽的树木。

② 及时伐除受害重和濒临死亡树，减少虫源。

③ 于幼虫初孵危害时往被害处（以流液体为标志）涂抹 1:1 的煤油和溴氰菊酯混合液，或直接刮除，消灭其中幼虫。

④ 于成虫羽化盛期往树冠及枝干上喷 1 500～2 000 倍的 20%菊杀乳油等。

⑤ 在管理的同时，可人工捕捉成虫。

3．木蠹蛾类

（1）危害。木蠹蛾属鳞翅目，木蠹蛾科，是阔叶树的主要害虫之一。以幼虫蛀入树皮后渐次蛀入木质部内，往往蛀成粗大杂乱的隧道，特别喜在干基 2m 以下和主干枝分叉处危害，除影响植物输导功能外，极易造成枝干风折或枯死。

（2）形态。成虫中至大型，体粗状，前后翅中室内保持中脉干，其分支将中室分成几个小翅室。幼虫头小体粗状，多黄、红色，如图 8-12 所示。

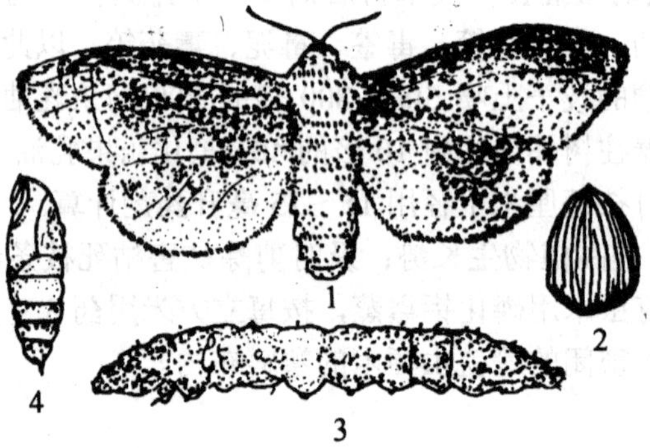

图 8-12　芳香木蠹蛾

1——成虫；2——卵；3——幼虫；4——蛹

（3）发生特点。一年 1 代或 2～3 年 1 代。以幼虫在被害的枝干内越冬。一般成虫于 6～7 月羽化，产卵于树皮裂缝处或羽化孔内，有趋光性，并喜欢在衰弱的树上产卵。孵化的幼虫常数头群集一起从伤口、被害孔等处蛀入危害，蛹于树干或土壤中，羽化时多数种类喜欢将蛹壳一半带出树外或地面。

（4）防治。

① 加强管理，提高生长势是防治木蠹蛾的关键，因为此害虫喜欢危害生长势弱的植物。

② 结合冬剪，剪除虫多枝，伐除虫多树，并对剪掉的枝条和伐除的树木进行熏蒸、烧毁等处理，减少虫源。

③ 注射生物制剂——芫菁夜蛾线虫液，使用浓度为每毫升含线虫 1 000 头。

④ 幼虫孵化期向枝干喷 1 000～1 500 倍的 50%杀螟松乳油或向有新鲜粪的排粪孔堵塞药剂。

⑤ 灯光诱杀成虫或人工捕捉成虫。

4．小蠹甲类

（1）危害。小蠹甲类属于鞘翅目，小蠹甲科，是松、柏、杉树的主要蛀干性害虫之一。以成虫蛀孔侵入皮下，在木质部表面蛀食母坑道，在母坑道内产卵、孵化的幼虫向朱坑道的两侧或四周蛀食子坑道。母子坑道一起使得韧皮部和木质部分离。加之小蠹甲主要危害衰弱的和濒临死亡的树木，所以小蠹甲的发生加速了树木的死亡。

（2）形态。成虫体小型，体长不超过 8mm，长椭圆形，触角锤状，头较前胸狭，前胸背板发达，盖住头部。幼虫体乳白色，无胸足，弯曲状，如图 8-13 所示。

（3）发生特点。一般一年 1 代，少数一年 2 代或多代。多数以成虫，少数以幼虫或蛹在被害枝干内越冬。成虫外出期因种不同而差异较大，雌虫一生能多次产卵，所以各虫态重叠现象严重。小蠹甲多数为单食性或寡食性，喜衰弱的树木。

（4）防治。

① 加强肥水管理，提高生长势，古树进行复壮，预防和减少危害。

② 剪除新枯死枝，伐除已死树，并进行处理，消灭虫源。

③ 在成虫外出期进行饵木诱杀或喷药防治。

④ 保护和利用天敌。

5．透翅蛾类

（1）危害。透翅蛾属于鳞翅目，透翅蛾科，是苗圃、幼树的重要蛀干性害虫。以幼虫蛀食枝条或幼干，被害处往往膨胀成椭圆形虫瘿，极易风折或整枝、整树枯死或使被害枝枯萎下垂徒生侧枝。如葡萄透翅蛾等。

（2）形态。成虫小至中型，体、翅狭长，体一般黑色、暗青色，有红、黄等斑纹，前翅大部分透明，仅翅缘、脉纹上有鳞片，后翅三角形透明。幼虫乳白色，无斑纹，腹部第 8 节气门着生位置偏上，而较大，如图 8-14 所示。

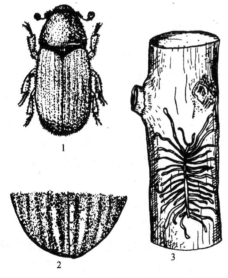

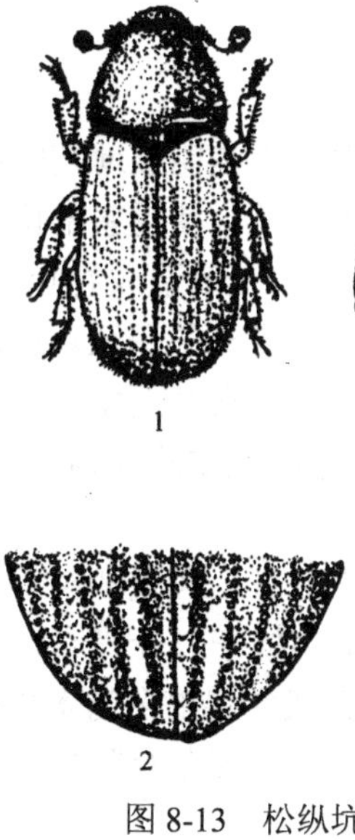

图 8-13　松纵坑切梢小蠹

1——成虫；2——成虫鞘翅末端；

3——松树边材上的坑道

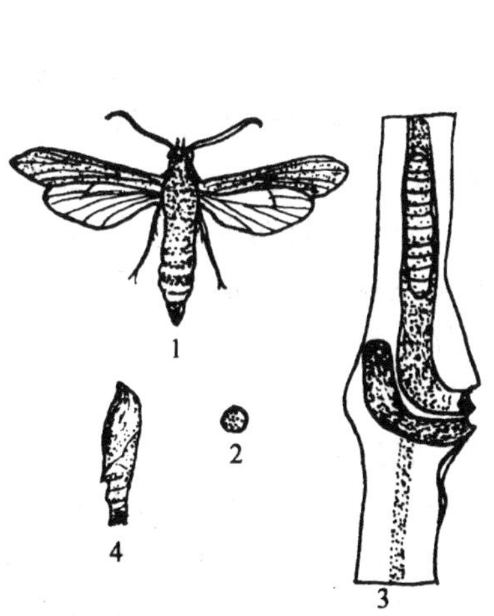

图 8-14　白杨透翅蛾

1——成虫；2——卵；

3——幼虫危害状；4——蛹

（3）发生特点。一年 1 代。以幼虫在被害枝内越冬，5～7 月是成虫羽化盛期，成虫有趋光性，产卵于叶腋、伤痕等缝隙处。初孵幼虫先危害皮层，蛀孔附近常堆有褐色虫粪，然后蛀入木质部，引起被害组织膨胀，形成虫瘿或造成弯曲隧道，破坏输导系统。

（4）防治。

① 于幼虫初孵潜入期向受害枝干上涂抹溴氰菊酯泥浆（2.5%溴氰菊酯乳油 1 份，黄粘土 5～10 份加适量水和成泥浆）或每隔两周喷一次 800～1 000 倍的 50%杀螟松等。

② 剪除新受害的虫枝，消灭其中幼虫，或向排粪孔注射 50 倍 50%的二溴磷乳油等。

③ 灯光诱杀成虫，并注意保护天敌。

除以上介绍外，还有很多蛀干性害虫，如螟蛾类的大丽花螟蛾、松梢螟，主要钻蛀花卉的茎秆或松梢，造成花卉枯萎或新梢萎蔫；茎蜂类，钻蛀新梢造成新梢枯萎；夜蛾类的棉铃虫、贪夜蛾，钻蛀花蕾、花朵和果实；卷蛾类的松梢小卷蛾蛀食新梢，造成新梢弯曲枯萎；国槐叶柄小卷蛾，钻蛀枝条造成复叶落叶而秃枝；蝉类锯破树皮，产卵于枝条内，造成枝条失水干枯等。对于这些害虫的防治，均可采用及时剪除被害枝梢，消灭其内害虫或喷药的方法进行防治。

三、刺吸性害虫

（一）刺吸性害虫的识别方法

1．从被害状上识别

刺吸性害虫的口器均为刺吸式或锉吸式口器类型，所以其危害状不是明显地切断或咬破植物器官，而是吸取植物的汁液，掠夺植物的营养，造成植物营养不良，使受害部位呈现出失绿、发黄、皱缩、卷曲、畸形、虫瘿、器官萎蔫等。在这些被害状中一般造成卷叶或皱缩，周围又有油质分泌物的多是蚜虫和木虱危害；在叶片正面出现针鼻儿大小的褪绿黄斑，且多集中在叶基主脉两侧，发生严重者整株焦叶、落叶的多为红蜘蛛危害；在叶面主脉两侧发黄发白、叶背发黑的多为军配虫危害；叶面均匀褪色，叶背有大量发白的脱皮的多为叶蝉危害。

2．从排泄物上识别

刺吸性害虫其排泄物很明显，不同种类排泄物区别较大。如在树叶、树枝和树下的地面及物体上有大量油质污点，即“虫尿”，则多是蚜虫类所致；如植物枝干、叶尚有白、褐、灰等色的壳体，则为介壳虫所为；叶片上（特别是叶背）有白的絮状丝绵物多为木虱所为；在叶脉间、叶间、枝间有闪亮的细丝则多为红蜘蛛所为；如叶背有大量黑色片状排泄物则多为军配虫所为等。

（二）刺吸性害虫的防治方法

（1）创造不利于害虫的环境条件。大多数刺吸性害虫喜高温、干旱或阴暗、窝风的条件，所以在栽培管理上首先要创造通风透光的条件，使其不利于害虫的生长发育和繁殖。

（2）害虫的危害期喷药。由于害虫繁殖能力强，在做好预防工作的条件下，一旦发生危害要及时喷施内吸剂或触杀剂，由于害虫发生的代数多，所以只要条件允许要定期喷药，以达到控制害虫发生的目的。

（3）土施内吸剂。由于害虫均吸取植物汁液，所以土施内吸剂可使植物吸收，植物体液中存在药剂能更好地起到保护作用，同时土施农药比喷施农药对环境的污染小。

（三）园林植物上主要刺吸性害虫及其防治

1．红蜘蛛类

（1）危害。红蜘蛛又称叶螨，是蛛形网、蜱螨目、叶螨科的一类动物，俗称“火龙虫”。它不属于昆虫，但属于害虫，是园林上主要刺吸性害虫之一。一方面以成螨和若螨刺吸植物汁液，特别喜群居在叶背主脉两侧，消耗植物营养，造成植物叶片发黄发白；另一方面吐丝拉网，吸附尘埃，直接影响植物的光合作用，此外，在害虫对植物刺吸危害的同时，传播病毒等病原，诱发植物发生病害。

（2）形态。体形微小，大多 0.2～1.0mm，圆形或椭圆形，呈红、黄、褐、橙、绿等色，体上有斑纹，成螨具 8 条足，如图 8-15 所示。检查时可将白纸放于植物枝叶之下，轻轻摇动枝条，然后在光下检查有针尖大小的活动体，再借助于放大镜即可观察。

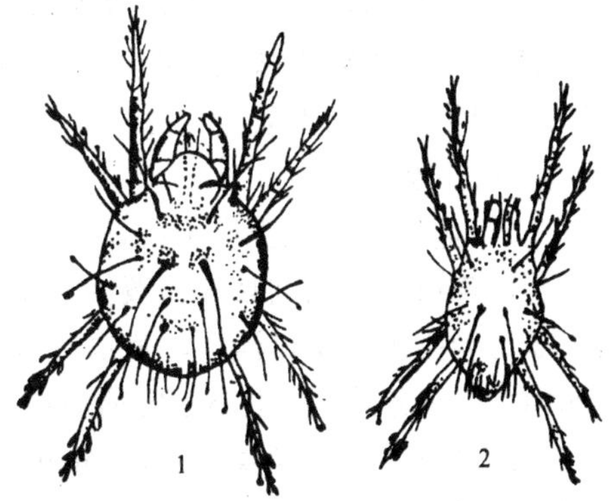

图 8-15 苹果红蜘蛛

1——雌成虫；2——雄成虫

（3）发生特点。每年发生 10 多代，由于种类不同，故越冬虫态和场所有差异，每年 4～10 月为危害期。喜高温干旱和窝风的环境，故此每年 6～7 月发生严重。

（4）防治。

① 虫量发生少时，可通过修剪、倒花盆等手段创造通风透光的条件，还可喷 0.1～0.3 度的石硫合剂或清水冲洗。在干旱季节注意及时浇水，一方面增加湿度，另一方面补偿因干旱和螨害所造成的植物失水。

② 虫量多的小树可于 5 月上、中旬根施 15%铁灭克颗粒剂，按树木干径每厘米用药 1～3 克的用药量。注意施后覆土浇水。要注意已结食用果实的树木和饮用水源附近不能用。

③ 虫量多的大树可于发生盛期喷施杀螨剂，如 1500～2000 倍的 5%的尼索朗如油，或 1 800～2 000 倍的 20%灭扫利等。

2．介壳虫类

（1）危害。介壳虫属于同翅目介总科，俗称“树虱子”，是昆虫中最奇特的一个类型。以若虫和雌成虫，固定于植物体上，无休止地吸取植物汁液，使植物褪色、变黄、营养不良，甚至死亡。另外，由于介壳虫数量多，分泌的蜡质覆于体上，直接影响植物的光合作用，造成植物生长势降低。

（2）形态。不同种类的介壳虫有不同的形态特点。除草履介外，一般若虫和雌成虫为圆形或椭圆形。雄成虫有一对翅，后翅退化成平行棒，翅具一条分叉的翅脉。介壳的形态和颜色也各异，形态大多为圆形、椭圆形、长形、三角形。颜色大多为白色、褐色、灰色等，如图 8-16 所示。

（3）发生特点。大多每年发生 1～4 代，以若虫和受精的雌成虫在枝条上或受害部位上越冬。除草履介外，一般介壳虫均是孵化后 1～2 龄能自由活动，寻找合适的取食地点，然后固定取食危害，并分泌蜡质覆于体上，形成介壳。其繁殖方式除两性生殖外，更多的是进行孤雌生殖。

（4）防治。

① 人工剪除虫多枝或虫多叶或用钢丝刷刷掉。

② 休眠期在虫多枝干上刷 20～25 倍的 20 号石油乳剂。

③ 初孵幼虫期喷施内吸杀虫剂，如 40%氧化乐果 1 000 倍等。

④ 幼虫危害期土施 15%铁灭克颗粒（用药量参考红蜘蛛）。

⑤ 保护和利用天敌。

3．蚜虫类

（1）危害。蚜虫类属于同翅目，蚜总科，是园林三大小型刺吸性害虫（蚜、螨、蚧）之一。以若虫和成虫刺吸植物液体，使植物出现斑点、卷叶、皱缩、虫瘿、肿瘤等多种被害状。蚜虫能排出大量排泄物，是煤污病菌的天然培养基，从而诱发煤污病，严重影响植物光合作用。除此之外，蚜虫还是传播病毒病和其他病害的重要媒介，造成虫害病害的恶性循环。

（2）形态。体小而柔软，1～4mm，多态型。触角丝状 6 节，如图 8-17 所示，腹部第 6、7 腹节背上有一对腹管是排泄蜜露的管道，腹末端有一个尾片。常群集于植物幼嫩部位。

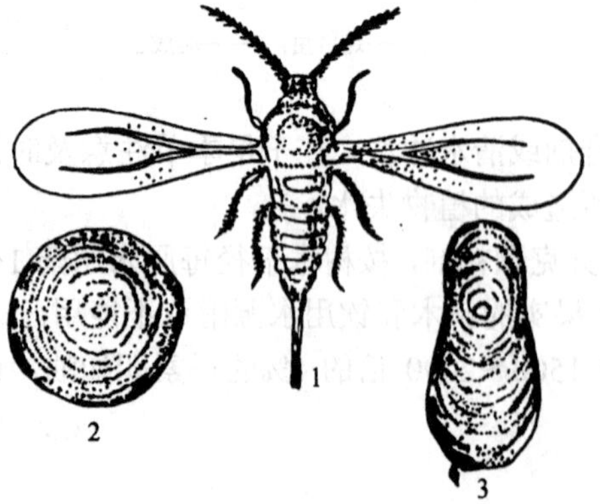

图 8-16　梨园蚧

1——雌成虫；2——雌成虫介壳；3——雄成虫介壳

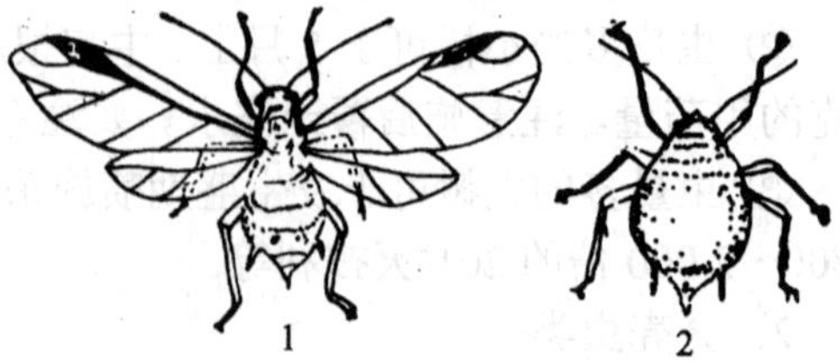

图 8-17　槐蚜

1——有翅蚜；2——无翅蚜

（3）发生特点。每年发生 10～20 代，以卵在不同场所越冬，每年 3～11 月是危害期，因喜干旱、高温的环境，所以 5、6 月是危害的第一高峰期，9～10 月是危害的第二高峰期。对黄色有趋性。

（4）防治。

① 在发芽前，可结合防治红蜘蛛喷 3～5 度的石硫合剂进行杀卵。

② 害虫发生期 5～6 月是防治的关键，可喷 1 000 倍的 40%氧化乐果等内吸杀虫剂。

③ 对于小树可根埋 15%的铁灭克颗粒剂，施后覆土浇水。

④ 保护和利用天敌，如瓢虫、食蚜蝇、草蛉、寄生蜂等。

⑤ 可进行黄板诱杀，在黄色木板上涂上胶或凡士林等粘物，插在植物间，并略高出植物。

⑥ 发生量小的可直接用水冲。

4．粉虱类

（1）危害。粉虱类属于同翅目，粉虱科。以幼虫和成虫群集叶背，吸取汁液，使叶片枯黄、脱落。同时分泌絮状拉丝和蜜露，诱发煤污病，影响光合作用。

（2）形态。成虫是白色小蛾子，体微小，1～1.3mm。翅短而圆，翅脉简单，前翅脉 2～3 条，后翅脉仅 1 条，如图 8-18 所示。体和翅均具有白色蜡粉。幼虫 0.5mm 左右，幼虫和成虫腹部末端的背面有一个特殊的管状孔，由此排出蜜露。

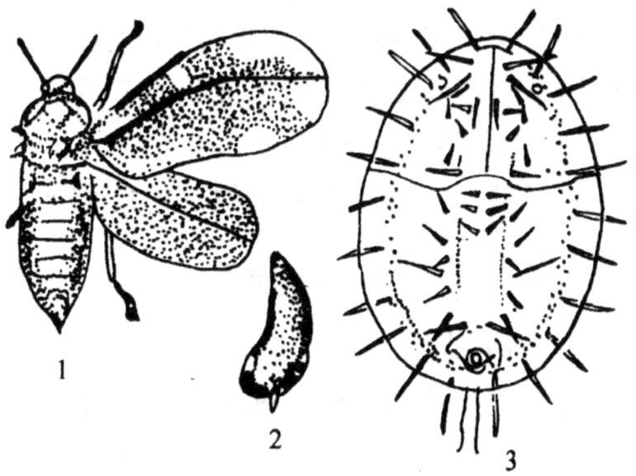

图 8-18　黑刺粉虱

1——成虫；2——卵；3——蛹壳

（3）发生特点。一年多代，以幼虫和拟蛹在叶背或杂草上越冬（温室各虫态均可越冬）。第二年 4 月开始出现成虫，交尾、产卵。初孵幼虫能活动，而第一次蜕皮后，即失去触角和胸足，呈扁椭圆形，固定在植物体上危害，形似介壳虫。幼虫有 3 龄，第三龄蜕皮后形成拟蛹。粉虱繁殖的适宜温度是 20℃左右，代数多，繁殖力强，世代重叠现象严重。成虫喜在嫩叶背面危害和产卵，并喜黄色。

（4）防治。

① 温室内发生时可用熏蒸的方法。用 80%敌敌畏乳油加水 150 倍稀释后，均匀洒于摆花处的地面上，按温室面积每平方米用 25～50ml 的药量，关好门窗，2 小时后打开。注意新出土幼苗易受害。

② 危害期喷药。可用扑虱灵 2 000 倍或速灭杀丁 3 000 倍效果较好。

③ 土施 15%铁灭克颗粒剂（参考红蜘蛛用法）。

④ 利用菊黄色塑料板涂上凡士林放于花卉中，并略高出花卉，摇动花卉诱成虫。

⑤ 清除杂草减少虫源，并保护天敌。

除以上介绍种类外，刺吸性害虫还有：蓟马类，形似小蚂蚁；叶蝉，0.2～1cm，形似“缩小的蝉”；木虱类，形似蚜虫，但没有腹管；盲蝽类，大小 0.5～1cm，长椭圆形，无单眼；网蝽类，0.2～0.4cm，前胸背板和前翅均呈网纹状膜等。对这些害虫的防治均可参考前面几种刺吸性害虫的防治方法。

四、地下害虫

（一）地下害虫的识别方法

1．从被害状上识别

地下害虫是指危害植物根系和根际部的害虫。主要种类有蛴螬、蝼蛄、地老虎、金针虫、种蝇等。当发现新鲜的幼苗萎蔫时，手拉则断，观察地表根际部分皮层被咬坏，多为地老虎类；如果幼苗根系被咬坏，而土壤内没有明显隧道的多为蛴螬或金针虫危害；如被害处的地面有明显隧道多为蝼蛄；如果苗子生长势差，不缓苗，拔出发现根系上有白色小虫则多为根蚜；如果幼苗的幼芽和嫩叶被吃则多为象甲类等。

2．从形态上进行识别

参考以下各类地下害虫的形态的描述。

（二）地下害虫的防治方法

1．消灭成虫

地下害虫的大部分时间生活在地下，一般只有成虫期往外出，所以抓住外出期进行防治是关键。

（1）可根据害虫的某些习性进行防治。如利用假死性进行人工捕捉；利用趋光性进行灯光诱杀；利用趋化性进行糖醋液诱杀、毒饵诱杀、鲜草诱杀、枯萎的杨叶诱杀等。

（2）在成虫外出期喷药，一般使用胃毒剂或触杀剂。

2．消灭幼虫或地下所在虫态

（1）播种前可进行土壤消毒和种子消毒。

（2）幼虫危害期可在花卉、苗木周围撒施农药，然后中耕将药翻入土中。

（3）幼虫危害期可在花卉、苗木根部浇灌农药。

（三）园林植物上常见的地下害虫及其防治

1．蝼蛄类

（1）危害。蝼蛄属于直翅目，蝼蛄科，俗称“拉拉蛄”、“土狗子”。食性很杂，是苗圃、花圃、草坪土壤中的主要害虫之一。以若虫和成虫咬食幼苗的根和嫩茎以及刚播下的种子，同时将土壤扒成很多隧道，使幼苗根系与土壤分离，导致幼苗死亡或把幼苗拱倒，最终使苗木缺苗断垄。

（2）形态。体大型，圆柱形，前足开掘足，前翅短，后翅宽，后翅纵卷成筒状伸出腹末呈尾状，尾须长，如图 8-19 所示。

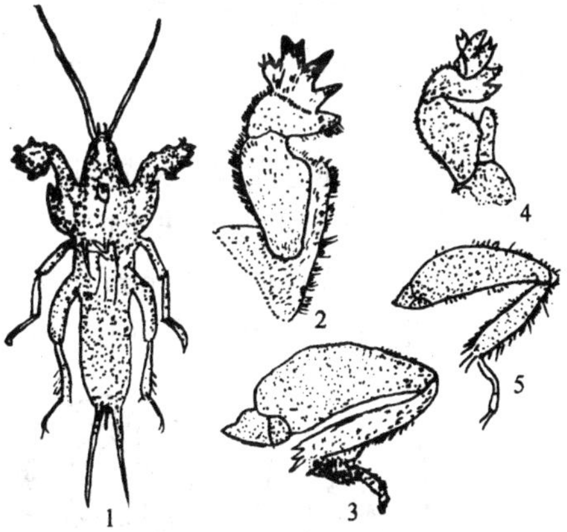

图 8-19　蝼蛄

1——华北蝼蛄成虫；2、3——华北蝼蛄的前足和后足；4、5——非洲蝼蛄的前足

（3）发生特点。1～3 年发生 1 代。以成虫和若虫在深土层中越冬，春季气温达 8℃时开始活动，12℃以后进入危害期，5～6 月危害最重，7～8 月潜至 20～30cm 的土下产卵，8 月下旬至 9 月又迁回地表危害，10 月下旬开始越冬，有趋光性，趋湿性，趋香甜味、马粪味、粪肥味等。

（4）防治。

① 用高压电网灭虫灯或黑光灯诱杀成虫，在晴天无风闷热气候效果好。

② 用毒饵诱杀。90%敌百虫 50g 加炒香的麦麸 5kg 加适量水制成，在苗间隔一定距离（20m）挖一 30～40cm 的坑，放入毒饵再覆土。

③ 用 15%铁灭克或 3%呋喃丹或 20%盖舒宝颗粒剂施于沟内并覆土浇水。

④ 用 50%辛硫磷 1 000 倍浇灌根部，傍晚效果好，因蝼蛄活动旺盛，加之药剂分解慢。

2．蛴螬类

（1）危害。蛴螬类属于鞘翅目，金龟子科。俗称“白地蚕”，是危害草坪、花卉、树苗的主要地下害虫之一。对植物造成的危害：一方面咬食根系或根茎皮层，影响苗木生长，甚至死亡，加之对根系造成伤口，传染根部病害；另一方面以成虫咬食植物的叶及花等，是重要的食叶害虫或食花害虫。

（2）形态。成虫（金龟子）体中型，椭圆形，触角鳃叶状，体表坚硬、平滑，有金属光泽，色彩多钟。鞘翅短，致使臂板外露。幼虫（蛴螬）体长 2～3cm，近圆筒形，肥胖柔软，头黄褐色，体乳白色或乳黄色，密被棕褐色细毛，胸部背面横皱，寡足型，静止时常弯曲成“C”字型，如图 8-20 所示。

（3）危害特点。大多 1 年 1 代，以成虫或幼虫在土中越冬，4 月份开始活动危害，夏季高温时越夏，夏末秋初又继续危害。喜有机质多、湿度大、生茬地、豆茬地、厩肥施用多的土壤，小雨连绵的天气危害猖獗。成虫有趋光性和假死性。

（4）防治。

① 消灭成虫。根据趋光性可进行灯光诱杀。根据假死性可进行人工捕捉。成虫发生期喷药，如 1 000 倍的 50%辛硫磷等胃毒剂或触杀剂。

② 消灭幼虫。在播种、扦插、埋条、移栽等前进行土壤处理，即在翻地后整地前每亩撒施 4kg 5%辛硫磷颗粒剂，然后整地作畦；也可沟施农药或浇灌农药（参考蝼蛄）；还要注意施用腐熟肥，秋耕深翻土壤，冬灌冻水，中耕杂草等；注意保护和利用天敌。

3．地老虎类

（1）危害。地老虎属于鳞翅目，夜蛾科。俗称“切根虫”。幼虫咬食植物根系、幼茎、木质部、茎干的皮层，使整株死亡。

（2）形态。成虫体长 20mm 左右，体灰褐色，前翅上有环状纹、剑状纹、肾状纹，均匀黑色，后翅灰白色。幼虫圆筒形，体长 50mm，灰黑褐色，密布黑色点粒，如图 8-21 所示。

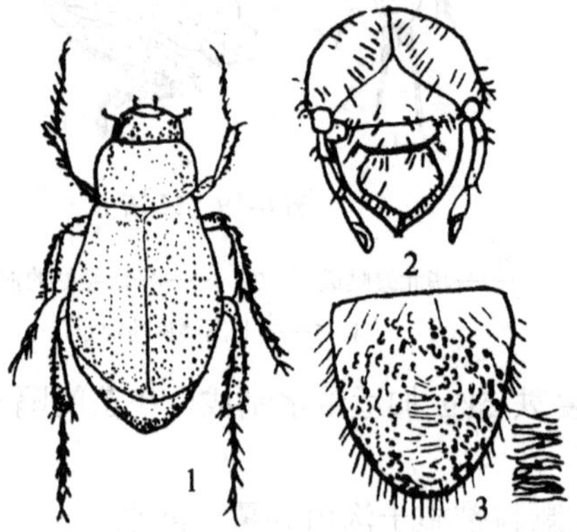

图 8-20　铜绿丽金龟

1——成虫；2——幼虫头部；3——幼虫肛腹片

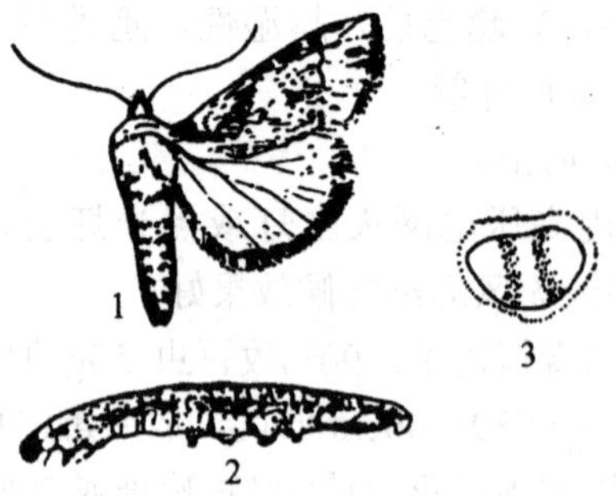

图 8-21　小地老虎

1——成虫；2——幼虫；3——幼虫腹末臀板

（3）发生特点。以小地老虎为例，北京地区每年发生 3 代。以蛹和老熟幼虫在土中越冬。4～5 月成虫羽化，5 月中、下旬幼虫危害最重，其他危害期是 8 月上中旬、9 月下旬到 10 月，10 月下旬越冬。成虫有趋光性，趋酸甜味、发酵物质味和枯萎杨树叶等气味。

（4）防治。

① 成虫期可进行诱杀。如灯光诱杀，糖、醋液诱杀，枯萎杨树叶诱杀等。

② 加强田间中耕除草，减少成虫产卵场所及幼虫食料。

③ 于幼虫危害期（最好 3 龄前）使用 50%杀螟松乳剂 1 000 倍等进行喷雾。

④ 毒饵诱杀幼虫，用新鲜多汁的杂草切碎 50kg，拌匀 5～10 倍的 90%敌百虫原药，于傍晚撒在苗床上以诱杀幼虫。

4．金针虫类

（1）危害。金针虫属鞘翅目金针虫科。其成虫是叩头虫，主要以幼虫咬食苗木幼茎、嫩根或种子，幼苗受害后逐渐死亡。

（2）形态。成虫体长 2cm 左右，体扁平，深褐色，末端尖削，体上密布金黄色细毛。当虫体被压时，头和前胸能作叩头状活动。幼虫身体细长，圆柱形，皮肤光滑坚硬，头和末端特别坚硬，故称铁丝虫、黄荚子虫，颜色多为黄色或黄褐色，如图 8-22 所示。

（3）发生特点。2～3 年 1 代。以成虫或幼虫在土中越冬。4～5 月成虫出土，5 月幼虫孵化危害，一直到第三年 8、9 月化蛹。

（4）防治。

① 成虫出土期喷药，如 1 000 倍的 20%菊杀乳油。

② 于播种时在苗床或播种沟内撒药。如每平方米用 5%辛硫磷颗粒剂 1～5g 拌细土 30 倍。

③ 拌种。用 50%辛硫磷乳油 0.5kg 加水 5kg，拌种 50～100kg。

④ 危害期根部浇灌药剂。如用 1 000 倍的 90%敌百虫或 1 000 倍的 50%辛硫磷等。

除前所述，地下害虫还有大灰象甲、蒙古象甲、种蝇、大蟋蟀等，对植物根、幼茎和嫩芽的危害也很严重，防治方法参考其前面四种。

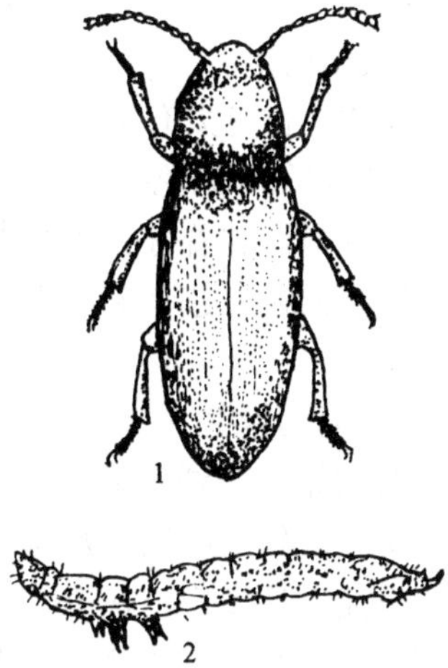

图 8-22　钩金针虫

1——成虫；2——幼虫

第二节　园林植物病害及其防治

植物病害是由于有害生物和不良环境引起的。有害生物包括真菌、细菌、病毒、类病毒、雷俊肢体、线虫、寄生性种子植物等。不良环境主要包括：营养物质的缺乏与过剩；湿度的过高与过低；水分的过多与过少；植物所需气体、土壤、水分的污染等。这些引起植物发病的原因称为病原，根据病原的不同，植物病害往往人为地分为五大类，即真菌性病害、细菌性病害、病毒类病害、线虫病害及其他。

一、真菌性病害

在侵染性病原中，真菌造成的病害最常见，占园林植物病害的 80%以上，往往对植物造成很大损害。

（一）真菌的基本知识

1. 真菌是一类没有叶绿素和根、茎、叶分化的异样微生物

真菌种类多，分布广，数量大，和人类的关系非常密切：一方面它会使人类、植物、动

物得病；另一方面，又可以为人类服务。

2．真菌的形态

真菌的个体有大有小，差别很大，但均有营养体和繁殖体之分。营养体是由很多菌丝组成。菌丝为有色和无色、有隔膜或无隔膜的管状细丝之分，菌丝的生长是靠从植物或其他有机体上吸取养料，过着寄生或腐生或二者兼有的生活，这样就可能导致植物生病。真菌的繁殖体是菌丝生长到一定阶段形成的，包括真菌繁殖的基本单位——孢子和产生孢子的器官——子实体。

3．真菌的繁殖

真菌的繁殖是通过有性繁殖和无性繁殖交替进行的。无性繁殖是不经过两性细胞的结合，直接从菌丝上产生繁殖器官，繁殖方法比较简单、快速，数量多，在生长季进行，且一个生长季能循环多次，使植物多次发病。有性繁殖是通过两性细胞的结合而产生繁殖器官，繁殖缓慢，数量少，在秋冬季进行，且一年只有一次，是度过不良环境的休眠器官。

4．真菌的发育环境

真菌的发育需要高湿度，特别是孢子的萌发则需95%以上的湿度。真菌的发育一般在1～36℃的温度范围内，28～30℃最适真菌的生长，相对而言，真菌不耐高温而耐低温，真菌的发育大多是好气性的，并对酸碱度的要求是以5～6为佳。

（二）真菌病害的鉴定

1．症状识别

病害的发展是要有一个过程的，即病原侵入到植物体以后，使植物体由绿变黄，再变褐或黑，最后形成病斑，并在病斑上着生病原物。所以凡是既看到植物的不良变化，又看到病原物的（寄生性种子植物除外），可初步确定为真菌。然后再对病原体作进一步的鉴定，可在显微镜下直接观察或作徒手切片观察，最后确定是何种病原。

2．人工诱发法

取下病组织在人工培养基上进行分离培养，接种到植物体上，再分离培养，然后进行对比，最后作出鉴定。

（三）真菌病害的防治

真菌病害在植物病害中是非常普遍的，防治方法主要有如下三种：一是减少病菌的来源；二是创造不利于病害发生发展的环境条件；三是直接消灭病原物。

（四）常见的真菌性病害及防治

1．叶部真菌性病害

（1）症状。叶部真菌性病害主要是影响植物的光合作用，造成叶片早落，使植物生长势降低，诱发其他类型的病害，降低园林观赏效果。叶部病害很多，其症状表现主要有：白粉病类，叶片或幼嫩部位覆一层白粉，有的种类到病害的后期白粉上着生很多黑色小点粒；锈病类，叶片及芽上散生很多黄褐色的锈粉；煤污病类，叶片叶面生长一层黑色煤粉状的霉层；霜霉病类，大多在叶背形成黄褐色到黑色的毛毡状的霉块；藻斑病累，在叶片正反面出现灰绿色或褐色毛毡状病斑；缩叶病类，叶片增厚，皱缩而发脆；灰霉病类，叶片组织变软，腐烂，产生灰色霉层；炭疽病类，在叶片上形成不同颜色的病斑，后期病斑着生轮纹排列的黑色小点粒，如图 8-23 所示。

图 8-23　月季黑斑病

（2）叶部真菌性病害的发生特点。大多数病菌在落叶上越冬，借助于雨水的飞溅和昆虫进行传播，4～10 月为发病期，大部分喜高湿、窝风、阴暗的环境，故在 7、8、9 月发病重，而有些则在 5、6 月和 9 月发病重（如白粉病、锈病）。

（3）叶部真菌性病害的防治。

① 清扫枯枝落叶并销毁，减少病菌的来源。

② 创造通风透光的条件，可通过修剪、倒盆、植物配置等方法实现。

③ 注意浇水时间和方法，最好在太阳出来以前到下午 4 点以后，防止水分在植物体上停留时间过长，给病菌萌发生长创造条件，同时防止泥土被水溅到植物体上，人为传播病菌。

④ 选育抗病品种。

⑤ 药物防治。在发病前可喷波尔多液，发病初期使用真菌性的杀菌剂，如 25%粉锈宁 2 000 倍，75%的百菌清可湿性粉剂 600～1 000 倍或 50%托布津可湿性粉剂 500～800 倍，或 50%退菌特可湿性粉剂 800～1 000 倍，或 65%代森锌可湿性粉剂 500 倍等。

2．枝干真菌性病害

（1）症状。枝干真菌性病害的发生虽不像叶部真菌性病害那样普遍，但一旦发生往往造成的危害更大，轻则导致伤残不全，重则整株死亡。其症状表现主要有：腐烂病类，皮层上形成大小不等的腐烂斑；溃疡病类，皮层上以皮孔为中心形成水泡，水泡破裂后失水则形成溃疡斑；黄萎病类，病菌从根部侵染，顺维管束向上蔓延，导致整枝叶片枯黄脱落，最后整株死亡；枯萎病累，症状与黄萎病相似，病原种类不同；枝枯病类，小的枝条干枯死亡；干锈病类，在枝干上着生黄褐色的锈病菌，如图 8-24 所示。

（2）枝干真菌性病害的发生特点。大多数病菌在枝干受害部位或土壤中越冬，靠雨水、灌溉水的垂直流动和水平流动，中耕除草等栽培手段以及昆虫的活动进行传播。病菌喜潮湿、温暖、树势弱的条件，一旦条件满足，则会造成严重危害。

（3）枝干真菌性病害的防治方法。

① 增强树势，提高抗病能力是根本措施，并要适地适树合理轮作，减少病菌的来源。同

时注意及时拔除重病株并进行土壤消毒，剪除病枝并销毁，以减少传播源。

② 土传病害可浇灌 200～400 倍的 50%代森铵等杀菌剂，地上传病害可采用树干喷施或涂抹杀菌剂等方法。

③ 选用抗病品种。

④ 条件允许的还可进行“外科手术”，即刮除病斑并进行伤口消毒。

3．根部真菌性病害

（1）症状。根部真菌性病害主要发生在苗圃、花圃、草坪等地方，危害植物的幼苗及根系，直接影响植物对水分和无机盐的吸收，造成植物的生长不良，甚至死亡。园林上发生的主要种类有：苗木猝倒病类，表现为苗木的芽腐、茎腐、猝倒和立枯，最终导致缺苗断垄的现象；球茎和鳞茎腐烂病类，主要表现为球茎、鳞茎和球根、块根等软腐和干腐；紫纹羽病，根上有紫色网状菌素，干基有紫红色绒毡状菌丝层；白纹羽病，韧皮部和木质部之间生有成束或成片的白色或灰白色菌丝体；生理病害类，表现为土壤湿度过大，土壤污染过重而使根系死亡，如图 8-25 所示。

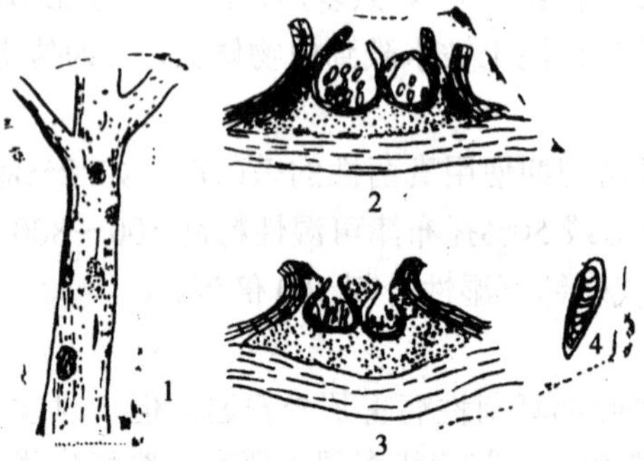

图 8-24　杨树溃疡病

1——树干受害症状；2——分生孢子器；

3——子囊壳；4——子囊及子囊孢子

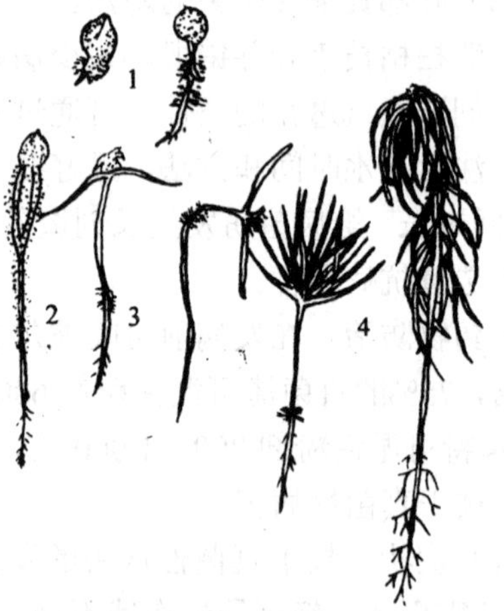

图 8-25　杉苗猝倒病症状

1——种芽腐烂；2——茎叶腐烂；

3——幼苗猝倒；4——苗木立枯

（2）根部真菌性病害的发生特点。这类病害的病菌均为土壤习居菌，终年在土壤中生活。通过水的径流和地下害虫进行传播。其发病原因主要是土壤的湿度过大，土壤粘重，排水不良，土壤含菌量过多等。

（3）根部真菌性病害的防治方法。

① 减少侵染来源，由于病菌主要在土壤中生活，所以减少土壤含菌量是一重要措施，如土壤消毒、轮作、深翻土壤等。

② 种子、苗木或宿根花卉在种前要进行消毒。

③ 加强中耕除草、松土、排水等养护措施，增强生长势，减少发病条件，并注意种前要施足底肥，浇足底墒水。

④ 灭菌保苗，可用 500 倍的 25%多菌灵或 1%的硫酸亚铁或 1 000 倍的 50%代森锌等从根际处进行浇灌治疗，用药量均为每平方米 2～4kg，防止药剂浇在叶上。最好用生物农药，如绿色木霉或哈茨木霉进行喷雾防治。

二、细菌性病害

细菌性病害主要发生在被子植物上，一般在南方潮湿的多雨季节及多汁的植物中发生较重。一旦发病十分迅速，危害严重。

（一）细菌的基本知识

细菌是一类缺乏叶绿素的单细胞的原核微生物，其形态一般为球形、杆形和螺旋形。引起植物得病的细菌几乎都是杆菌，周围着生细菌的运动器官——鞭毛。细菌是通过无性繁殖或出芽方式进行繁殖的。

（二）细菌性病害的特点

（1）细菌繁殖方法简单，繁殖速度快，植物发病急，死得快。

（2）细菌生长繁殖的最适温度为 26～30℃，耐低温而怕高温（个别种类除外）。要求生活的小环境要高温度，因为细菌的鞭毛在水中才能活动，进入侵染点。所以春季、雨季、高露季节湿度大时发病重。细菌喜微碱性条件，故在微碱性或中性的土壤中发病重。

（3）细菌的寄生方式大多腐生或半腐生，故此侵入途径大多为伤口。

（三）细菌性病害的鉴定

（1）症状观察。细菌引起的病害一般发生在多湿的环境及多汁的植物上，发病快，一般为软腐、根癌、青枯等，在病组织发展的不同阶段会出现菌液。

（2）病组织检查。取初发病的新鲜组织放入消毒载玻片上滴一滴无菌水，然后撕开病组织，盖上玻片进行镜检，往往有雾一样的东西涌出。对于细菌侵染的维管病害可将根或茎剪成段，保湿数日在切口处检查菌脓。

（四）常见细菌性病害及其防治

1．症状

在植物根、茎、叶等不同器官均能发生细菌性病害，发生在叶片上的细胞坏死性病害：发病初期绝大多数呈水渍状，透光观察则为透明状，然后慢慢扩大，到病害后期流出菌液。

如鸢尾的软腐病、唐菖蒲和仙人掌的腐烂病等。桃树的细菌性穿孔病则由于植物本身的保卫反应而症状表现为圆形或不规则形的穿孔，病原菌不明显。

发生在枝、茎维管束的细菌性病害，由于维管束遭破坏，失去吸收功能而萎蔫，如油橄榄的青枯病、大丽花细菌性萎蔫病、菊花的细菌性枯萎病等。

发生在根部的细菌病害除造成细胞破坏外，还常造成细胞增生、根系畸形，形成大小不等的瘤状物（如根癌病）或根系变细增多形成毛毛根（如月季毛根病）等，如图 8-26 所示。

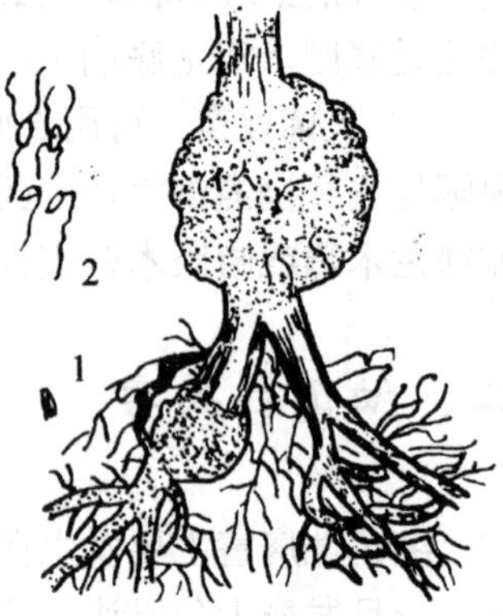

图 8-26　白毛杨根肿瘤病

1——根部被害症状；2——病原细菌

2．细菌性病害的防治方法

（1）注意检疫。防止病菌特别是新的菌株随苗传播，不能用病区的带菌土及块根、块茎等繁殖材料。

（2）破坏或减少病菌存在的环境。实行轮作或土壤消毒（每平方米可用漂白粉或硫磺粉 50～100g）。

（3）栽培管理时避免造成伤口，及时防治地下害虫。

（4）改良土壤，合理灌溉和排水，注意通风透光，破坏细菌的生存环境。

（5）块茎及其他繁殖材料可在 52～56℃温水中浸泡 10 分钟后栽植。

（6）发现病株及时拔除并销毁，并用 20%的石灰乳或漂白粉进行土壤消毒。

（7）发病的地区为减轻病害可于发病初期喷 1:1:100 的波尔多液进行保护，或 100～150ppm 的链霉素，每隔半月喷一次，连喷 2～3 次。也可根部浇灌抗生素药剂。总之，细菌性病害目前还没有很好的治疗药剂，只有采取综合的防治方法才有效。

三、病毒类病害

病毒、类病毒、类菌质体总称为病毒类病原物。因它们在结构、危害方式、繁殖、发病特点上有很多共同之处。

（一）病毒类病原的基本知识

（1）病毒类病原是一种非细胞形态的细胞内专性寄生物，寄生性很强，只有在活细胞中才能生存，一旦离开活体便失去致病力。

（2）病毒类病原主要是通过微伤口侵入，通过韧皮部的筛管进行扩展，通过汁液、嫁接、种子、昆虫及线虫等途径进行传播的。

（3）病毒不耐高温，50～60℃在 10 分钟内则可失毒，55～70℃就可致死。但类病毒耐热，耐干性强。类菌质体能细胞内专性寄生，但在人工培养基上也可生存，并对四环素类抗菌素比较敏感。

（二）病毒类病害的特点

（1）病毒类病害大多数为系统性病害（少数为局部性病害），一旦侵入到植物体便随植物汁液的上下流动而遍及全身。

（2）病毒类病害有带毒及隐症现象，即病毒类病害在植物体内存在，由于植物的抵抗力强而在一般情况下不表现出症状，这种现象称为带毒现象。其机理是植物对病原具有高度的忍耐力。

隐症现象是病毒类病原在植物体内存在，由于环境条件不适合病原的生长繁殖，而暂时不表现症状。其机理是环境不利于病毒类病原的生长繁殖，所以说病毒类病害症状的表现常与植物本身的抗性和环境条件有着密切的联系。

（三）病毒类病害的鉴别

（1）从症状上观察。病毒引起的症状大多数为变色，少数为坏死和畸形。类病毒引起的症状常见的有：树皮开裂，如柑桔鳞皮病；矮化，如菊花矮化类病毒病；绿斑，如菊花绿斑类病毒病。类菌质体引起的症状大多数为丛枝、矮化、黄化、萎缩等，如泡桐丛枝病，如图 8-27 所示。

图 8-27　泡桐丛枝病

（2）在电子显微镜下进行内含体检查，即直接观察病原的类型。

（3）对于类菌质体引起的病害还可在人工培养基上进行分离培养，或用四环素类药剂作治疗鉴别。

（四）病毒类病害的防治

（1）选用无病的苗木及抗病的品种。

① 及时淘汰新发病株及重病株，防止病害蔓延。

② 从无病植株上采种、采条、选接穗及各种繁殖材料。

③ 选用无毒的组培苗。

（2）减少病毒类病原的来源，可实行轮作，中耕除草，园艺操作时避免工具的传毒。

（3）及时消灭各种刺吸性害虫，切断传播的途径。

（4）加强管理，提高植物的抵抗力，栽培时一定要选用标准苗，减轻病害的危害。

（5）对于类菌质体引起的病害还可采用四环素类抗生素进行治疗。可在苗木生长期喷 200 单位的土霉素溶液 1～2 次。据报道，对于丛枝病类还可用髓心注射四环素类抗生素的方法。

（6）对于类菌质体引起的丛枝病可采用剪除病枝的方法。修剪最好时间一个是发芽前（春分至清明），一个是落叶后（秋分前后）。注意剪除后剪口要涂药，可涂 1 份土霉素加 9 份凡士林加 2%的平平加。大的剪口要用塑料包扎。

病毒类病害的防治目前也没有较为理想的药剂，故要综合考虑。

四、线虫病害

引起植物病害的线虫为植物寄生性线虫，均为专性寄生物，危害植物的各个器官，同时又是传播其他病害的主要媒介，对园林植物危害很大。

（一）线虫的一般知识

线虫是无脊椎动物中线形动物门线虫纲的一类动物。其形态多数为雌雄同型，即线形，体乳白色、半透明，两头稍尖。少数为雌雄异型，幼虫和雄成虫为线形，只有雌成虫为梨形或球形。线虫的生活史很简单，以卵或 2 龄幼虫越冬，个体发育：卵孵化为幼虫，幼虫经 3～4 次脱皮即发育为成虫。其繁殖方式多数为两性繁殖，少数为孤雌繁殖。

（二）线虫病害的特点

（1）线虫的种类很多，已知的大约有 4 万多种，寄生于植物的有数百种。植物寄生性线虫的寄生方式有：内寄生，钻入植物体内在植物体内寄生；外寄生，口吻刺入植物体内而身体在植物体外。线虫的繁殖力很强，每雌产卵约 500～3 000 粒，完成 1 代需几周至一年，所以线虫对植物造成的伤口大大加剧了其他病菌的侵入，具有双重破坏作用。

（2）不同种类的植物寄生性线虫寄生植物的不同器官：根瘤线虫属的线虫寄生于植物根部，使根部产生根瘤，如植物和花卉的根结线虫病；茎线虫属的线虫危害植物茎部，引起组织坏死或变形，如水仙线虫；滑刃线虫属主要寄生于植物的叶片和芽，引起细胞组织的坏死，如菊花叶枯线虫病。

（3）植物寄生性线虫大多数生活在 15cm 左右深的土层内，尤其是在根际周围更多。

（4）线虫主要以卵或幼虫在植物中或土壤中越冬。远距离传播主要靠地下水的径流，近距离传播是靠自身的蠕动（人的传播除外）。从植物体表直接侵入。在疏松的土质中发生重。

（三）线虫病害的识别

（1）从症状上识别。总体表现为生长不良，危害叶片的往往表现为叶片出现褐色斑、卷曲、凋萎、沿茎秆下垂，花蕾枯死或畸形，如菊花叶线虫病；危害茎部的则造成颈部腐烂或变形；危害根部的往往是根系形成很多固氮菌似的根瘤，如仙客来的根结线虫病（注意要与固氮菌区别），如图 8-28 所示。

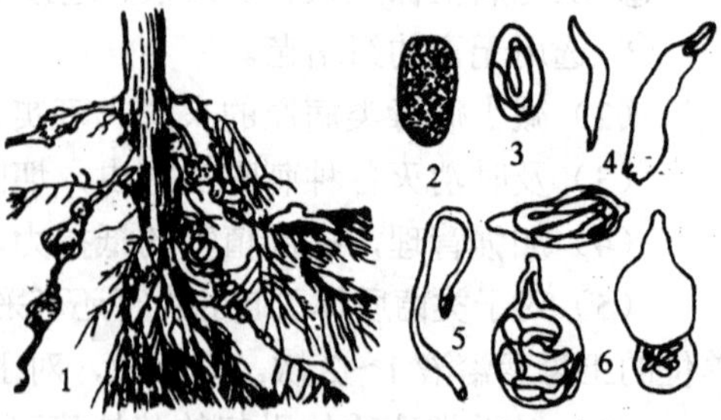

图 8-28　根结线虫病

1——病根；2——线虫卵；3——幼虫孵化；4——幼虫；5——雄成虫；6——雌成虫

（2）分离识别。将病组织取下，捣碎，并放于水中（可用离心机离心处理），然后取下部液体作镜检。

（四）线虫病害的防治

（1）不用带线虫的苗木。如发现线虫病则及时处理，并用氯化苦等药剂消毒土壤。

（2）对于苗圃或花圃可实行轮作。种前要进行土壤消毒或种子消毒，土壤消毒可用“D-D混剂”穴施，穴距1尺，每穴2ml，灌后覆土，也可用二溴氯丙烷20%的颗粒剂，每平方米用15～20个，沟施或穴施后覆土2周后播种。

（3）花卉使用的盆土可于夏季高温季节的中午摊在室外水泥地上暴晒。

（4）对于病株可在病株周围穴施15%铁灭克颗粒剂，每平方米用药2～6g掺入30倍细土拌匀，施后覆土浇水。

（5）花盆可用覆沙法，将花盆浇透水（水渗完），覆干沙2cm，过一段时间将沙子倒掉并处理，重复2～3次即可。

第三节　园林植物病虫害的综合防治

一、以防为主，综合防治的原则

过去植保方针是“治早、治小、治了”，在这个方针指导下，经过20多年实践，虽取得一定成效，但存在着两个不良后果，一是“治早、治小”好办，但“治了”不现实，因为病虫害在自然界非常普遍；二是强调了“治了”就破坏了自然界中的生态平衡，使有益生物大大下降，而有害生物则猖獗起来，原来的次生病虫害又上升为主要病虫害。在总结过去病虫害防治中的经验与教训的基础上，于1975年在青岛会议上提出：植保方针为“以防为主，综合防治”。以生态学为理论依据，控制病虫种群数量为目的的防治体系，即综合防治是从生态学观点出发，充分利用自然控制因素，因地制宜地相互协调各种防治措施，把病虫害控制在经济允许水平之下，以达到经济、安全、有效的防治目的。“防”是指在病虫明显危害之前，采取措施，控制病虫的发生与危害；“治”是指在病虫已明显危害之后，采取措施消灭病虫，减轻危害。

二、综合防治的措施

（1）综合防治是在大量调查研究的基础上，确定主要的防治对象，多种防治措施相互配合、相互协调地使用，因地制宜，有主有次，灵活运用。

（2）在分析益、害虫数量的比例，确定优势天敌种类后，决定所采用的措施。天敌能自然控制害虫的则让其自然控制，天敌不能自然控制病虫的则人为采取措施并能保护天敌，消灭害虫。

（3）采用一种防治措施，要兼治多种病虫，或采用多种措施防治一种病虫害，以达到预期效果。

（4）综合防治使用的方法除常讲的五大防治法相互协调外，对光、声、微波、绝育与激素等高新技术，都可以采用。

三、化学农药的使用方法

农药的使用方法很多，但正确的使用方法一定要在掌握防治对象的发生发展规律、自然环境特点、药剂的特征及特性的基础上来确定，常见的方法有以下几种。

（1）喷雾法。将药剂按一定比例稀释后，通过喷雾器（机）把药液雾化，喷洒在植物体的表面。主要用于防治食叶性、刺吸性害虫及叶部病害。此方法简单，使用范围广，但要注意喷洒均匀周到。

（2）土施法。将药剂按照用药量穴施或沟施于植物根系或根际部的土壤里。主要用于防治刺吸性害虫及地下病虫害。此法安全，药效时间长，但注意施药后要覆土、浇水，并注意药效期对食用果实和对饮用水源的影响。

（3）浇灌法。将药剂按比例稀释后，直接往植物根部浇灌，主要用于防治刺吸性害虫及地下病虫害。此方法药效时间长，杀虫彻底，也比较安全，但要注意渗完后封堰及对水源和食用果实的影响。

（4）注射法。将药剂按比例稀释后直接注射到植物体内。主要用于防治蛀干性及刺吸口器的害虫。此方法药效时间长，节约药剂，但注意药剂使用量及注射速度，不能太快。

（5）熏蒸法。将药剂在密封的条件下，使其发挥或分解产生毒气。主要用于防治蛀干害虫、温室害虫、叶部害虫及虫源木的害虫等。此法可以弥补其他方法使用困难、害虫较隐蔽不易防治的不足。但要注意用药量、熏蒸时间及人的安全。

除上述以外，防治方法还有喷粉法、拌种法、浸种法、毒饵法、毒土法、土壤处理法、涂抹法等。不管何种方法，都必须根据病虫的发生特点、环境要求、药剂特性等综合因素来选择。

习题

1．列举 3 种常见的植物害虫。

2．园林植物病虫害的综合防治措施有哪些？

参 考 文 献

[1] 王世动．园林绿化．北京：中国建筑工业出版社，2000
[2] 陈有民．绿化施工与养护管理．北京：中国建筑出版社，1989
[3] 王希亮．园林绿化实务．长春：吉林音像出版社，2002
[4] 胡中华．草坪与地被植物．北京：中国林业出版社，2000
[5] 黎玉才．园林绿地建植与养护管理．北京：中国林业出版社，2006
[6] 邹长松．观赏树木修剪技术．北京：中国林业出版社，1998
[7] 王先德．园林绿化技术读本．北京：化学工业出版社，2003
[8] 雷一东．园林绿化方法与实现．北京：化学工业出版社，2006
[9] 陈雅君等．园林草坪学．北京：气象出版社，2009